高等学校创意·创新·创业教材新系

创意思维

王泽苑 魏旻宏 王多明 编著

CREATIVE THINKING

东北财经大学出版社 大连
Dongbei University of Finance & Economics Press

图书在版编目（CIP）数据

创意思维 / 王泽苑，魏旻宏，王多明编著. —大连：东北财经大学出版社，2023.11
（高等学校创意·创新·创业教材新系）
ISBN 978-7-5654-4973-4

Ⅰ. 创… Ⅱ. ①王… ②魏… ③王… Ⅲ. 创造性思维-高等学校-教材
Ⅳ. B804.4

中国国家版本馆CIP数据核字（2023）第188549号

东北财经大学出版社出版
（大连市黑石礁尖山街217号 邮政编码 116025）
网 址：http://www.dufep.cn
读者信箱：dufep@dufe.edu.cn

大连永盛印业有限公司印刷 东北财经大学出版社发行

幅面尺寸：185mm×260mm 字数：393千字 印张：19 插页：1
2023年11月第1版 2023年11月第1次印刷

责任编辑：石真珍 责任校对：刘贤恩
封面设计：张智波 版式设计：原 皓

定价：58.00元

教学支持 售后服务 联系电话：（0411）84710309

如有印装质量问题，请联系营销部：（0411）84710711

前　言

《创意思维》终于与读者见面了。将20多年理论探索和各种实践的积累全盘托出与有识者共享，编者们感慨万分。

这本书发端于我国改革开放第一批广告人之一尚恒德30多年前的一句话："广告公司为客户提供以市场调查为基础、以创意为核心的策划及施行的服务。"这句话引起了在多所大学广告专业任职的教师们的特别关注，全国优秀广告作品展（中国国际广告节的前身）上诸多获奖作品中的创意被教师们读懂并传授给学生们。学生们毕业后进入广告公司、策划公司、电视台、广播电台、报社、杂志社工作，师生们为追求创意搜肠刮肚、绞尽脑汁，因而获奖作品频频出现，令客户满意的创意不胜枚举。后学者们纷纷想从学长们那里得到"你们为什么能"的答案。创意思维已经进入广告、旅游、传媒、策划、设计、公关、宣传、影视、管理，甚至金融、保险等专业的教学课程，成为各行各业制胜的法宝。这本书正是为在高等学府攻读这些专业的学生和今后将从事这些行业的从业者而编写的。

广告、设计从策划到创意是逐步走高的过程。创意应是其中的核心竞争力和顶级平台，也是广告、设计、策划人士所企求获得的最高境界。

2015年9月12日，李克强总理在出席夏季达沃斯论坛期间考察大连高新区众创空间时提出，"我们推动大众创业、万众创新，不仅要有别具一格的创意思维，抓住市场的新需求，还要有精益求精的工匠精神，追求细节和质量，两者结合起来才能开发出适应市场多样化需求的优质产品"。创意，已成为每一位致力于创造性劳动的人孜孜追求的过程和结果。

创意是人的思维劳动的成果，它是怎样生长出来的？有规律可循吗？经过20多年的理论探索和创意实践，这本《创意思维》终于付梓。作者们"筚路蓝缕，以启山林"，为后学者们提供解答难题的方法和案例。

本教材内容分为上下两编共13章：上编包括第1章至第6章，对创意的哲学基础，思维和创意思维的相关原理，创意的本质、基本范畴、条件及应用做了系统的介绍，同时融入思政元素和党的二十大精神，为读者树立正确的价值观、学习创意思维法奠定了理论基础；下编包括第7章至第13章，介绍了66种创意思维的方法，既有对概念的分析讲解，又有充分的事例阐述，说理透彻，例证充分有趣，可读性极强。

本教材是创意人集体智慧的结晶，由王泽苑和魏旻宏提出整体构思并撰写大部分章节内容，王多明教授参与教材的整体设计，同时融入了若干广告创意人所撰写的创意思维方法（执笔者姓名在正文中列出），可谓创意思维的集大成之作。

在本教材的编写过程中，编者参阅了许多专家、学者的宝贵资料，得到了广告、设计等实务界同仁的大力支持与协助，在此一并致以衷心的感谢。由于编者水平有限，书中难免存在不妥之处，敬请读者朋友批评指正。

好书不厌百回读，熟读深思乃自知。编者们将秉持学以致用的初心，和读者一道继续研究创意的真谛、创意的方法，使创意在现代人的工作、学习、生活中发挥更大的作用。

编　者

2023年7月

目　录

上编　创意

第1章　辩证眼光看世界……2

学习目标……2
引例　徒有虚名不中用……2
1.1　唯物辩证的宇宙观……3
1.2　事物的普遍联系……6
1.3　事物的不断发展……8
1.4　创意的客观存在……9
本章小结……11
思考与练习……11
实操项目……11

第2章　思维和创意思维……12

学习目标……12
引例　搞不懂的哲学家……12
2.1　思维……14
2.2　创意思维……17
本章小结……25
思考与练习……25
实操项目……25

第3章　创意的本质……26

学习目标……26
引例　无声合唱团唱出天籁之音……26
3.1　何为创意……28
3.2　创意的产生……34
3.3　创意的原则……35
3.4　创意的制约因素……37
3.5　创意的生产策略……38
3.6　创意常用的方法……39
3.7　好创意在于运用……42

本章小结 ……43
思考与练习 ……43
实操项目 ……44
第4章 创意的范畴 ……45
学习目标 ……45
引例 奥妙藏在基本之中 ……45
4.1 信息 ……47
4.2 受众 ……48
4.3 定位 ……51
4.4 系统 ……57
4.5 沟通 ……59
本章小结 ……63
思考与练习 ……63
实操项目 ……64
第5章 创意的条件 ……65
学习目标 ……65
引例 东西方思维的差异 ……65
5.1 创意与思维科学 ……66
5.2 条件的客观性 ……74
5.3 需要与可能 ……76
5.4 众人拾柴 ……77
本章小结 ……81
思考与练习 ……81
实操项目 ……81
第6章 创意的应用 ……82
学习目标 ……82
引例 化泥成金 ……82
6.1 创意无处不在 ……83
6.2 创意无时不有 ……91
6.3 创意与运用的无缝对接 ……94
6.4 创意条件的创造 ……99
本章小结 ……102
思考与练习 ……102
实操项目 ……102

下编　创意思维法

第7章　联想和想象创意 ……105

学习目标 ……105
引例　用尊重代替施舍 ……105
7.1　联想创意 ……106
7.2　想象创意 ……126
本章小结 ……142
思考与练习 ……142
实操项目 ……142

第8章　基本思维形式的创意 ……143

学习目标 ……143
引例　从三则小故事中学创意 ……143
8.1　逻辑思维创意 ……144
8.2　形象思维创意 ……154
8.3　灵感思维创意 ……175
本章小结 ……186
思考与练习 ……186
实操项目 ……186

第9章　奇思妙想创意 ……187

学习目标 ……187
引例　奇思妙想难预料 ……187
9.1　奇妙创想法 ……188
9.2　歪打正着法 ……191
9.3　换向创意法 ……193
9.4　强灌观念法 ……195
9.5　捆绑成功法 ……198
9.6　灵巧出奇法 ……199
9.7　随机应变法 ……201
9.8　幽默创意法 ……204
9.9　幻想奇思法 ……206
9.10　超常思维法 ……208
本章小结 ……211
思考与练习 ……211
实操项目 ……212

第10章 点线面体创意 ……213
学习目标 ……213
引例 编舞家沈伟：传统文化是艺术创作的底色 ……213
10.1 点式创意法 ……215
10.2 线性思维法 ……217
10.3 底线思维法 ……218
10.4 水平思考法 ……220
10.5 横向发散法 ……221
10.6 垂直思维法 ……223
10.7 信息交合法 ……225
10.8 全面思维法 ……228
10.9 点线面体法 ……231
本章小结 ……234
思考与练习 ……234
实操项目 ……234
第11章 逆向思维创意 ……235
学习目标 ……235
引例 逆向思维做营销 ……235
11.1 逆向倒行法 ……236
11.2 以退为进法 ……237
11.3 侧面支撑法 ……239
11.4 倒转思考法 ……240
11.5 顺序颠倒法 ……242
11.6 人弃我取法 ……244
11.7 各行其是法 ……247
11.8 元素增减法 ……249
11.9 抛砖引玉法 ……251
11.10 爆破重来法 ……254
本章小结 ……255
思考与练习 ……255
实操项目 ……255
第12章 思维导图创意 ……256
学习目标 ……256
引例 大脑潜力有多大 ……256
12.1 思维导图法 ……258

12.2　怎样绘制思维导图 ······262
12.3　思维导图让大脑更好地处理信息 ······265
本章小结 ······266
思考与练习 ······267
实操项目 ······267

第13章　卡片图形创意法 ······268

学习目标 ······268
引例　一亿大妈和万亿广场舞市场 ······268
13.1　卡片创技法 ······269
13.2　设想卡片法 ······272
13.3　检核目录法 ······273
13.4　图解思考法 ······277
13.5　地图创意法 ······281
13.6　图文并茂法 ······282
13.7　善用物件法 ······284
13.8　数据出彩法 ······286
本章小结 ······288
思考与练习 ······288
实操项目 ······288

主要参考文献 ······289

附录1　几种图书中的创意思维法名称列举 ······290

附录2　提升创意思维的十种方式 ······294

上编　创意

第1章

辩证眼光看世界

学习目标

通过本章的学习，掌握唯物辩证法的基本要点，树立“世界是物质的，物质是普遍联系和发展着的”观点，为科学地掌握和运用创意思维打下基础。

引例

徒有虚名不中用

明代著名哲学家王阳明在《传习录》中写道：“世之人从其名之好也而竞以相高，从其利之好也而贪以相取，从其心意耳目之好也而诈以相欺，亦皆自以为‘从吾所好’矣，而岂知吾之所谓真吾者乎！夫吾之所谓真吾者，良知之谓也。”

从少年时期起，王阳明就志存高远，心思不同常人。一次与书塾先生讨论何为天下最要紧之事时，他就不同凡俗，认为“科举并非第一等要紧事”，天下最要紧的是读书做一个圣贤之人，为百姓、为社会谋福谋利，这也是他用一生在践行的事情。

明正德十一年（1516年）九月，45岁的王阳明任南赣巡抚，开始主政赣南、汀漳、粤北等处。当时，南赣境内多有山乱，王阳明一到赣州就主持赣闽粤湘四省交界山区的防剿之事，仅用两年的时间，凭其卓越的军事才能，一举平定了南赣数十年的山乱。王阳明在南赣平乱和治理的同时，坚持研学弘道，悟出“良知”二字，始揭“致良知”之道，从而形成了阳明心学的核心内容：心即理、知行合一、致良知。王阳明在南赣一边平乱一边开展全民性安民教化活动，兴建书院、培养学子，大办社学、大行教化，对民众进行系统的传统道德教育，改易当地好斗逞凶的习气，使得当时的赣州社会风气焕然一新。

王阳明追求的人生是“致良知”的一生，他对人生有着自己的终极关怀和哲学导向，他不仅希望实现“饥者歌其食，劳者歌其事”，还希望实现报国行道的理想。他本身集思想家和政治家于一体，却不希望为名所累。

我们以赤子之身来此世界，当以赤子之心走过此世界，也就是真正留取清白在人间。所以，我们的先哲曾经说："至人无己，神人无功，圣人无名。"

事实上，人生的规则也正是如此，贪慕虚名、急功近利者往往得不到真正的名誉，沽名钓誉之徒往往得不到真正的快乐。

然而，世界上有一些人，为了达到自己的目的，不择手段。他们为什么不能守住自己的本分呢？在多数情况下，是因为"名心"的驱使。王阳明和学生讨论"名"这个问题时，说"去得人欲，便识天理"，只有减轻心中过度的欲望，方能明白天道有常，知道有些事情不以人的意志为转移。如果一味地追求声名，就不会懂得真实、纯朴的道理，那人生就会徒增烦扰。抛却虚名，着眼未来，脚踏实地，我们终将到达人生的制高点。

资料来源　[1] 陈上海. 赣州：王阳明的第二故乡 [N]. 赣南日报，2022-09-26（8）. [2] 圣铎. 知行合一：王阳明心学 [M]. 北京：中国华侨出版社，2017.

思考：

（1）知行合一是王阳明心学的核心，王阳明不图虚名，身体力行为我们做了榜样。你还知道哪些王阳明的故事？

（2）请思考：世界上有一些人，为了达到自己的目的，不择手段，他们为什么不能守住自己的本分呢？

党的二十大报告指出，"马克思主义是我们立党立国、兴党兴国的根本指导思想。实践告诉我们，中国共产党为什么能，中国特色社会主义为什么好，归根到底是马克思主义行，是中国化时代化的马克思主义行"，"中国共产党人深刻认识到，只有把马克思主义基本原理同中国具体实际相结合、同中华优秀传统文化相结合，坚持运用辩证唯物主义和历史唯物主义，才能正确回答时代和实践提出的重大问题，才能始终保持马克思主义的蓬勃生机和旺盛活力"。

1.1　唯物辩证的宇宙观

辩证法是我们认识世界的正确方法。辩证法已有悠久的历史，其发展经历了三个基本阶段：古代朴素的辩证法、以黑格尔为代表的唯心辩证法和马克思主义辩证法（唯物辩证法）。

两千多年前的中国就有"一阴一阳之谓道"（《周易·系辞》）、"一尺之棰，日取其半，万世不竭"（《庄子·天下》）、"祸兮福之所倚，福兮祸之所伏"（《道德经·五十八章》）等朴素的辩证法思想。古希腊的赫拉克利特认为，"一切皆流，无物常住"，"互相排斥的东西结合在一起，不同的音调才能造成最美的和谐"，"我们既存在又不存在"。后来，随着实践的发展和科学的进步，在同形而上学的反复较量中，经过曲折的道路，辩证法逐渐丰富：笛卡尔在天体演化学中，斯宾诺莎在实体学说中，都对辩证法有所贡献；卢梭和狄德罗在自己的著作中留下了辩证法的范例；康德关于理性的矛盾的思想，黑格尔的辩证发展的理论等，都是辩证法在发展中的显著进步。

在马克思主义诞生以前，辩证法最具代表性的人物是黑格尔。他“第一个全面地有意识地叙述了辩证法的一般运动形式”，提出了辩证法的三个基本规律——质量互变规律、对立统一规律、否定之否定规律，实现了辩证法的系统化。但是，他的辩证法是“倒立”着的，是从属于他的唯心主义、为他的唯心主义服务的。马克思和恩格斯创立的唯物辩证法，批判地吸取了黑格尔的辩证法的合理内核，把黑格尔的辩证法“倒转过来”，因而从根本上来说和黑格尔的辩证法截然相反，是唯一科学的、革命的辩证法。

“辩证法”一词，有时也指事物发展的规律，如客观辩证法、思维的辩证法等。

唯物辩证的宇宙观即马克思主义辩证法，以自然界、人类社会和思维发展最一般规律为研究对象，是辩证法思想发展的高级形态。唯物辩证的宇宙观是马克思主义哲学的重要组成部分，认为物质世界是普遍联系和不断运动变化的统一整体；辩证规律是物质世界自己运动的规律；主观辩证法或辩证的思维是客观辩证法在人类思维中的反映。唯物辩证的宇宙观是最全面、最丰富、最深刻的发展学说。它包括三个基本规律（对立统一规律、质量互变规律和否定之否定规律），以及现象与本质、原因与结果、必然与偶然、可能与现实、形式与内容等一系列基本范畴，而对立统一规律是唯物辩证法的核心。唯物辩证法是宇宙观，又是认识论和方法论。

小案例1-1 **三个问题与三份财富**

浙江省江山市的周金明前些年使用能过滤水中淤泥、提高水质的砂性土规模化养殖大闸蟹，使得螃蟹不仅腹部白、卖相好，而且口感极佳。可养着养着，他就遇到了一个棘手的问题：水塘边经常出现蟹壳上带个洞的死蟹。周金明想不明白：按理说螃蟹壳很硬，能被什么凿出洞来呢？

他日日守在水塘边，终于发现了问题所在。原来，一只大闸蟹从蟹苗长到成蟹要经历十几次脱壳。脱壳期的螃蟹像软壳鸡蛋一样经不起触碰，蟹钳也没长好。而螃蟹养殖地依山傍水，生活着大量的白鹭和灰鹭等鸟类。刚开始，投入水塘的蟹苗个头小，可以躲进水草里进行脱壳。可随着螃蟹的个头越来越大，水草已经遮不住它们，所以极容易被白鹭、灰鹭发现，最后被啄食。

周金明很伤脑筋：白鹭、灰鹭那么多，如果请人24小时轮流驱赶，根本不现实。怎么做才能解决白鹭吃蟹的难题呢？有个专家建议周金明试试在养螃蟹的地方种上一些水稻，原理很简单：水稻高于水面，可以给个头大的大闸蟹提供很好的隐蔽场所。此外，螃蟹也是水稻的好搭档，它不仅能为水稻疏松土壤，其粪便也是天然的肥料。

通过稻蟹共养的模式，周金明不仅很快解决了鸟害问题，还增加了一份水稻的收入，这让他喜笑颜开。令他没想到的是，想把两份财富稳稳地攥在手里并不那么简单。稻蟹共养之后，“螃蟹杀手”白鹭、灰鹭很快消除，可“稻田杀手”福寿螺和杂草又来祸害水稻了。

福寿螺专吃秧苗，而且繁殖迅速，1平方米的水塘就能有100多只，对水稻的危害极大。另外，种上水稻之后，和水稻争抢养分的杂草也越来越多，不利于水稻的生长。周金明了解到，农户都靠往稻田打药来对付福寿螺和杂草，这下他又为难了：自己的稻田里养了螃蟹，如果打药，就会破坏它们的生态平衡。无奈之下，他只能带着工人费时费力地边捡螺边插秧。更令他头疼的是，这种方法还治标不治本。

前有白鹭偷吃螃蟹，后有福寿螺祸害水稻、杂草争抢水稻养分，这可如何是好？周金明觉得，后两个问题也得像第一个问题一样，必须从根源上去解决才好。所幸，专家又支了关键一招：养鱼。周金明很快买来草鱼、鲫鱼和鲤鱼鱼苗投进稻田里养了起来。为什么是这三种鱼呢？原来，鲫鱼和鲤鱼以动物性饲料为主，很喜欢吃稻田里的病害虫和福寿螺，而草鱼以杂草为食，这三种鱼一组合，福寿螺和杂草的问题就同时解决掉了。

此后，周金明每年3月投入蟹苗，6月插秧，紧接着再把鱼苗放进去。通过蟹、稻、鱼的共养模式，周金明高效利用了水塘，养出的蟹膏满黄肥，种出的稻米软糯弹牙，养出的鱼更是肉质紧实，样样都很受消费者欢迎。这得益于他每次遇到问题时都懂得从根源解决问题这个思路出发，把三个棘手问题转换成了三份可观财富。

资料来源　张珠容. 三个问题与三份财富［J］. 思维与智慧，2022（4）.

拓展阅读 1-1

海参的本领

根据《现代汉语词典》的解释，世界观亦称宇宙观，它是人们关于整个世界以及人和世界关系的总的根本看法和观点。由于人们的社会地位不同，观察问题的角度不同，形成的世界观不尽相同。

宇宙观是人们对宇宙对世界的基本观点，是我们认识宇宙认识世界的立场、观点及方法的出发点和落脚点。

唯物主义宇宙观分为机械唯物论和辩证唯物论。辩证唯物主义认为，宇宙的一切存在不是孤立的、静止的，而是相互关联、相互影响的，是在永恒的运动、变化、发展中存在的。机械唯物论却把一切存在看成孤立的、静止的，研究事物时，仅从事物结构上去研究，不考虑事物与事物之间是否存在关联，也不考虑事物内部各结构之间的相互关系。机械唯物论认为坏人永远坏，没有一丁点的好。辩证唯物论认为，历史上的大坏人，其行为并不是一切皆无用的，包括他的创意在客观上也会产生有益的结果。

“人类的历史，就是一个不断地从必然王国向自由王国发展的历史。这个历史永远不会完结。在社会内存在的新与旧、正确与错误之间的斗争永远不会完结。在生产斗争和科学实践范围内，人类总是不断发展的，自然界也总是不断发展的，永远不会停止在一个水平上。因此，人类总得不断地总结经验，有所发现，有所发明，有所创造，有所前进。停止的观点，悲观的观点，无所作为和骄傲自满的观点，都是错误的。其所以是错误，因为这些论点，不符合大约一百万年以来人类社会发展的历史事实，也不符合迄今为止我们所知道的自然界（例如天体史，地球史，生物史，其他各种自然科学史所反映的自然界）的历史事实。”[①]

1.2 事物的普遍联系

唯物辩证法是建立在唯物主义基础上的辩证法理论，它认为世界是普遍联系的统一整体，一切事物有其共同的发展规律，客观世界的发展规律决定主观世界的发展规律。

1.2.1 联系

联系是普遍存在的。联系指事物内部矛盾双方和各事物之间所发生的关系。

恩格斯说：“我们所面对着的整个自然界形成一个体系，即各种物体相互联系的总体……这些物体是互相联系的，这就是说，它们是相互作用着的，并且正是这种相互作用构成了运动。”有联系才有运动，也才有事物运动的规律。所以，对于揭示事物运动普遍规律的辩证法，恩格斯称之为“关于普遍联系的科学”。

事物的联系是多种多样的，有内部联系和外部联系、本质联系和非本质联系、必然联系和偶然联系、主要联系和次要联系、直接联系和间接联系等，它们对于事物的存在和发展所起的作用是不同的，其中起支配作用的是内部的、本质的、必然的联系。

1.2.2 世界是普遍联系的统一整体

唯物辩证法是关于自然界、人类社会和思维发展的普遍规律的科学，它是辩证法发展的新阶段。它认为世界是普遍联系的统一整体，一切事物有其共同的发展规律，客观世界的发展规律决定主观世界的发展规律；一切事物无不包含内部矛盾，矛盾普遍存在而又各不相同，矛盾着的双方既统一，又斗争，由此推动事物不断发展变化。

小案例1-2　风马牛也相及——事物是普遍联系的

春秋时期，齐桓公率领军队攻打蔡国，把蔡国打败了。

接着又进攻楚国，楚王派人对齐桓公说：“君处北海，寡人处南海，唯是风马牛不相及也。”（《左传·僖公四年》）楚王的意思是，齐国在黄河以北，楚国在长江以南，两国距离甚远，纵然放任马牛雌雄相诱，也不会跑到对方境内，借以譬喻齐楚两国相隔很远，没有丝毫牵连和利害关系，用不着你攻打我，我攻打你。

① 毛泽东．毛泽东文集：第八卷［M］．北京：人民出版社，1999．

风马牛不相及的“风”，在这里专指雌雄互相引诱的行为。后来，人们就用“风马牛不相及”来说明事物之间毫不相干。其实，毫不相干中有相干，不相及中有相及。

就拿风马牛来说吧，在特殊条件下，也会发生一定的联系。西班牙斗牛，斗牛士拿着红绸挥舞引逗牛，倘若风大，吹得红绸腾空飘舞，牛就会猛冲猛斗起来。风，成了斗牛的媒介物。想不到互不相干的风和牛，竟然相干起来。在草原上，风越大，顺风马往往跑得越快。在南方，牛如果遇到马，互相会妒忌斗气，拼命地赛跑起来，要比个输赢。

这些事例，看来是出乎意料，实则是在事理之中。

资料来源 王声多．哲学趣谈［M］．长春：吉林人民出版社，1982.

和形而上学相对立的辩证法是关于普遍联系的科学。在辩证法看来，我们所面对着的整个自然界形成一个体系，即各种物体相互联系的总体，世界万物都不是绝对孤立的，无不处在普遍联系之中。

恩格斯对联系的观点举例说：“如果我们拿两种极不相同的物体——例如一块陨石和一个人——来比较，那么我们由此得到的共同点便很少，至多只有重量和其他一般物理属性是二者所共有的。但是，在此二者之间还有一个无限系列的其他自然物和自然过程，它们使我们有可能把陨石到人的这个系列填补起来，并指出每一物体在自然系统中的地位。”可见，两种不同的物体总有某些质是它们所共有的，总是以这种或那种方式联系着的。辩证法不认为两种物体之间有什么绝对分明的和固定不变的界限。

又如，人和月球有什么联系，粗看也是一个风马牛不相及的古怪问题，但在科学发展的条件下，人类“上天”了，月球可能成为人类的“第二故乡”，而且科学发现，人的情绪的变化像潮水涨落一样，同月亮的阴晴圆缺有关。真是不搭界的事情真搭界。

所以，辩证唯物主义认为，一切物质都互为中介，连成一体，通过转化而联系。当然，我们不能主观随意地杜撰联系。坚持用普遍联系的观点看问题，这是实践的呼声，是发展科学的要求，也是创意的要求。

1.2.3 所有事物的联系有着基本的规律

事物的发展表现为从量变到质变又从质变到量变的过程，还表现为肯定、否定、否定之否定的螺旋式上升和波浪式前进的过程，它有对立统一规律、质量互变规律、否定之否定规律等三个基本规律，而且以对立统一规律为其核心，又是唯物辩证法世界观和方法论的重要组成部分，是“我们最好的劳动工具和最锐利的武器”。运用唯物辩证法研究自然界，总结自然界发展的普遍规律，这就是自然辩证法；运用唯物辩证法研究社会，总结社会发展的普遍规律，这就是历史辩证法（亦即历史唯物论、唯物史观）；运用唯物辩证法研究思维，总结思维发展的普遍规律，这就是辩证逻辑。

有的哲学家把唯物辩证法当作辩证唯物论的同义语，如李达主编的《唯物辩证法大纲》，讲的是整个辩证唯物论。

1.3 事物的不断发展

发展是指事物由小到大、由简到繁、由低级到高级、由旧质到新质的运动变化过程。

事物发展的根本原因，在于事物内部矛盾双方的统一和斗争。事物的外部矛盾是事物发展的第二位的原因，通过内部矛盾而起作用，事物的发展表现为从量变到质变又从质变到量变的过程，还表现为从肯定到否定再到否定之否定的螺旋式上升的过程。

任何具体事物的发展都是有限的，整个物质世界的发展则是无限的，形而上学认为发展是外力推动的结果，是减少和增加，是重复。这种观点只看到了事物发展的某些表面现象，而没有看到本质。

1.3.1 事物的发展观

发展观是关于事物发展的原因和过程的观点，它是世界观的组成部分。列宁说："有两种基本的（或两种可能的？或两种在历史上常见的？）发展（进化）观点：认为发展是减少和增加，是重复，以及认为发展是对立面的统一（统一物之分为两个互相排斥的对立面，以及它们之间的互相关联）。"前者是形而上学的发展观，它在实质上否认发展；后者是辩证法的发展观，它认为矛盾是发展的源泉。然而，辩证法的发展观还有唯物的和唯心的之分：唯心辩证法的发展观把事物的发展看成是概念的自我发展，虽有其合理的内核，但从整体上说是不科学的；唯物辩证法的发展观把事物的发展看成是事物内部的必然的自己的运动，如实地反映了客观世界的规律，是唯一科学的发展观。

1.3.2 正确认识发展

正确认识发展，是坚持辩证唯物论的重要原则。发展是事物从出生开始的一个进步变化的过程，是事物的不断更新。当事物发生由小到大、由简单到复杂、由低级到高级的变化或组织、规模扩大时，我们都能用发展来解释这些现象。发展是指一种连续不断的变化过程，既有量的变化，又有质的变化。一般来说，发展分三个阶段：初级阶段；渐变发展阶段；质变或部分质变阶段。

人们在顺境中时会看到发展及认识发展的重要性，在逆境中时往往会对发展产生猜疑——"还是老办法稳妥"，甚而会"穿新鞋，走老路"。

小案例1-3　给风留"出口"

越秀山足球场三面环山，处在山洼中。运动场的一头靠山，半山顶上竖着一块长80米、高20米的巨型广告牌。广告牌后面有一条路，是我每天散步必走的。

从广告牌背后望向足球场，视线被它挡住，巨型广告牌上一个个显赫的规整的三角形“窟窿”引起了我的好奇。

刚开始，我以为是风损所致，一细看，这么整齐划一的“窟窿”又不像风力破坏的结果。为什么平整的广告牌要弄得这样“漏洞百出”？据说这是为风留“出口”。

原来，巨型背景广告牌所用的塑胶布由于面积巨大，兜住了山坳里吹来的风，风撞在布上，不是拼命地啃噬，便是疯狂地撕扯，两个月下来，塑胶布便被撕成条条丝丝的百褶裙模样。一般的足球赛事长达半年才能完成，因此，足球馆每两个月就不得不重新以不菲的价格去更换广告牌，费时费力又费钱。有人便出了一个主意，在广告牌上给风留“出口”。

“天下难事，必作于易”。思路一变，效率与效益也就跟着变了。当然，从另一个角度来讲，一个人永远要做的就是在做事时尽可能给别人留下方便，留个“出口”，或留点“余地”。要明白，“利他”的结果，最后是“利己”。

资料来源　杨德振．给风留“出口”[N]．羊城晚报，2021-05-19（A11）.

1.4　创意的客观存在

创意是人脑工作的产物，它工作的目标是使物质按照创意人的预期，在联系和发展中变化。

物质，哲学上指不依赖于意识而可以为意识所反映的客观存在。世界是物质的，世界无限复杂的多样性都是物质的特定的具体形态。运动是物质的根本属性，世界是永恒运动的物质总体，时间和空间是物质的存在形式。

意识是物质高度发展的产物。物质既不能被创造，也不能被消灭，但具体的物质形态则处于永恒的产生和变化之中，任何物质形态都依一定条件由另一种物质形态转化而来，又依一定条件向他种物质形态转化而去。马克思主义哲学的物质概念是对一切自然现象与社会现象的根本特性的最高概括，自然科学关于物质特殊属性、结构和形态的具体认识，随着实践和科学的发展而不断改变和深化着。

1.4.1　创意是意识，创意的对象却是物质

在《创意思维法大观》一书的开篇中，作者王多明感慨地写道：“创意，正在……使符号变为全球语言，在荒漠中开辟新事业，在支点上掀翻地球，改变人类未来的命运。”

我们可以穷尽美好的词句，但是说不尽、道不完“创意”能给我们带来的利益。

比尔·盖茨曾说：“创意，犹如原子裂变一样，只需一盎司就会带来无以计数的商业效益。”这是真话，也是对微软公司为什么能在较短时间内产生极高效益的高度概括和总结。

美国名不见经传的第一旅游公司副董事长，当年40岁的尤伯罗斯——2008年仍在美国奥林匹克委员会主席的职务上，是积极支持中国举办第29届夏季奥运会的友人——他凭借自己周密的创意，“自筹资金，不要政府一分钱”，大胆承办了举世瞩目的第23届奥运会。结果，他的创意使历来亏损的奥运会盈利2.5亿美元。他个人获得475万美元的红利和时任国际奥委会主席萨马兰奇颁发的“特别金牌”。第23届奥运会的成功使参赛的140多个国家和地区的政府官员、运动员、教练、裁判员们，使全球所有事后知情的管理者、经营者、观众都心悦诚服。

美国石油大王约翰·洛克菲勒年轻的时候，也是一个普普通通的打工仔。他从节约一滴封口胶水开始搞创意，大胆假设和实践，成功后，每年可节约5亿美元。他成为富翁的命运起点，就是创意。

1.4.2 创意无处不在、无时不有

“Coca-Cola”已经成为全球语言，人们无论在地球的什么地方，无论他们的母语是什么，都可以毫不费力地从令人眼花缭乱的商品堆中挑出可口可乐。可谁知道，这8个手写字母是来自一位账房先生的创意呢？

我国的西部地区在经济上落后于东部沿海地区，有人面对落后说：“落后，也是一种优势。”这就看你“会不会创意”。已故著名作家张贤亮生前办过广告公司，非常懂创意，他在宁夏的大荒漠中创办了“镇北堡西部影城”，为拍电影、电视剧提供外景地。古朴、粗犷、荒凉的西北大漠成了荣获国际电影大奖的《红高粱》，以及《黄河谣》《牧马人》《老人与狗》《大刀王五》《新龙门客栈》等影片的外景地。这个影视城前后拍摄电影、电视剧100多部，自然也有了很好的经济效益。对此，张贤亮说：“我们出卖的就是荒凉。”这种独特的“商品”之所以能产生它的价值，关键在于“创意”。

我们的生活离不开创意，衣、食、住、行总是和动脑筋、想办法、出主意、想点子联系在一起。

春秋时期的达官显贵们，总是以宽袍大袖表示自尊，在战场上厮杀的士兵也受服装之累。赵国的武灵王从胡人的服装得到启示，将宽袍大袖改为短打紧身服，既便于作战，又便于生产。这个创意，产生了历史性的服装革命。孙中山改造长袍大褂，设计出既不同于西装又不同于对襟衣的中山装，代表了革命者的装束，创出了新的服饰，影响了亿万人的生活。

人们接触得最多的物质是食物，对物质体会最深切的也是食物。速食品的创意，洗净菜的创意，自助餐的创意，手机点外卖的创意，海底捞的“员工第一，顾客第二”的理念创新……都在改变我们的生活，让我们的“食”接受科技革命的洗礼。

中国过去那种“两亩地，一头牛，老婆孩子热炕头”的幸福生活标准早已被打破。“楼上楼下，电灯电话”的幸福生活也已经成为现实。购买了住房的人们还要花钱将住房装饰一番，而每家的室内装饰都有各自的创意。

这几年人们发现城市里的自行车大大减少了，而私家车、出租车、网约车等成为很多上班族的交通工具。

我们的衣食住行在不断出现的“创意”中发展进步。

1.4.3　创意在每个人的行为中

曾经骑自行车上下班36年的笔者，担任教授后忙得不可开交，出门挤公共汽车耽误时间，“打的”还没有这个必要，在多方权衡后，花几千元买了一辆兼具汽车、自行车优点的“电动助力车”。这个创意经多年的实践，证明是正确的：出行很方便，既争取了时间，又少花了钱；免去了蹬自行车上坡后出一汗可能带来的患感冒的痛苦；到离家15千米以外的大学去讲课，也能计时出门，提前上讲台，而不再为等公共汽车而发愁。

作为“凡人”的我们，在工作、生活和学习中也总是离不开创意；对于传媒人、策划人、广告人或管理者而言，“成功的创意就是生命的闪光点”，没有创意，就会落在有创意者的后面。

本章小结

通过本章的学习，我们认识到唯物辩证法是我们正确认识世界的起点，更是创意的基本方向，认识到世界是物质的，物质是普遍联系和发展着的，创意同样是客观存在着的，创意是意识，它的对象却是物质。学习本章能为我们科学地掌握和运用创意思维，以及今后进行创意活动打下牢固的基础。

思考与练习

（1）为什么说唯物辩证法是创意人正确认识世界、进行创意活动的基础？除此之外，创意人在进行创意时还有什么绝招？

（2）试用联系和发展的观点，解释你认为优秀的创意的前因和后果。

（3）你同意“创意时时在处处有”的观点吗？请举三个实例来说明同意或不同意。

实操项目

将全班同学分成三个大组，每个大组内有两个创意小组。选出召集人（最好采取轮换制），初步制定创意小组的活动规则：（1）积极参与，不当局外人；（2）依规行事，不搞小动作；（3）按部就班，不打乱秩序。

选出“创意思维”的课代表，作为促进任课教师与同学们相互沟通的桥梁。课代表要与教师保持密切联系。

第2章

思维和创意思维

学习目标

通过本章的学习，懂得思维及思维的方法是什么，创意是从哪里来的；懂得创意思维的创造原理，明白创意的产生是旧元素的新组合的道理；懂得在进行创意时不仅要动脑，还要动口动手动脚，在组合与置换中发挥“三想”作用的意义。

引例

搞不懂的哲学家

哲学和哲学家很难分别对待，毕竟哲学是那些被称为“哲学家”的人研究的学问，但是，我们一旦把目光从哲学转移到哲学家，就会发现：“哲学”和“哲学家”之间并不是铁板一块。哲学家可能是精神上的贵族，却未必是现实中的贵族。作为一个现实的人，他们可能与我们并无区别。

1）泰勒斯的传说

泰勒斯是伊奥尼亚学派（古希腊最早的哲学学派）创始人，也是古希腊有文献记载以来的第一位哲学家。泰勒斯早年是商人，曾游历古巴比伦、古埃及等地，很快学到那里的数学和天文学知识，后来从事政治和工程活动，并研究数学和天文学，晚年转向哲学。他几乎涉猎了当时人类的全部思想和活动领域，获得崇高的声誉，被尊为“希腊七贤之首”。

泰勒斯言谈幽默并且非常有哲理。有人问：“怎样才能过着有哲理和正直的生活?”他回答说：“不要做你讨厌别人做的事情。”这和中国的“己所不欲，勿施于人”有异曲同工之妙。有人问：“你见过最奇怪的事情是什么?”他的回答是：“长寿的暴君。”又有人问：“你搞出一项天文学的发现，想得到些什么?”他回答说：“当你告诉别人时，不说它是你的发现，而说是我的发现，这就是对我的最高奖赏。”

据说有一次，他边走边思考问题，不慎跌倒在一个水坑里。一个婢女嘲讽他说：“真可笑，你连身边的事情都看不到，却总是想那些天上的事情。”对此，泰勒斯一时竟无法反驳。事实上，泰利斯后来用实际行动驳斥了那个婢女。他夜观天象，知道来年的橄榄将获丰收，事先租赁了当地全部的榨油坊。果不其然，他的知识没有欺骗他——橄榄丰收了。于是，泰勒斯便将榨油坊高价出租，获得了一笔巨大的利润。泰勒斯用自己的行为证明，哲学家如果想发财是很容易的，可他的志向并不在于此。正如他曾经说出的一句格言："别人为食而生存，我为生存而食。"后来的亚里士多德对此曾经有一句非常精彩的点评："哲学家如果想赚钱的话，是很容易做到的，但他的兴趣并不在这里。"而黑格尔的评语更是毫不客气："只有那些永远躺在坑里、从不仰望高空的人，才不会掉进坑里。"

泰勒斯的言行折射出了西方历史上第一批思想家的志向和追求。在他们眼里，纯粹的思辨不是为了谋求生计，更不是为了治国安邦，仅仅是一种乐趣。如果还要向下追问，他们是在追求纯粹的"真理"，追求真实的"存在"，从而超越自己的有限，体验造物主的神奇和上帝的无限。对他们来说，唯有这种快乐，才是真实的；唯有这种追求，才是严肃的。后来的毕达哥拉斯，这位兼哲学家和数学家于一身的天才，终其一生都在探究宇宙万物之间的和谐关系。据说，他为了庆祝"勾股定理"的发现，曾举行"百牛大祭"，即杀掉一百头牛来祭奠这个在当时毫无实际用途的数学定理。用他的话来说，他从这种思辨出来的和谐关系中体验到了一种快乐，感觉自己离神更近了一步。

2）饥饿的马克思

艺术史上有"饥饿的艺术家"，哲学史上也不乏"贫困的哲学家"。这些哲学家虽然有一个高贵的灵魂，却宿命般地拖着一个沉重的肉身。他们虽然热衷于心灵的生活，但现实的生计问题却不能不面对。他们虽有着一双充满"诧异"的眼睛，却没有"闲暇"的时间和悠然自得的心境。

马克思就是这样的哲学家。他的思想震撼了整个世界，但又有几个人知道这位天才哲学家一生穷困潦倒，靠恩格斯的接济才能勉强度日。女儿死了，他甚至连棺材都买不起。当年的马克思身处社会的边缘，遭遇种种排斥和迫害，贫病交加。他曾在一封给恩格斯的信中自我解嘲地说："未必有人会在这样缺乏货币的情况下来写关于'货币'的文章，以致窘迫到连邮寄研究货币的手稿（即《资本论》）的邮费都没有。"马克思的夫人燕妮在一封信中写道："同这种拥有金钱和种种斗争手段的官方势力作斗争，当然是极其有趣的；如果斗争的结果是我们胜利了，那就更加光荣，因为斗争的另一方拥有金钱、权力和一切，而我们却常常不知道从哪里能弄到写信的纸，如此等等。"

而恩格斯本不想从事商业活动。他曾不止一次地把它称作"该死的生意经"，并且不止一次地下决心永远摆脱这些事，去干自己喜爱的政治活动和科学研究。然而，当恩格斯想到，被迫流亡英国伦敦的马克思一家经常以面包和土豆充饥，过着贫困的生活时，他就毅然抛开弃商念头，咬紧牙关，坚持下去，并取得了成功。这样做，为的是能在物质上帮助马克思，从而使朋友，也使共产主义运动最优秀的思想家得到生活保障，使《资本论》早日写成并得以出版。1848年大革命失败后，恩格斯不得不回到曼彻斯特营业所，从事商务活动。这使恩格斯十分懊恼。但懊恼归懊恼，该做的事情还必须去做，他似乎没有别的选择。

资料来源　辜鸿铭．中国人的精神［M］．李晨曦，译．南京：译林出版社，2012.

思考：

（1）怎样理解"我们把目光从哲学转移到哲学家的时候，就会发现'哲学'和'哲学家'是关联的不同体。哲学家可能是精神上的贵族，却未必是现实中的贵族。作为一个现实的人，他们可能与我们并无区别，他们与普通人的区别'只不过是思想走得更远罢了'"？

（2）哲学离不开思维，哲学家是思维着的人，他们在自己生活的时代提出的哲学思想是对前人的总结、今人的超越。创意人有必要认识他们吗？

（3）读了这些哲学家的故事，你的体会是什么？这一章的引例为什么要选入这篇文章？

党的二十大报告指出，我们要善于通过历史看现实、透过现象看本质，把握好全局和局部、当前和长远、宏观和微观、主要矛盾和次要矛盾、特殊和一般的关系，不断提高战略思维、历史思维、辩证思维、系统思维、创新思维、法治思维、底线思维能力，为前瞻性思考、全局性谋划、整体性推进党和国家各项事业提供科学思想方法。

2.1 思维

创意离不开思维，创意是人的思维的结果。要产生有效的创意，必须对人的思维进行深刻的理性的培养和训练。

2.1.1 思维是什么

思维是在表象、概念的基础上进行分析、综合、判断、推理等认识活动的过程。思维是人类从社会实践中产生的特有的一种精神活动，语言是思维的工具。

脑科学的研究表明，思维是人脑神经元中物理的、化学的、生理的运动形式的综合，是一种复杂的物质运动形式。人体内承担的物质运动形式有感性活动与理性活动之分，对客体深远区层的反映即思维属于高级意识活动范围。因此，思维可说是脑中的理性意识活动。理性意识对客体深远区层穿透反映的决定性环节，是实现对处于客体深层的本质性的规定。

思维发生于人脑，但它一旦发生，又可以扩展于人脑以外的和人脑结构具有某种相似（可能不完全相同）的物质，如计算机、智能机和某些灵长类运动可以具有人类思维的某些功能就是证明。但是，机器的思维、动物的思维不能和人的思维相提并论，前二者是模拟性思维，后者是原发的思维。三者的物质能量结构、功能和发展程度很不相同。20世纪计算机的发明和灵长类运动的思维训练实验结果，扩展了思维的概念。

2.1.2　思维方法

明确了什么是思维之后，下面来了解思维方法有哪些。

广义的思维方法，指人类在理性认识中认识客观事物的一切方法。狭义的思维方法，指在抽象思维理论中、抽象思维过程中所采用的基本方法。

分析与综合被认为是人类最基本的思维方法。分析是把事物的整体分解为各个部分或各个方面、阶段、属性，区别本质的与非本质的、偶然的与必然的各种因素，掌握事物的某些单纯规定。综合则是把事物的各个部分、方面、阶段、属性在思维中结合起来，探求多种单纯规定之间的复杂关系，对事物作多样性统一的整体考察，把握其本质与规律。分析与综合相结合，并反复深入进行，贯穿于整个思维过程。

人们在思维过程中，还要运用一些更具体的思维方法，如比较、分类、抽象、概括和具体化等，这些都是一般的思维方法。

比较，可以用来观察事物的整体与整体、部分与部分之间的异同，是分类的基础、抽象的前提。分类是用不同标准把事物分为不同层次的类别。抽象是抛开事物的非本质属性，而提取其本质属性。概括是把取出来的本质特征联结起来，并推及同类事物。具体化是把多方面的抽象认识运用于具体事物，再现其全面、完整的面目，使认识得到验证与发展。

形象思维活动中的思维方法多种多样。联想与想象是常被采用的基本的思维方法。联想是由某一事物的激发而连带想起其他事物。想象是在思维中改造原有形象或构建新形象，可以不受时空限制及形式逻辑的约束。

在创意思维、科学创造及艺术创作中，典型化是被经常采用的思维方法与创作方法，它可以博采众长，用形象进行概括，显现同类事物或人物的本质特征。

创意思维、科学创造中的思维方法还有聚敛、分散、逆向、顺向、等价变换、变换合成及思想实验等许多种。

创意人在进行创意时，除了采用一般的思维方法以外，还更多地采用创造性的思维。

2.1.3　创造性思维

创造性思维是一种高度发展的人类思维形式。目前，人们对创造性思维的研究还比较肤浅，考察的视角也不尽相同，故各家对其含义的表述还比较纷乱。一般认为，创造性思维是人类在认识和改造客观世界的活动中有创造意义的思维。

创造性思维有别于一般思维的主要特点是，其思维形式的反常性、思维过程的辩证性、思维空间的开放性、思维成果的独创性及思维主体的能动性（将在第3章详细介绍）。

创造性思维的活动过程一般包括准备期、酝酿期、豁然开朗期及验证期四个阶段。其中，准备期与验证期主要依靠分析、综合、归纳、演绎、比较、外推、类比等逻辑思维，而在酝酿期与豁然开朗期，主要依靠想象、灵感、直觉及顿悟等非逻辑思维。此时，通常负责非逻辑思维的右脑将承担主要工作。创造性思维形成的生理心理学机制甚为复杂，人们至今还知之不多。我们大致可以把它理解为，人脑神经元间由电脉冲和化学神经递质构成的暂时神经联系系统的时空模式，由于某种原因发生了变化而导致有新的表象和概念生成的过程，也可以看作认知结构自身发生的重构与选择自身的重新组织过程。人的创造性思维能力是人的创造力的核心，对人类的文明、世界的进步意义极大。

广告创意思维要遵循一定的方法，这些方法是进行广告创意的门路、程序。一个方法是一个操作系统，它规定了操作的一定顺序，而且这些顺序大都是不能调换的。因此，创造方法是一个有方向的量。例如，智力激励法（头脑风暴法）对如何进行相互激励、如何评价设想、如何筛选设想都规定了操作技法和步骤，顺序不能颠倒。

方法植根于某种理论，一般都有假定和原则。智力激励法的理论是解决问题的设想越多，越能找到较好的解决方案。人与人之间的思维撞击能引起连锁思维，能克服个人的思维阻碍，打破个人的思维定式。智力激励法的原则有：数量原则——设想的数量越多越好；平等原则——每一个创造者在任何场合都有平等的权利和义务，谁也不能干涉谁；暂缓批判的原则——对设想的评估、褒贬应放在特定的而且是较后的步骤中，其他环节不许批判和评价等。方法的运用和发展总是有限的，一般不脱离初始原则的框架。

当前已知的创意思维方法有340多种，可分成若干大类，例如列举法、设问法、类比法、组合法、分析法、联想法、卡片法、变换法、移植法、物场分析法、心理法等。各类方法中还有更为具体的方法，如列举法中有特性列举法、缺点列举法、优点列举法等，组合法中有功能组合法、技术组合法、功能技术组合法、商品组合法、信息交合法等。

创意思维方法与创造技法有一定的区别，主要表现在创意思维方法有顺序和方向，而创造技法是标量，没有指向性。在日常使用中，人们常常混淆二者的上述界限而笼统使用。

2.1.4 创造技法

创造技法泛指创造活动中所用的创造技巧和方法，有广义、狭义两种。广义的解释同创造方法。狭义的解释是，创造技法为一次性基本操作，是解题者的个别的、具体的行为，构不成体系。例如切断、比较等，它们只是技法，并构不成体系，因此不是方法。技法没有指向性，它是一个标量（方法有指向性，是矢量），很难说这个技法好、那个技法不好。每个技法的自身不再发展，只是技法总量的增多。技法以心理机制为基础，没有严密的逻辑关系，只是结构简单的一种形式。由于技法撇开了各种领域的具体知识，所以其应用范围没有明确的指向性。对性质、内容不同的课题，技法可以照抄照搬，而不需进行调整和修正。严格说来，技法构不成技术，更不是科学，而好似艺术。因此，不同的人应用同一技法能产生不同的效果，有时还会相差甚大。在大多数情况下，即使是获得好成效的人，也往往说不清自己为何能获得如此好的成效。创造技法是专门为克服创造障碍而创立的。由于创造者不同，课题不同，环境不同，创造障碍形形色色，所以创造技法种类繁多。这些种类正好弥补了不同人有不同使用效果的不足，创造者可以选用适合自己个人特征和题目特征的技法，以取得较好的效果。在创造过程中，创造技法是狭义的技法概念。

特别值得广告人骄傲的是专门研究创造现象及规律的学科——“创造学”——是广告人创造的。1938年，美国BBDO广告公司的A. F. 奥斯本提出有利于产生广告创意思维的智力激励法之后，随即出版发行了《思考的方法》一书。这本书的问世标志着“创造学”的诞生。

2.2 创意思维

创意思维——

一把能打开旧锁的钥匙／一叶能把广告人送达彼岸的小舟／一副能射中目标的雕弓神箭／一口蕴藏丰富宝藏的深井／一条通往胜利之境的充满荆棘的小道

本书讨论的创意思维，是各类策划、设计、营销、宣传、公关人员，为解决各种各样的问题，经过思考得出与众不同、新颖别致、具有创新意义的想法、说法和做法的思维。

“广告业是一种知识密集、技术密集、人才密集的高新技术产业，是市场经济的先导。”广告公司为客户服务，“出售”的是自己的“智力”，产品就是“策划”和“创意”。

广告人是善于思考的人，虽然与常人生活在同一时空里，但他们的大脑却处于高速运转中，产生与众不同的想法，创造出惊世骇俗的解决难题的答案。

王多明教授等人合著的《创意思维法大观》一书，讲的就是广告人怎样思考，新、奇、特、怪的想法是怎样创意出来的，“揭开大脑宝盒盖，让人看清楚”。

经过多少人的艰苦努力，多少哲人、智者、科学家苦心孤诣地研究和总结，人类交出了近400种创造性思维的方法。我们正在享受前人的辛勤劳动的成果，用这些成果丰富我们的生活，解决我们面临的困难和问题。我们更应该继续研究、发展这些成果，让几千年来的人类知识的结晶在我们手中发扬光大、增效增值。

创意人生活在日新月异的今天，立身在宇宙中的此地，他们吮吸天地之精华，博采几乎所有学科的灵气，为创意寻找“前人从未走过的路”，做“看似平常，思之伟大”的事业。因而，在《创意思维法大观》中，作者们并不就创意说创意，而是敞开胸怀，畅所欲言，公开自己大脑皮层的工作流程，揭示深层区的工作成果，让读者看得清清楚楚。

这种思维方式值得借鉴。

2.2.1 思维方式的特征

思维方式是体现一定思维内容和思维方法、适用于特定领域的思维模式。

其特征为：

第一，具有一定的思维内容，而不只是一个形式。

第二，含有一定的思考方法，而不只是一个叙述性的描写。

第三，任何一个具体的思维方式所适用的领域都是有限的，而不是一切领域都适用。

2.2.2 思维方式的功能

第一，“反映镜”的作用。它反映特定领域的已知事物和未知事物，是思维的方程式。

拓展阅读 2-1

势利的智者

第二，发展能力、强化意识的作用。例如，指挥员具备正确的军事思维方式，就可以提高其原有军事素质和发展指挥才能。

第三，精神因素的组织作用。它可以唤起思维主体中的某些精神因素，按照一定的要求形成一股精神合力，以解决面临的相应课题。

第四，社会组织作用。它具有吸附和排他的性质，可以把许多具有共同或相似思维方式的人组织在一起，把异己思维方式者排除出去。

本书作者们的思维视野较为广阔，能从过去、现在和未来三个维度进行思索，在思维活动中加工、处理间接的和直接的人生经验与知识信息，用随笔、漫谈、讲故事、拉家常、谈体会、评论分析、说心得等方式娓娓道来，让读者在轻松愉快、赏心悦目之中了解某一种创意思维方法。希望学习者学习本书时能发挥创造性阅读的精神，读之，思之，判之，批之，行之，然后总结出自己的创意思维法，如能与作者进行交流，将功德无量，共同为创造其他创意思维法做出贡献。

2.2.3 创造性阅读

创造性阅读是一种带有创造性思维活动的阅读方式。其主要特征是在阅读过程中，不是对知识信息单纯地被动地理解和吸收，而是或多或少地伴随着创造性的思维活动。

创造性阅读大致可分两类：一类是阅读前读者头脑中已经有了明确的要解决的问题；另一类是在阅读前读者尚无需要解决的问题，但已准备好在阅读过程中随时发现问题，并尽力解决之。前者重在解题，经常出现在正在从事创造活动的读者中，例如为了解决某一技术问题，需要到资料室去查阅有关资料，此时读者往往感到问题不知从何入手为好，而急于阅读有关资料，分析别人在这个问题上的有关见解，并在批判的基础上对获取的信息进行消化吸收，以形成自己的新的观点或见解。一旦阅读完毕，原有的问题便得到了全部或部分解决，而且答案中总带有一定的创造成分。后者重在选题，经常出现在一般阅读中，即读者并非为了解决什么问题而去阅读，主要是获取新的知识，但与那种盲目的、机械的、被动的阅读方式仍有很大不同。因为读者在阅读中往往带有较强的警觉性和批判精神，对文中的观点、方法不是盲目地吸收，而是要多问几个为什么，充分利用发散思维、逆向思维及创造性的联想、想象等思维形式，有意识地、主动地去寻找、发现问题，从而找到一个新的研究课题。在发现问题的同时，还可能不同程度地获得问题的答案，即在阅读过程中通过创造性思维又产生了新概念、新原理或新方法。

无论哪一种创造性阅读，都必须建立在独立思考、大胆怀疑和科学批判精神的基础上才可能奏效。创造性阅读对科研、生产中的解题、选题意义甚大，已成为展示创造性思维的重要场合。

人脑的创造性思维活动，本质上是认知结构的重构与选择的操作。只有重构等组织过程出现，人脑内才会有新的表象或概念生成，而旧有的认识结构的重构只有在外界信息的不断刺激下才最容易发生，创造性阅读恰恰给创造性思维提供了这样一个机会。从信息加工的观点来看，创造性阅读已不再把阅读仅仅看作一种知识信息的输入、贮存、加工（包括重构）及输出的一体化思维操作。

本书的作者们在研究创意思维法的过程中，通过阅读大量的文献发现“创造学”的创始人是一位广告人——美国BBDO广告公司的A. F. 奥斯本。这再一次证明：广告人需要创造，广告人能够创造。

2.2.4　创造原理

创造的原理有许多，这里只列举常用的几种。

第一，组合（综合）原理。人们只要把两种或两种以上的软件（包括原理、方法、技术及构思等）或硬件（包括计算机、仪器、设备、材料及物品等）适当地组合在一起就可以创造出新的事物。综合是更高水平的组合，综合就是创造。在现代科技创造成果中，绝大部分得益于组合创造原理。

第二，移植原理，即把已知的概念、原理或方法直接或稍加改造后移植到其他领域而实现创造的规律。这是在创造实践中一类很有用的创造技法，如类比法、仿生法、焦点辐射法等，都可看作移植原理的具体应用。

第三，逆反原理。从相反的方向去解决问题，是逆反思维的具体体现。逆反原理本质上反映了自然界有许多事物和现象都具有逆反方面的意义。当从一个方向久攻不克时，从另一个方向进攻就可能奏效，或者对已有的事物有意在结构、功能或因果关系上颠倒一下方向，就可能产生一种新的事物。

第四，迂回原理，类似于军事上的迂回战术，即当从一个主攻方向不能得手时，改为从其他方向进攻，就容易取得成功。这也是灵感创造所必需的。

第五，换元原理。一是指通过替代的方法解决问题或产生新的事物；二是指采用替换的方法，通过研究简单事物来解决复杂对象的问题，如被广泛应用的模拟实验就是基于这一原理的。

第六，分离原理，与组合（综合）原理相反，通过对已知事物进行分解、离散而产生新的事物，本质上是基于分析的思考方法。例如在广告市场定位前，要对市场进行细分，找出目标市场，这就需要运用分离原理。

第七，强化原理，即对现有事物在结构、尺寸及功能上进行浓缩而产生新事物，如各类袖珍、微型商品的构思。

第八，群体原理，即借集体的力量进行发明创造，本质上是一种组织智力互补效应。智力激励法的基础就是群体原理。广告创意特别讲究团队精神，群体原则是探寻将这种精神转化为实践的重要原则。

以上这8种创造原理只是全部创造原理中的一部分。这些原理是在大量总结前人的创造性思维和行动之后，经过科学分析、归纳，被逐步概括、提炼出来的。

发展创意思维是我们每个人都希望得到的结果。据日本高桥浩的研究，创造性思维的能力似乎与年老还是年幼无甚关联。本杰明·富兰克林在78岁高龄时发明了老花镜。德国医生、学者巴尔茨研究表明，科学家的创造性成绩的第一高峰出现于40~50岁，第二高峰出现于50~60岁。人的大脑中掌管创造性思维的是脑前额叶部分。大约从10岁开始，脑前额叶逐步发达，即使25岁前后记忆力开始衰退，它还在不停地成长。如果借助训练和经常动脑想问题，至80岁上下，脑前额叶还在成长，正所谓“愈用愈好用”。因而，创意人员的年龄与其创造性并无多大关系。

2.2.5 创意人的条件

从事创意思维的人，要具备以下条件：

第一，具有某种类型的强烈的发现问题的意识，不停地思索对某事物“总应当想出一个新点子”的念头，成为“思考迷”。

第二，具有思维的灵活性，思想不执拗、不顽固，不会在遇到难题时轻易表示“束手无策”，拥有灵机应变的能力和积极进取的生活态度。

第三，具有平素就善于总结经验、教训，不断增长自己的才干的素养。只有日复一日地总结自己的和别人的经验、体会、教训、差错，以此鞭策自己，提示自己，才能产生创造性思维。

第四，经常发挥想象力，空想那些有趣的事、奇特的事，然后浮想联翩，把一件事同其他的许多的事联系起来加以思考。

第五，不仅平时头脑中储备大量材料，还会运用这些材料。思想是根据需要而调动存储在头脑中的各种各样的知识、经验的表现，有时能以从未有过的组合形式产生奇、新、特的创意。当然，重要的是从各个角度准备众多的材料。

创意人要提高创造性思维能力，可以从以下方面去努力：

第一，增强发现问题的意识，创造产生创意思维的条件。发现问题是解决问题的前提条件，如果不能发现问题，解决问题就只是一句空话。

第二，寻找“外部压力”和“内部压力”，自觉地如负重压地开动脑筋，一点一滴、一举一动都主动地与思维的创造性联系起来。

第三，眼前有具体的目标，胸中有远大的志向。这是产生强有力的创意思维的力量源泉，“锲而不舍，金石可镂”。志向和目标越明确、越具体越好。

第四，在碰到难题时，不要轻易认输。发现了问题，就是为解决问题创造了条件。难题挡道，不要以“我从来没有碰见过”为由绕过去或退回去。

第五，相信自己“能行”，建立充分的自信心。从事创意思维的人，能建树业绩的人，应该是自信的。敢于面对难题，善于面对难题，才能产生创意。

第六，培养好奇心，广泛结交朋友，特别是那些思想活跃的人。好奇，就会对未见过、未听过的事产生兴趣，会去寻根究底，也就为今后的创意补充了材料。

从事创意思维的人，要在培养灵活性上下功夫：

第一，排除固定观念，打破思维定式，在不可能办到的事情面前，换一种思维模式去思考，可能正好能解决原来解决不了的问题。

第二，具有怀疑和否定的精神。面对权威，面对别人成功的经验，要能从中找出“破绽”，发现其中尚未解决的问题，或其中尚可继续创新的问题。

第三，养成不但能抛弃目前已有的成就而且敢于步入新境界的“怪癖”。在进行创意思维时不要过分计较外形，而要注重实际本质，努力做到不断改换观察事物的方式。

第四，善于与观念不同的人交往，从他们那里获取有用的知识和观念。孔子曰：“三人行，必有我师焉。”同观念不同特别是与自己相去甚远的人交往，坦诚交流，一定能获益匪浅。

第五，培养“破格思考”的习惯，打破常规的活动模式和思想方法，从相反方向去思考，会意外地获得新的创意。有意识地打破自己平时行事的程序，去做那些平时不做的事情。

2.2.6　詹姆斯·韦伯·扬的创意观

著名的广告大师詹姆斯·韦伯·扬认为，创意思维就是将旧材料组合成新东西。

创意人的头脑训练与材料怎样组合呢?

第一，培养随时连续思考的习惯。反应灵敏的头脑是产生好主意的基础。如果总是不间断地思考一个题目，睡觉时潜意识也会活动，甚至梦中会出现难以获得的新创意，醒后应该赶快记下来。

第二，通过联想、空想以及类推等手段锻炼想象力。每天都进行思维训练，保持自己的想象力不致枯竭。从一种固定的文化模式中走出来，避免左顾右盼，就有可能获得新的体会，产生新创意。

第三，提高对某一问题的注意力，抓住突然闪现的念头。美国80%的学者在解决问题时借助过灵感，在刮脸、换衣、开车、旅游、钓鱼、散步、听音乐、吃饭、洗澡时也挡不住灵感的出现，其关键点是脑子在“集中”思考。

第四，增强感受性，提高搜寻问题的能力。能产生“点子”的人，出“点子”

之前判断可能在什么问题上出“点子”的能力也是较强的。面对眼前的问题，要从中寻找出与众不同的地方。

第五，培养迂回思考的习性。正面顺势思考往往不会产生创意，借助于思考的迂回之路，巧妙地穿过困境，从别人意料不到的地方入手，往往会产生新的创意。

第六，勤做笔记，不断积累产生创意思维的材料。对于眼前必须解决的问题，解决的基础是巧妙地调动和运用过去积累的材料。

第七，明确所关心的领域，着重收集与创意思维有关的信息。面对“社会大词典”，一个人每天要接触的词条成千上万，能记住的总是那些能让其产生兴趣的、有用的词条。

第八，从小点子、小成果入手，不要贪大求全。训练创意思维方法，要从小处做起，积小胜方能成大胜，小点子成功了，放在大范围内也有成功的希望。

2.2.7 创意不仅要动脑，还要动口、动手、动脚

在进行广告创意思维时，不仅要动脑，还要动口、动手、动脚。

第一，动口——多发表自己认为微不足道的想法，不要只把目光盯在“伟大的创意”上。难以计数的无稽之谈，正是一块块基石，有了它们，新创意才会在宝塔尖上闪光。

第二，动手——在身边揣着随时可以用来记下想法的纸和笔，手上随时可以用智能手机，有了想法赶快记下来，有空的时候，将这些支离破碎的想法整理在卡片上或记在智能手机上。

第三，动脚——走出门去，在大自然中、在社会中寻找创意——用脚思考。“纸上得来终觉浅，绝知此事要躬行”，用脚行走时要带着解决问题的目的去找寻。

第四，把自己的不成熟的创意向身边的人口述出来，观察他们的反应，和他们一起讨论，在讲述和讨论中完善创意，也可能又会产生新的创意。

第五，用脑、用智能手机、用笔记下偶然想到和记起的事。偶然的机遇是难得的，在偶然中，我们可以发现和找到必然。许多富有创造性的发明、发现都是在偶然之中巧遇的，有心就能有所发现。

第六，用力挖出藏在深处的规律。任何事物都有规律可循，只要我们善于去挖，不断地挖，总能透过现象找到本质，把事物深处的规律挖出来。

2.2.8 组合与置换

进行创意思维时，有意识地组合和置换相关材料是极为重要的。怎样进行组合与置换呢?

第一，把已有的要素组合起来。创意最终是对信息的打散和再组合。把集中起来的信息分散开，以新的观点再将其组合起来，就可能获得解决问题的新点子。

第二，置换各要素，在重新组合中发现新办法。将现有的要素排一下队，将其

中的几项换一下位置，就可能出现一种新的东西。将原事物中的某几种要素换成另外几种新的元素，也可能将原来的事物换成新的事物。

第三，反过来试一试，看看变换顺序后会有什么结果。“推不动，拉拉看”，也许就成功了，正面不行，从反面试一试也许就行。逆向思维往往能成功，就是人们“万万想不到”，而创意人却想到了。

第四，再加一把劲。当事物的发展未达到某个“度”时，创意者看准这一点，再加一把劲，使就要变成“汽”的“水”温超过100℃，从而实现质的飞跃。

第五，将本来风马牛不相及的事糅合在一起，进行无法关联的关联。创意思维正是要做别人没做过的事，要将一般人认为不可能的事做出来，从看起来无关联的事中找出可以关联的因素。

2.2.9　联想、空想和冥想

小案例2-1　　**面对无奈的现实怎么办**

一个人的思想和理论可以超越时空，不受现实条件的限制，但是，一个人的生活却不能踏出自己的历史半步。于是乎，哲学家很容易陷入“抽象地肯定，具体地否定”的尴尬局面。他们表达起自己的主张和观点来可以滔滔不绝，口若悬河，因为这没有触及他作为个人的内心情感和现实利益。就像一个人说起别人的事情来，总是振振有词；一旦说起自己，就做不到了。

法国当代的大哲学家萨特是西方存在主义的领军人物，更是自由主义的代言人。他主张人生应该自由地选择，并在这种选择中承担责任。正如他所说：“人生就像是被抛上了一列飞速运转的列车，对于它来自何处，驶向何方，人们一无所知。人唯一所能做的就是在存在中自由选择，并独立地对自身及整个世界担负起责任。”

萨特不仅宣扬自由，也力求在现实生活中践行自己的自由思想。他和西蒙娜·波伏娃相恋，但始终没有进入婚姻的殿堂，而是一生保持着情人关系。对于将自由视为生命的萨特来说，婚姻无疑是对爱情最大的戕害。他曾经和波伏娃签订协议：两个人保持情人关系，互不干涉，其中一方可以自由地去选择其他的情人。萨特是这样想的，也是这么做的。可是，当波伏娃也试图寻找萨特以外的情人时，萨特恼怒了。强烈的占有欲使其不得不对“自由”进行重新思考。

中国古代有一个哲学家叫作申不害。他是法家思想的先驱，主刑名之学，善黄老之术。他任韩国国相期间，打破血缘宗亲的羁绊，选贤任能，锐意改革，将韩国由一个弱小的国家带进了“战国七雄”的行列。但是，当国家的政策和自己的利益发生冲突时，这位哲学家就不得不妥协了。

据说，申不害有个哥哥，想走兄弟的后门在韩国谋个一官半职。在亲情面前，申不害不能坚持自己的观点和主张，跑去向当时的国君韩昭侯求情。但是，他的请求遭到了韩昭侯的拒绝。韩昭侯说，身为一国之君，自己的任务是把国家治理好，不会因为一个人而放弃自己治理国家的大原则，就是说，站在一国之君的立场上，韩昭侯是不会因为申不害说情而让他哥哥去做官的。而且，打破亲情选拔人才，本来就是申不害主张的，而现在跑来为自己的哥哥跑关系的，也是申不害。这不是自相矛盾吗？身为国君，是应该答应还是不应该答应呢？

听完韩昭侯的话，申不害十分惭愧，再也不敢提这件事了。

像萨特、申不害这样的哲学家，哲学史上比比皆是。也许，我们对他们太苛刻了。发生在普通人身上的事情，普通人所具有的缺陷或者弱点，一旦搬到哲学家身上，我们就无法忍受了。我们的潜台词可能是这样的：哲学家是智慧的化身，是照亮普罗大众人生之路的明灯。他们在人格和道德品质方面理所当然地应该充当我们的领路人。正因如此，我们给他们附加了更多的道德义务，总是希望他们能够像先知摩西一般带领我们远离痛苦的此岸而前往幸福的彼岸。

但我们似乎忘了，哲学家也是肉体凡胎，也有七情六欲，他们与贩夫走卒之间的区别，不过是思想走得更远罢了。单凭他们炫目的思想或华丽的文辞来推测他们的个人生活，将是一件非常危险的事情。事实上，哲学家在个人生活方面并不比我们优越多少。克尔凯郭尔病倒在哥本哈根街头，尼采疯狂于精神病，福柯死于艾滋病……

哲学家的生活是个人的，酸甜苦辣可以自己去品尝，所谓“如人饮水，冷暖自知”。然而，哲学家的思想，特别是那种上升为了政治意识形态的思想，一旦出现偏差，所带来的灾难将是致命性的。也许，我们应该警惕的是糟糕的哲学理论，而不是行为糟糕的哲学家。唯有如此，我们才能建设一个价值多元的开放社会。

资料来源　辜鸿铭．中国人的精神［M］．李晨曦，译．南京：译林出版社，2012．

为解决难题，创意思维要充分运用联想、空想和冥想。怎样运用这“三想”呢？

第一，挖掘梦想、空想、联想这几座思想宝库。想象力是财富，其中最活跃的是梦，在梦中思想可以自由开放，产生意想不到的创意。想象力丰富的人是天才，创意人应该成为天才。许多发明创造来源于空想，没有空想人类就不可能进步。

联想在创意思维中占据了十分重要的位置。有了联想，人们就能运用过去的直接经验和间接经验产生出新的组合，举一反三，触类旁通。联想的种类很多，本书介绍的7种联想法只是其中一部分。

第二，把无稽之谈也利用起来，顺着这种奇思怪想延伸出去，总能找到有创意的结果。

第三，在集体动脑过程中，对于那些一般人认为不可企及的“点子”也不放过。这一方面是鼓励人们动脑，另一方面可以从那些“点子”中找出可行的合理部分。

第四，有效地运用联想网络。联想是打开沉睡在头脑深处的记忆的最简便和最适宜的钥匙，我们要运用联想得出大量所需要的有关过去的资料。

第五，采用能走向目标的焦点法进行联想。确定焦点后，思考的角度越多，创造性思维越丰富。

第六，进行集体创造性思考。人脑能按照现实的道理和非现实的空想两个方面进行思考，但人与人的思考能力不同，思考速度不同，采用的方式也不同。因此，人与人在一起进行集体创意是有着好的预期效果的。

2.2.10 便于操作的创意

创意思维法中有几种便于操作的，眼看得见、手摸得着的方法，下面略作介绍：

第一，卡片排列法。像打扑克那样使用与创意有关的卡片资料，进行排列组合，创意者可以从中悟出资料间的联系，获得新的想法。

第二，会商卡片法。在集脑会商时，每位参与者都把想法写在卡片上，再来进行选择和排列。

第三，图解显示法。将卡片间的联系用线条和图形表示出来，从中找出关键点。

第四，分析表思考法。用纵式与横式的表格将资料填入其中，从中找出纵横交点中的特殊点或难点。

目前人们总结出来的创意思维方法有近400种，本书介绍了几十种常用的、可以衍生的创意思维方法，引导学习者进入创意思维的殿堂，成为合格的、优秀的创意人。

本章小结

本章是学习创意思维的理论基础，通过本章的学习，学习者能懂得什么是思维及思维的方法；从学习中了解创意是怎样产生的；懂得创意思维的八条创造原理；明白创意思维就是将旧材料组合成新东西的道理；清楚地知道在进行创意时不仅要动脑，还要动口、动手、动脚，知道在组合与置换中发挥联想、空想和冥想的作用。

思考与练习

（1）你能用自己归纳的话语回答什么是思维吗？试举例说明之。

（2）合上本教材，凭自己原有的知识储备，尽可能多地说出你知道的思维方法。

（3）方式与方法有什么联系和区别？

（4）学习创意思维为什么要强调创造性阅读？

（5）你能用“旧元素的新组合”创意吗？试举3个例子。

实操项目

每位同学写一篇关于思维或创意思维的学习心得（500字左右），发给组长，组长转给课代表。课代表用抽选（例如逢5或逢7）的方法找出3篇，转发给全班同学和任课教师，“奇文共欣赏，疑义相与析”。

任课教师以这3篇学习心得为例，就写作者的学习态度、方法、收获对全班同学做一简要小结。

第3章

创意的本质

学习目标

通过本章的学习，懂得什么是本质，以及创意的本质；进一步了解什么是创意，创意的产生及创意的原则，创意的制约因素；明确产生创意的策略，初识惯常使用的创意方法，为学习本教材各章内容打下专业基础。

引例

无声合唱团唱出天籁之音

“啊——/啊——”2018年8月4日，北京音乐厅的舞台上，一群身着白衣的孩子发出长长短短、起起伏伏的声音。这是由无声合唱团表演的原创音乐作品《无声三部曲》。台下的观众先是茫然，然后感动，有人悄然落泪。15分钟的演出结束后，台下掌声雷动。

无声合唱团是艺术家李博和音乐人张咏于2013年11月创建的，成员是来自广西凌云县和福建厦门市的14位听障人士。李博和张咏用5年的时间训练他们发声，并教会了他们合唱。

音乐家刘索拉看到听到无声合唱团的演出后，形容这真是“天籁之音，是外星人或者海底的鲸鱼发出的声音”。“无声合唱团向我们证明了，（即使）我们人类本身听不见，也可以发出非常单纯、好听的声音。”

1）被一声“啊”击中了

《无声三部曲》以古老的“南音”为基础，融合了广西民歌、中国传统乐器及西方流行音乐元素。演出时，李博站在前排指挥，而张咏则弹奏他俩自创的新型乐器“chen”——古琴与贝斯的融合。

他俩是多年的好友。张咏曾是摇滚乐队“子曰乐队”的成员，李博原是个画家。两人都想“搞点不一样的”。2013年，在做一首实验性音乐时，他们突发奇想——把听障人士的声音放在歌曲里。他们决定去采集一些听障人士的声音样本。

在红烛基金会的引荐下，他们找到了广西百色凌云县的一所特殊教育学校。

刚到学校时，他们还特意问老师“孩子们会发‘啊’吗？”老师说“会”，但在这两个陌生人面前，孩子们根本不愿发声。两周过后，事情没什么进展，李博到学校和校长辞行。没想到，这时候一个女孩跑了过来，一声很长很稳的“啊”从她嗓子里发出。这个女孩叫杨薇薇，当时只有4岁。这声“啊”击倒了李博。于是，他们决定留下来组建一个合唱团。

2）4年，1分钟

最难的是如何进行沟通。“因为他们没发过声，对发声没有概念。舌头要摆正位置，怎么摆？让他们理解这些微小的东西特别困难，要想尽办法，用各种比喻。”张咏说。帮孩子们学会发声后，张咏和李博又根据他们各自的音色，在他们最擅长的声音附近分配一个适合合唱的音。

一张嘴，要像钢琴按下的某个键一样，就是一个标准音，这对音乐院校专业的学生来说，都十分不易。听障人士听不到自己的声音，只能用校音器监测音高。张咏模仿孩子们边发声边盯校音器的表情，“大家就靠这种方法来训练、记忆。他们每一点点的进步，都要经过成千上万次练习。”

一直到了2017年的夏天，无声合唱团才完成了他们的第一首作品。这首无名的乐曲只有1分钟。

4年间，无声合唱团的人员历经了几次变化，有的孩子辍学，有的孩子回家结婚，就离开了。为了让他们站在台上“看起来不这么孤单”，2017年，张咏在厦门的特殊学校又找到了几个孩子，组成了现在14人的队伍。

3）寻找艺术的本质

很多人认为是李博和张咏帮助了这些孩子，但他们认为，正相反，是这些孩子改变了他俩的人生轨迹。

2006年，从中央美术学院毕业后，李博就立刻签了画廊，他的作品颇受策展人喜欢，一幅画能卖到6位数甚至7位数。李博开始回过头来想：究竟艺术能干什么？除了表达、卖钱，是不是还有其他的事情可以做？而张咏曾经一心要干一番大事业，但现在他更愿意找个没人的地方，一个人待着，弹弹古琴。

成立无声合唱团后不久，李博就离开了画廊。张咏也在2014年从北京搬到了厦门。此后几年，他们每年都会去广西花2～5个月的时间和孩子们待在一起。这些年去广西的路费、住宿费，还有请老师的费用和在音乐上的投入，都是李博和张咏两个人自己掏钱往里贴的。刚开始，好多人觉得他俩疯了，但李博觉得做这事特别踏实：“现在挺好的啊，你自己快乐，还能给别人带来快乐，为什么不呢？”

资料来源　王霜霜. 无声合唱团：聋哑儿童唱出天籁之音［J］. 看天下，2018（24）.

思考：

（1）什么叫“于无声处听惊雷”？让不可能的事，想不到、做不到的事，做成了，这就是创意。

（2）这篇文章用最简洁的语言诠释了“本质”，回想一下你通过现象看到本质的事例。

党的二十大报告指出，问题是时代的声音，回答并指导解决问题是理论的根本任务。今天我们所面临问题的复杂程度、解决问题的艰巨程度明显加大，给理论创新提出了全新要求。我们要增强问题意识，聚焦实践遇到的新问题、改革发展稳定存在的深层次问题、人民群众急难愁盼问题、国际变局中的重大问题、党的建设面临的突出问题，不断提出真正解决问题的新理念新思路新办法。

3.1 何为创意

本质和现象是辩证法的一对范畴。本质是事物的内部联系，现象是事物的外部联系。

本质总是通过现象表现出来，而现象总是表现本质。没有离开本质的现象，也没有离开现象的本质。假象也是本质的表现，不过是歪曲的表现。

本质由事物的内在矛盾所构成，比较深刻，相对稳定，要靠思维才能把握；现象则是表面的，多变的，用感官即能感知。“一切事物，它的现象同它的本质之间是有矛盾的。人们必须通过对现象的分析和研究，才能了解到事物的本质，因此需要有科学。不然，用直觉一看就看出本质来，还要科学干什么？还要研究干什么？所以要研究，就是因为现象同本质之间有矛盾。”[①]只有认清事物的本质，才能掌握事物发展的规律，促进事物向有利的方向转化。通过现象认识本质，是一个艰苦的、反复的过程。必须在实践中全面地掌握事物的现象，并进行去粗取精、去伪存真、由此及彼、由表及里的分析研究；得到了理性认识，还要再回到实践中去检验和发展。如此循环不已，才能实现从现象到本质、从不甚深刻的本质认识到更深刻的本质认识的深化的无限过程。

认识和运用创意，我们要研究创意的本质，透过现象抓住创意的本质。

创意是产生原创概念的思维活动。其特点就是原创性、新颖性、可描述、可以产生积极的效果。创意本质上是创造性思维的过程及成果。

创造性思维有广义与狭义之分。一般认为，人们在提出问题和解决问题的过程中，一切对创造成果起作用的思维运动，均可视为广义的创造性思维。狭义的创造性思维则指人们在创造活动中直接形成或创造成果的思维活动。通常人们讲的创造性思维多指狭义的创造性思维。创造性思维有别于一般思维，它的主要特点是：思维形式的反常性；思维过程的辩证性；思维空间的开放性；思维成果的独创性；思维主体的能动性。

3.1.1 思维形式的反常性

思维形式的反常性经常体现为思维发展的突变性、跨越性或逻辑的中断，这是因为创造性思维主要不是对现有概念、知识进行循序渐进的逻辑推理的结果和过程，而是依靠灵感、直觉或顿悟等非逻辑的思维形式。

---

① 毛泽东.毛泽东选集：第五卷［M］.北京：人民出版社，1977.

不按常规出牌，往往会产生预想不到的效果。失败了，这也是一种效果，从中总结教训，转败为胜，是创意的成功；胜利了，实现了预期的目标，从中总结经验，继续施行或传播出去，贡献于社会，使个别经验普遍化、经常化。

转败为胜，往往指一局战事或一局博弈。这里的败后取胜，是从失败中走出来，针对失败的原因，从另一角度进入，从而取得另一场博弈的胜利。

比尔·盖茨在与挪威“象棋王子”的对弈中，没有悬念地败了。聪明的比尔·盖茨却因此开发出新的软件，赢得了新的市场。

小案例3-1　运动场上的奇迹

2012年5月13日，是一个我永远不会忘记的日子，我跟15岁的儿子一起经历了一场神奇的比赛。那是一个周日，儿子第二天还有课。但是那天晚上有他喜欢的球队冲冠军的关键比赛，他跟我说，晚上想看直播。当然，我从来不认为由于第二天有课，头天夜里的比赛就不能看。这个机会几十年可能才有一回。

为什么这么说？因为他喜欢的球队是曼城。曼城上一次夺得“英超”冠军是我出生那一年，1968年。到了2012年，时隔44年，夺冠的机会终于又出现了。只需要一个条件：主场击败对手曼联，不能平，也不能输。

开局很顺利，曼城很快1：0领先。但是，一个44年没得到过“英超”冠军的球队，心理压力是巨大的，它接连被对手攻进两球，1：2落后。比赛进行了80多分钟，依然1：2落后。我儿子几乎绝望了，开始哭，哭着哭着还许下一个大愿：如果运动场上的奇迹出现，曼城能逆转，未来一年自己都不喝可乐。

比赛进行到90分钟，比分依然是1：2。一种深深的绝望在我们父子俩和所有曼城球迷的心里蔓延。91分13秒，曼城哲科将比分扳平。我儿子依然在哭，因为他依然看不到希望。即便平局，曼城也拿不到冠军。但是，93分20秒，阿奎罗神奇进球。

不可思议的逆转发生了，曼城拿到了44年之后的又一座“英超”冠军奖杯。这个时候我儿子还在哭，但已经不再是绝望地哭，而是喜极而泣。我俩抱着在地上打滚。过了一会儿，等他慢慢平静下来，我跟他说了一句话：“儿子，将来遇到事儿别哭，太耽误时间。”

你们告诉我，哪一堂课、哪一本教科书上会教这一课？最重要的不是那个神奇的结果，而是它让你相信：只要不放弃，越努力越幸运。

第二天，儿子正常起床去上学。晚上放学回家，他骄傲地告诉我：“我是班上唯一看了这场比赛的人。我今天一点儿都不困，课听得爽极了。”

很多父亲在这种情况下，也许会选择让孩子按点儿睡觉。第二天要上学呢，看什么比赛？但是这一晚，留给孩子的记忆是不可替代的。儿子爱足球，也喜欢踢足球，还见证过这样的奇迹，在未来的人生中，他就会相信努力和不放弃的价值。遇到困难的时候，也许他就会想起2012年5月13日那天晚上。

其实，体育运动经常制造奇迹。还有比曼城夺冠更加神奇的吗？有。

1992年，我24岁，刚刚毕业走向社会。一只丑小鸭，一个“北漂”，想在这座庞大的城市和悠久的新闻传播历史当中扮演一个角色，可能吗？

那年夏天的“欧洲杯”，南斯拉夫由于政治原因，突然被禁赛，于是本来已经没资格参加“欧洲杯”的丹麦被叫了回来。这时距离“欧洲杯”小组赛的第一场比赛只剩下12天了，丹麦队比它的对手们少准备了半年。

但是，丹麦队在半决赛中击败了不可一世的荷兰队，荷兰队可是上届“欧洲杯”冠军，又在决赛中以2∶0击败了德国队，捧得了冠军奖杯。这批队员接到参赛通知的时候，大多都在海滩上度假呢，他们可能只打算从电视里看看这届不属于他们的“欧洲杯”。但是谁能想到，丹麦队遇到了一届像丹麦童话一样神奇的“欧洲杯”。

生活中，当你遇到各种各样看似无解的问题时，是否会想起曼城的93分20秒？是否会想起丹麦队的童话？是否会想起体育赛场上很多很多的奇迹？不过请注意，奇迹不是老天白白赐予的，它来自你日常的训练，来自你强大的心理、放松的状态。体育场上的奇迹不仅仅是为冠军准备的，更是为生活中每一个喜欢体育的人准备的。

资料来源　白岩松. 对白：让我们和更好的你聊聊［M］. 武汉：长江文艺出版社，2021.

3.1.2　思维过程的辩证性

思维过程的辩证性，主要指它既包含逻辑思维，又包含非逻辑思维，既包含发散思维，又包含收敛思维，既有求异思维，又有求同思维。两者之间分别构成对立面，既相互区别、否定、对立、又相互补充、依存、统一，由此形成创造性思维的矛盾运动，推动创造性思维的发展。思维过程的这种辩证性又经常体现为创造性思维的综合性，即创造性思维实际上是各种思维形式的综合体。

创意思维整个过程都必须遵照辩证的法则，如日月运行，似为人处世，离开辩证法则，就会一事无成。如《周易》所言，坚持辩证法则，则昌；逆之者，则衰。

拓展阅读3-1

《周易》古朴的智慧

3.1.3　思维空间的开放性

思维空间的开放性主要是指创造性思维需要从多角度、多侧面、全方位地考察问题，而不局限于逻辑的、单一的、线性的思维，由此形成了发散思维、逆向思维、侧向思维、求异思维、非线性思维及开放式思维等多种创造性思维形式。

小案例3-2　18层大厦在地震中屹立不倒

1972年12月23日，尼加拉瓜共和国首都马那瓜发生了大地震，一座现代化城市顷刻间变成了一片废墟，死亡万余人，511个街区的房屋被无情地震毁。令人惊奇的是，一片废墟中唯独18层高的美洲银行大厦安然屹立！如此奇迹，轰动了全球。

奇迹的创造者就是著名工程结构专家、美籍华人林同炎。他在设计美洲银行大厦时，试图设计一座在地震中不会房屋崩裂的大厦，但是无论如何都没有办法解决建筑材料在强大外力下不变形、不裂开的问题。就在他一筹莫展之际，忽然想到如果不是把思维的重点放在正面（因为放在正面不能彻底解决防震问题），而是把思维着重放在反面呢？

于是，在多方筛选测算后，他采取了框筒结构。这种结构和一般结构不同，具有刚柔相济的特点：在一般受力的情况下，建筑物有足够的刚度来承受外力；而当受到突如其来的强烈外力时，可由房屋内部结构中某些次要构件的开裂使房屋总刚度骤然减弱，从而大大减少主要构件建筑材料承受的地震力。这种以房屋次要构件开裂的损失来避免建筑物倒塌的设计思想突破了一般常规的思维框架，突破了以刚对刚的正面思维模式，从而创造了世界上少有的奇迹。

资料来源　佚名. 18层大厦在地震中屹立不倒［J］. 思维与智慧，2018（6）.

创意思维要解决难题，不能只有一个角度、一个侧面，有了新的角度和侧面，思维空间解放了，解难题的办法就在其中。

3.1.4　思维成果的独创性

思维成果的独创性是创造性思维的直接体现或标志，常常具体表现为与众不同的创造成果的新颖性及唯一性。

小案例3-3　**把剩菜变成天然染料**

2017年底，一个90后的香港男孩埃里克（Eric）引起了人们的关注。埃里克和他的伙伴们总共把6吨厨房垃圾变身成了美丽的天然染料，轰动了整个香港。茄子的紫，菠菜的绿，胡萝卜的橘红……五颜六色的蔬菜瓜果，在埃里克的设计下，变成了天然的彩色染料，然后用这些颜料染布，最终变成独特美丽的衣服。如此大胆的做法让人在惊奇之时，更佩服得五体投地。

埃里克毕业于香港公开大学（2021年9月1日更名为香港都会大学）环境学系，本来打算毕业后做一名公务员，但一次意外的经历让他改变了想法。那是2010年的某一天，埃里克参加了一个回收婚宴剩余食物的活动，在和伙伴们回收食物的时候，埃里克突然想起在一本书上看到过，厨房垃圾能变成染料。他突然来了灵感：假如我把厨余变成染料，不仅能避免浪费和环境污染，还能让它们物尽其用，岂不是两全其美？

后来，埃里克又了解到，在香港，每年有超过3 600吨食物被丢弃，而到2018年，香港的三个垃圾堆填区将相继爆满。难道那3 600吨食物垃圾，真的一点用处都没有了吗？难道这些废品就只能被丢弃？

至此，埃里克坚定了决心，和伙伴们开始了“捡垃圾”的行动。埃里克和伙伴们每天蹲在垃圾桶旁边，仔细翻找快要腐烂的蔬菜瓜果，紫甘蓝、白菜、洋葱……这些又臭又烂的蔬菜瓜果，都被埃里克当成宝贝带回了工作室。

万事开头难，在“捡垃圾”的时候，他们时常面对众人的不解和质疑。有人痛惜地责问：“堂堂大学生，竟然喜欢捡垃圾？”而在得知他们的想法后，人们又觉得这简直是天方夜谭：烂菜叶子能当染料？简直是开玩笑。甚至有人毫不客气地当面嘲讽道：“怕是上学上傻了吧！”

面对众人的质疑，埃里克挺了过来，但这还只是第一关，更难的是如何将从垃圾堆里“扫荡”来的厨余变成染料？在这方面，从来没有相关的研究，一切都要埃里克从头做起。这些食物之所以能变成染料，就是因为它们含有天然的色素，可是如何将色素提炼出来是一个难题。

在失败了千余次之后，埃里克终于琢磨出了方法，又花了将近一年的时间，才把各种各样的颜色调制出来，实现了真正的纯天然、无污染。为了染出好的作品，埃里克专门飞到日本奈良的染布坊学习。而每一样东西，都是从“垃圾”里淘来的。姜皮、金盏花、洋葱皮来自垃圾堆，咖喱则是茶餐厅用剩的。埃里克说，他们的初衷就是废物利用，所以绝对不会像有的坊间那样，用新鲜的食材来染布，那其实是本末倒置。

7年来，埃里克坚持研究厨余染料，还把染料带到了德国、英国、日本等许多国家，受到了人们的普遍欢迎。把垃圾变成宝贝，把剩菜变成染料，埃里克因此给自己取了一个名字：食物设计师。

资料来源　乔凯凯．把剩菜变成天然染料［J］．东方青年，2018（3）．

埃里克研究厨余染料的创意，如果没有独创性，德国、英国、日本等国不会接受他的创意产品。

3.1.5　思维主体的能动性

思维主体的能动性，表现了创造性思维是创造主体的一种有目的的活动，而不是客观世界在人脑内简单的、被动的直接反映，充分显示了人类活动的主观能动性。

创意人在接受创意活动的任务后，一般都能自发地表现出面对竞争的亢奋情绪。

小案例3-4　**奶奶餐厅**

马克·亨德里克斯是荷兰鹿特丹的一名大学生，学校布置了一份创业课题的作业，于是他和几个同学打算开一家特色餐厅。可到底要开一家怎样的特色餐厅呢？马克他们犯了难。

马克和他奶奶没住在一起，他每周都会去看她。有一次因为有事，他隔了较长时间才去，他推开房门，看到奶奶坐在窗前，呆呆地凝视着窗外。他喊了一声“奶奶”，奶奶却像没有听到似的，目光依然空洞地望着窗外。马克又喊了一声，奶奶这才从恍惚中回过神来，亲切地拉着他的手，和他说个不停。从奶奶的话语中，马克才知道，奶奶已经有好几天没有跟人说过话了。那一刻，马克的眼睛湿润了——奶奶一个人待在家里太孤独寂寞了，连个和她说话的人都没有。

马克想，自己以后会有自己的工作和事业，不能时时刻刻陪伴在奶奶身边，怎样才能让奶奶摆脱孤独的生活呢？马克突然想到自己正要开办的餐厅，何不开一家由老年人参与管理的“奶奶餐厅”让奶奶管理呢？马克把自己的想法说给其他几位同学，他们都很支持马克的想法，并说这个创意非常独特。而且，现在社会上像马克奶奶这样的孤独老人有很多，需求非常庞大，因此他们觉得餐厅前景一定会很不错。

然而，他们只是大学生，没有足够的资金租赁固定场所开餐厅。于是，马克想到了“快闪”的运作模式——街上有很多餐厅，因为某种原因而“休业”，何不租用那里的厨房和大厅呢？

马克拿起电话本，一家一家地打电话，跟餐厅老板讲自己的构想。很幸运，一家私人烹饪教室的师傅被马克他们的构想打动，同意租借自己的场地给他们使用。就这样，“奶奶餐厅”正式开张营业了。

“奶奶餐厅”从经理到大厨再到服务员，都是“奶奶级”的老人，就连服务的对象也有不少老年顾客。马克还想出一个非常特别的点子——让有烹饪兴趣和技艺的老人来“奶奶餐厅”一展厨艺，与“奶奶大厨”比试一番。在这里，还能跟“奶奶大厨”学会至少3道菜，也可以结合自身经验烹调出具有自身特色的菜肴。凡是光临“奶奶餐厅”的顾客，只要付12.5欧元（1欧元约合人民币7.3元），就可以吃3道“奶奶大厨”的拿手菜。

“奶奶餐厅”开业后，受到很多老年人的青睐和追捧。老人们一边用着餐，一边和同龄的服务员说着话，一顿饭吃下来，都感觉非常开心，回家后又向身边的老人宣传。很快，“奶奶餐厅”便名声大噪，就连一些中青年人也带着家中的老人慕名而来，餐厅每天顾客爆满。

让马克没想到的是，“奶奶餐厅”居然还引起了荷兰首相吕特的关注。在一次电视采访中，吕特首相说，除了要给老人们提供丰富的物质条件，更要关心他们的精神生活。由此，吕特首相特意提到了马克的“奶奶餐厅”，并号召全国的青年创业者向马克学习。

资料来源　佟才录. 奶奶餐厅［J］. 思维与智慧，2019（19）.

创意的主体是创意者，有创意动机的创意者不是被动的，他们总是要用自己的聪明才智去认识困难，才能解决困难。

3.2 创意的产生

人们认识世界、改造世界的能力，是人类为了生存在长期的斗争和成长中积累起来的，这是一个不断再积累再运用的螺旋式上升的循环过程。

创意是过程和结果的体现。创意产生于人们的长期积累中，是为解决某一难题，经过艰苦的思维活动，在一定的时间、地点、条件下出现的创造性思维活动的结果。

仅以营销为例，创意产生的程序大体分为6个阶段。

3.2.1 确定目标阶段

首先要明确创意的目标，一定要让这个目标具体化，并尽可能使达到目标的步骤具有很强的可行性，否则再好的创意也只能是空中楼阁。创意人要掌握创意的“三点一线”，第一点就是确定目标点。

3.2.2 收集资料阶段

在确定具体可行的目标后，就要根据这个目标广泛收集有关资料，包括营销环境（政治、法律、经济、科技、地理、文化习俗等环境）、营销策略（产品策略、渠道策略、促销策略、定价策略等）、受众-顾客-消费者的信息（如受众-顾客-消费者的经济收入、社会价值取向、年龄结构、欲望、需求、习惯等）、竞争对手的能力和策略等。这些资料不但内容要全面，而且必须是准确的、与时俱进的，这样才能够为下一阶段的工作做好准备。

3.2.3 整理分析阶段

对收集到的资料（包括自己的和别人的）分门别类加以整理、分析，从中发现各类信息的特点，进而找出商品、劳务所具有的能够吸引受众-顾客-消费者的特色和受欢迎的可能性，同时对原定的创意目标进行适当的调整。

3.2.4 酝酿阶段

将创意与特定目标结合起来，对创意主题进行深入的思考，并努力以自己特有的感受和技术去完成创作过程，并使作品富有同情心和人情味，富有渲染力等，为下一阶段的工作打好坚实的基础。

3.2.5 开发阶段

创意作者在酝酿阶段产生了灵感，就应该继续使自己的创意尽量涌现出来，并用新的创意去补充、修改甚至取代原有的创意，这样新的创意就会具有代表性，更完善、更准确地体现主题的深层次意义。

3.2.6　评价选定阶段

经过前面几个阶段，许多创意方案已经产生，创意人员对其进行鉴定、比较，从中确定最佳的、与原定的目标相吻合的创意方案。当然，在评定、选择这些创意方案时，要对相关因素进行比较与评价，如与创意的目的是否吻合，是否符合诉求对象及将要使用的媒介的特点，与竞争者的方案相比是否具有独特性、新颖性、实用性等。

经过以上工作，新的创意便产生了。

3.3　创意的原则

进行创意活动要依据的原则，也是评判创意价值的客观标准，主要包括以下几点：

3.3.1　创意独特，立意新颖

1975年以来，以培养世界上杰出推销员著称于世的美国布鲁金斯学会，常要求学员富有创意地去完成艰难的销售任务。其中一名学员成功地把一台微型录音机卖给了尼克松总统，后来又有人把一条三角裤卖给了克林顿总统……他们获得了学会的最高奖赏。2001年5月20日，美国布鲁金斯学会的学员乔治·赫伯特成功地把一把旧斧子推销给了布什总统，学会把一只刻有“最伟大推销员”的金靴子赠予乔治。他们的成功，关键在于销售的创意独特，说辞立意新颖。

3.3.2　主题突出，构思完整

有一则冰箱电视广告：一个跋涉于戈壁的男子，唇干口燥，忽然看见一台冰箱，便从中掏出饮料狂饮。戈壁中怎么会有冰箱？冰箱的创意人员面对诘问，无言以对。这时如果出现一条清澈的小溪不是比冰箱更解渴吗？为冰箱做创意只能有冰箱，而不能有别的元素，因此该广告只着力强调了渴，转移了主题，造成了喧宾夺主的效果。

3.3.3　定位正确，方式恰当

某些高档儿童用品的广告创意，针对的受众是儿童，其定位就不太准确，其实这类商品的购买者不是儿童自己，而是其父母或祖父母这些长辈。一则面向中国人提供的商品广告，其创意却用外文去表现，当然不会被受众接受。

3.3.4　寓意深刻，精练生动

创意要具有生动性、艺术性、趣味性。例如，一则打字机广告——“不打不相识”，法国某印刷公司的广告——“除了钞票，承印一切”，都是极好的例子。应注意的是，要避免重复，创意讲求一个“新”字。例如，滥用文字游戏的“信硒时代”“领鲜一步”等广告语，其广告创意效果就会大打折扣。

3.3.5 简洁鲜明，生动感人

创意的表现，要考虑受众的接受程度。人们在瞬间能看到、看清的符号是有限的，那些简洁的形象、鲜明的图形，让人过目不忘（如可口可乐的标志），因而传播效果很好。

3.3.6 构图完美，色彩明朗

创意的图形表现要求寓意深刻，在完美构图中有不一般的思想。有家大拇哥餐厅请一家广告公司为其设计门头灯箱标志，广告公司在一个圆圈内用一只伸出的大拇指表现大拇哥“顶好”的意思，店主不是很满意，但又说不出该怎样设计，真是“隔行如隔山”啊。专业的设计师稍作修改，让大拇指头伸出了圆圈，色彩选用肤色，在灯光的映衬下尤为新鲜。大拇哥餐厅的老板这次真的伸出了他的大拇哥。

3.3.7 创意表现有冲击力

这种创意表现的冲击力，既能牢牢地抓住受众的眼球，又能调动他们的思维机器，在他们的思考中留下点什么。笔者很多年前应一家叫“天龙”的企业邀请为其设计标志。“天龙”二字的很多字体在电脑中很容易找到，但没有创意。笔者调动欣赏书法的知识储备获得了启发：毛泽东写的草书“天”字，下笔重，然后向左下弯曲后收笔，这不就是昂头腾空而起的龙吗？

3.3.8 繁简适当，以少胜多

创意以服从功能需要为前提，而不是服从形式的需要。例如，一则波音公司的创意，文案正标题是“永远飞在前面”，副标题是“波音遥遥领先对手 1 000 千米”，正文详细地说明“永远飞在前面”的具体情况。繁简处理在这则创意中得到了充分体现。

以上 8 个方面是创意的基本原则，具体进行创意时，还会生出一些新的原则。

3.3.9 其他原则

创意人进行创意时，从另一角度讨论，还得遵循以下原则：

1）关注原则

创意作品应该能够引起受众的注意；否则，创意的具体内容就无法深入受众的内心。因此，创意人要以各种可能的手段吸引尽可能多的受众的注意，并且让他们进一步对创意所宣传的企业和商品投入更多的关心。

2）理解原则

创意固然要追求新颖性和独特性，但是这种新颖性和独特性不能超越受众的理解力。创意内容不但要引起受众的关注和理解，还要吸引他们对企业和商品表达自己的态度、发表自己的意见，投入更多的注意和关心。

3）印象原则

创意作品要给受众留下美好而深刻的印象，使他们能够经常回忆起创意提及的有关内容，随着时间的推移，创意中的企业和商品形象在他们心中越来越清晰、亲切，富有吸引力。

4）信任原则

遵循信任原则的目的就是要用创意唤起受众对企业、商品的高度信任，相信企业能够为他们提供良好的服务，相信商品能够为他们带来满意的效用。

5）促销原则

创意的最终目的是让受众在了解企业和商品的情况后，对企业留下良好的整体形象，对商品产生强烈的购买欲望，进而完成购买行为。

6）原创、单纯、惊奇、相关等原则

原创：创意贵在有新意，切忌抄袭、模仿，借鉴是可以的，但要推陈出新，不能留下模仿的痕迹，让人生厌。

单纯：主题要集中，信息要浓缩、凝练。诉求重点要集中到一点，无关紧要的应舍去，这样主题就突显出来了。电视创意要注重镜头的逻辑性，既富于变化，又充分表现主题。平面创意要讲究视觉流程，所有成分都要有利于突出主题，越单纯越容易被接受。

惊奇：在视听上富有冲击力，刺激越强越容易引起注意和被记住。画面、声音、音乐、富有哲理的创意语言，都能不同程度地产生一定的视听冲击力，在创意上要充分掌握其自身特性，恰当地选择和使用。

相关：创意的过程实际上是商品信息的编码过程，受众接受创意信息后，要经过译码并在译码中产生联想，使原有的体会和经验与商品信息结合在一起，达成沟通。创意把概念化的主题转换为视觉化的符号，直观性强，但也产生了多义性，因而要遵循相关的原则，将受众引导到商品上来，品牌、形象、语言、画面都能让人确知这就是某商品的信息。

3.4　创意的制约因素

任何事物总是在一定的时间、地点、条件中出现的，它们也必然受到这些因素的制约，创意的产生也受到来自各个方面的因素的制约。

1）传播功能的制约

创意要及时地、最大限度地、正确地传递信息，不要只企图以惊人的构思、离奇的形式片面强调其艺术性，而毫不怜惜地削弱了对重要信息的传达。如果没有在最佳传播状态下把创意传播给接收者，这个创意就不算成功。

2）**总体策划的制约**

策划属于总体战略层面，而创意则是落实总体战略即策划实施过程中的技术技巧和方式方法，不能喧宾夺主。

3）**表现创意的制约**

好创意要表现出来，让受众看懂、领会、记住、产生行动。如果创意忽视了整体表现间的相互配合（如表现手法、设计编排、字体选择等），则会失去其应有的魅力。

4）**媒体特征的制约**

例如，电视媒体以视觉形象为主，广播媒体以听觉感受为主，平面媒体以视觉感知为主，智能手机媒体能将多个感觉器官动员起来。不同的创意要根据受众对媒体的选择和使用传播，要充分发挥媒体的长处而避其不足。

5）**创意内容的制约**

创意要遵守法律、法规，文字要规范，尊重风土习俗，符合道德标准，促进文明建设等。片面追求猎奇、抓眼球、怀揣不良动机的创意，形式上越成功，内容上危害越大。

6）**实施效果的制约**

如果创意很好，但在实行中无法表现或表现不到位甚而破坏了原创意，那么这种创意就会违背好创意的初衷。如果没考虑实施效果的制约，再好的创意在传播信息的海洋中也可能被淹没。因此，必须考虑到背景的衬托作用，才能使创意得到充分体现。

总之，要产生好的创意，创作人除了必须具备较强的审美能力和图形设计能力，以及对市场动向的敏锐的感知力和对受众心理的深刻的洞察力之外，还必须熟练掌握和正确运用创意的思考方法、技巧；同时，具备在总体策划方案下按总体创意进行视觉化创意的能力，并能与各种媒体、创意表现方式密切配合、协调。平庸的创意只能做到看不看随你、接受不接受由你，而杰出的创意就能做到不由你不看、不由你不信。

3.5 创意的生产策略

所谓创意的生产策略就是人们“操刀切肉”的切入点。这些策略大体有：

1）**同一策略**

同一策略是通过水平思维，把所要表达的意念依托在其他事物上，借助其相同属性进行表达。

2）**幽默策略**

幽默策略是在创意中用富有情趣的方式来表达自己的思想、感情、见解、态度以及营销观念，使人感受到风趣、机智和亲切。

3）人性策略

人性策略即把人类生理、心理上变化万千的感觉加以提炼和概括，结合商品的特性、功能和用途以喜怒哀乐的形式表现出来。

4）对比策略

对比策略即通过比较的方式，显示自己优于竞争对手，正所谓“知彼知己，百战不殆”。这种策略比较容易赢得受众的认可，但切记不可引起对手的反感。

5）威信策略

只要专家对某一事物说出自己的看法，人们就更容易相信，这便是威信效应。

6）意境策略

使目标受众在接触创意后产生联想，思维中生出意境，产生乐趣，从而增强对受众的感染力，使其产生身临其境的感觉，这便是意境策略。

7）悬念策略

将创意对象委婉地表现出来，让受众在好奇心驱使下加以猜测，然后到一定时候再一语道破，从而给受众留下深刻印象，这便是悬念策略。

8）示范策略

示范策略即通过对实物进行实验、演示、操作、使用等来证明商品品质优良，从而激发消费者的购买欲望，促进销售。

3.6　创意常用的方法

在创意过程中，创作人员的素质决定着其对创意方法的掌握与使用情况，进而影响创意作品的质量。

本教材在下编中较详细地介绍了66种具体的创意思维方法，这里先介绍常用的基础的创意方法。

3.6.1　头脑风暴法

头脑风暴法是被誉为“创造学之父”的美国人亚历克斯·奥斯本提出来的，是一种激发集体智慧、提出创新设想、为一个特定问题找到解决方法的技巧。奥斯本曾这样表达头脑风暴的意义：“让头脑卷起风暴，在智力激励中开展创造。”

头脑风暴法的特点是：在主持人的召集下，与会者（一般10人以内）在非常融洽和轻松的气氛中就一个特定的问题或目标，各自提出不同的意见或方案，在会议中不允许互相批评，而提倡畅所欲言，各抒己见，也允许结合别人的意见提出自己的新看法和方案。会后，会议记录者将记录材料加以整理分析，作为创意决策的基础。

头脑风暴的意义在于集思广益，为了保证头脑风暴法发挥作用，奥斯本要求与会人员务必严格遵守以下4项原则：

第一，自由设想。与会者要解放思想、开拓思路，无拘无束地寻求解决问题的方案。鼓励与会者提出独特新颖的设想，因此与会者要畅所欲言，不要担心自己的想法是错误的、荒谬的、不可行的。在平常的会议中，我们力求让自己提出的建议和想法符合逻辑，因为我们总希望自己的建议得到别人的认可，而不会提出一个连自己都不能自圆其说的想法，这就放过了很多潜在的解决问题的方法。头脑风暴就是要求我们天马行空地思考，无所顾忌地表达，让那些潜藏的方案显露出来。

第二，延迟评判。不要在会上对别人提出的设想进行评论，以免妨碍与会者畅所欲言。对设想的评判要在会后由专人负责处理。在平常的会议中，大家总喜欢用批判的态度对待别人提出的一些想法，挑毛病是很容易的事，然而这种批判的态度使很多优秀的设想被扼杀在萌芽之中。

第三，追求数量。与会者要运用发散思维尽可能多地提出设想，数量越多就越有可能产生高水平的设想。

第四，引申综合。在别人提出设想之后，受到启发产生新的设想，或者把已有的两个或多个设想综合起来产生一个更完善的设想。

头脑风暴的效果显而易见，因此在世界各国受到了普遍欢迎。各国在不断应用中对头脑风暴法进行了创新和发展，以适应不同团体的需要。

美国、德国和日本的头脑风暴法略有不同。

逆向头脑风暴法是美国热点公司（Hotpoint Company）对头脑风暴法的发展，其特点是不但不禁止批判，反而重视批判，旨在通过批判使设想更完善。这种方法与美国人那种自由、开放的性格相适应。需要注意的是，要防止因为批判而导致大家不愿意提出荒谬的设想。

默写式头脑风暴法是德国学者鲁尔巴赫（Bernd Rohrbach）根据德国人惯于沉思和书面表达的特点而创造的会议方法。其特点是每次会议由6个人参加，每个人在5分钟之内提出3个设想，因此这种方法又叫“635法”。主持人宣布议题之后，发给每个人一张卡片，卡片上有3个编码，编码之间有一定的空余，为的是让大家填写新的设想。在第一个5分钟内每个人在卡片上填上3个设想，然后传给下一个人。在下一个5分钟内，大家从上一个人的设想中受到启发后再填上3个新的设想。这样传递半个小时之后，可以产生108个设想。

NBS头脑风暴法是日本广播公司对头脑风暴法的发展，是一种事务性较强的方法。具体做法是，主持人在会议召开前公布议题，并发给与会者一些卡片，要求每个人提5条以上的设想，每一条设想写在一张卡片上。会议开始后，与会人员逐一出示自己的卡片并发言。当别人发言的时候，听众如果产生了新的设想，就把设想写在备用的卡片上。所有人发言完毕之后，主持人收集卡片并按内容分类，然后在会议中讨论、评价，选出解决问题的最佳方法。

3.6.2 哥顿法

哥顿法，又称提喻法，是美国人哥顿于1964年提出的一种价值工程“方案创造”方法，是一种定性决策类型。该方法采取讨论会的方式进行“方案创造”。其特点是：会议开始时主持人并不把要解决的问题立即告诉大家，只是抽象地介绍功能方面的问题，要求大家敞开思路为解决这一功能问题提出各种设想。例如，主持人只提出如何把东西割断和分开，大家围绕这一问题提方案，而最终解决的问题是如何研制一种新型割稻机。

哥顿法与头脑风暴法相似，先由会议主持人把决策问题向与会成员作笼统的介绍，然后由会议成员（专家）海阔天空地讨论解决方案；当会议进行到适当时机，主持人将决策的具体问题展示给小组成员，使小组成员的讨论进一步深化，最后由决策者吸收讨论结果，进行决策。其中的一个基本观点就是“变熟悉为陌生”，即抛开对事物性质原有的认识，在“零起点”上对事物进行重新认识，从而得出相应的结论。

3.6.3　垂直思维法

这是指按照特定的思路在固定的范围内进行自上而下或自下而上的思考。这种思维法偏重借用旧经验、旧知识进行思考。这是一种头脑的自我扩大方法，以思维的逻辑性、严密性和深刻性见长。

垂直思维法又称逻辑思维法，其思考问题答案的方式往往是从问题本身出发，依循惯用的逻辑路线探索答案，此路不通则换条思路。

3.6.4　水平思维法

这是指在思考过程中，摆脱旧知识、旧经验的约束，以超常规的方式对特定的问题进行思考、分析，进而提出富有创见性的方案和意见。这种方法也可称为分散（发散）思维法，例如，对“砖块的功能有哪些?”这么一个问题，用常规思维方法，一般只能归纳出砌墙盖房子的功能，但是借助水平思维法，可以提出成百上千种砖块的功能，如练字、垫桌脚、练气功等。

3.6.5　复合思维法

这是一种将多种概念、方案综合成一个概念或方案的方法。例如，对于只用于写字的钢笔来说，我们可以将其他物品的功能结合到笔体上，如加上电池、灯泡成为钢笔电筒，加上液晶显示屏成为钢笔电子表甚至钢笔电视，等等。

3.6.6　转移经验法

这是指将一种知识或经验转移到其他事物上的思维方法。例如，鲁班受到茅草叶边上的“齿”的启示发明了锯子，美国发明家杜里埃以妻子的香水喷雾器为原型发明了汽油气化器，提高了内燃机的效率。

创意的方法远不止这些。在后面的章节中，本书会作详细阐述。

3.7 好创意在于运用

有了好创意，若运用得法，则会扩大战果，若运用不当，好创意也会就此废掉。

小案例3-5　财富从第三个阶段开始

用友公司原总裁何经华曾说，人生有三个阶段：第一个阶段是人“无知无力”，就是知识不够丰富、身体也没长好，你是小孩，在念书；第二个阶段是中间30年，是你“有知有力”的3个10年；第三个阶段是“有知无力”阶段，你积累了很多知识和经验，可是年纪大了，老了，做不动了。

纵观“老干妈”陶华碧的人生三阶段，正是完美诠释了这样的人生。

第一个阶段，她拉过黄包车，在地质队打短工抡过铁锤，卖过菜，摆过摊，彼时她家贫人困，只有一步步走下去，才能养活一家老小。

第二个阶段，她开饭店，卖米豆腐赠送的辣椒油远近闻名。有了口碑后，她又在旁边开了食品店，卖自己加工的辣酱。供不应求之际，她有了把辣酱事业做大的灵感，从而开了家小加工厂。这个阶段，她积累了办厂经验，学会了经商技巧。

第三个阶段，她的“老干妈”辣酱厂越办越大，她实现了财富的积累，2015年以68亿元身家登上胡润全球富豪榜。

陶华碧的人生历程告诉我们，命运不可预测，人生可以设计，你只有不安于第一个阶段的“无知无力”，努力吸取经验，第二个阶段才能走得扎实。走完这第二个阶段，第三个阶段的黄金时期才会到来。

资料来源　张立娜. 老干妈创始人陶华碧：我不坚强，就没得饭吃［M］. 北京：华文出版社，2016.

事实充分证明，好创意层出不穷，但并不是每个好创意都能产生好结果。

小案例3-6　“0”的巨大潜力——俞敏洪的追梦哲学

俞敏洪1985年从北京大学毕业并且留校任教后，一直梦想着把教育和创业结合起来，创造一番自己的事业。1991年，俞敏洪经过几年的摸索后，从北京大学辞职，在一条并不繁华的小街上租了个门面，创办了北京新东方学校。学校的规模很小，校长、老师加上清洁工、厨师，都是他自己一人。

学校成立后，俞敏洪开始面向社会招生，可当时私人创办的学校根本得不到人们的认可，好不容易有人来报名，看了看后又没人愿意留下来。俞敏洪就想了个办法，上午招生，下午去给别人讲课，夜晚贴广告，但无论他如何努力，十来天愣是一个人也招不到。

有些朋友打趣地对他说：“你这个学校该不会刚成立就要倒闭了吧？”

俞敏洪听了，既不沮丧也不羞愧，他笑笑回答说："你们一定是忽略了0的巨大潜力，正因为我现在一个学生也招不到，所以只要我努力，一定可以招到不计其数的学生！"

很多人都以为俞敏洪的这些话是在给自己台阶下，其实他这是一种自勉！坚持到第二个月，终于来了3个学生，他们经过一番了解后，好不容易相信了并交了钱，然而第二天有两人就把钱拿了回去，只有一人留了下来。

俞敏洪心里想，反正没人来，对一个人收费讲课，还不如干脆把课程全部免费，于是他把学费还给了那位学生，然后租了一间50人的教室，对外面打出了免费课程的广告，一下子来了500多人，俞敏洪只能跑到操场上去讲课。结果他的课程让大家都非常满意，当天就有80多个学生报了名。

稍一稳定下来后，俞敏洪随即开发出了更多更实用的教学内容，他深入浅出、通俗易懂的演讲深受人们欢迎，慕名而来报名的学生更是一批接一批，各种教学人才也纷纷加盟进来。在之后的多年里，俞敏洪在泡泡少儿教育、优能中学教育、基础英语培训、大学英语及考研培训、出国考试培训、多语种培训等多个培训体系以及基础教育、职业教育、教育研发、出国咨询、文化产业等多方面都取得了骄人的成绩。

后来，俞敏洪在全国设立了48所短期语言培训学校，6家产业机构，3所基础教育学校，1所高考复读学校，2所幼儿园，47家书店，累计培训学员1 800万人次。

梦想人人有，但并非人人都能将其变成现实，在追求梦想的起步之路，有些人一遇到困难就胆怯退缩了，而有些人则用创意解决难题，坚守梦想，永不放弃，时刻保持一种乐观的自勉精神。"0"的巨大潜力，是俞敏洪的追梦哲学，更是他取得成功的坚实依靠！

资料来源　程贵涛．"0"的巨大潜力——俞敏洪的追梦哲学［J］．思维与智慧，2018（10）．

本章小结

通过本章的学习，同学们在懂得本质是事物内部的规律性的基础上，认清了创意的本质是创造性思维的过程及成果，明确了创意的产生、创意的原则和创意的制约因素，了解了创意产生的过程，初步认识了创意思维惯常使用的方法，为学习本教材其他各章打下了专业基础。

思考与练习

（1）创意的本质和现象有什么联系和区别？

（2）创意是什么？对创意，你有什么新的理解，或是听到过哪些关于创意的新理解？

（3）你对本章介绍的创意思维方法有什么看法？它们是太简单还是太复杂？

实操项目

同学们在课余时间通过小组微信群交流“思考与练习”中的3个问题。小组组长归纳后将结论发在大组微信群里，并进行沟通。每个小组各自得出的综合意见由课代表传给任课教师。

教师在课堂上归纳总结，鼓舞同学们收集整理接触到的创意思维的方法。

第4章

创意的范畴

学习目标

通过本章的学习，明确信息、受众、定位、系统和沟通这五个方面是创意的范畴；懂得创意思维离不开信息的汲取、组合和交流，创意思维要在明确定位的环境和条件下进行，在系统条件下，通过沟通才能产生和留住创意思维，也才有创意活动及成果。

引例

奥妙藏在基本之中

许多事都讲究基本，所有的运动都要求基本动作，中国功夫也讲究基本功；企业经营则要求“back to basic”；股票投资则说回归基本面。“基本”为人们耳熟能详，但真正做到基本、愿意真正依循基本的人并不多。

所谓基本，通常是最入门、最简单、最不起眼的东西，所有的人都觉得会，但并不重视它，以至于从来就没有真正做好过，一旦有人真的做好，反而成为稀有的竞争优势。

每个人都喜欢“巧”的东西：谈话沟通要有巧妙的应对，就像纪晓岚一样；工作希望有“巧”计、有“巧”法，就像孔明借箭一般；为人处世，希望灵活灵“巧”，就像范雎和蔡泽一样长袖善舞。“巧”有时就像变魔术一般，令人拍案叫绝，甚至可以用最少的力量获得最佳的效果。

每个人也都希望得到“巧”的锦囊，学会巧思巧法，面对任何困难，只要打开锦囊，巧思巧法就跳出来，一切困难迎刃而解。

但世界上真有“巧”的东西吗？答案是肯定的，只不过“巧”的奥妙，不能传，也无法学，如果你只想“巧思妙法”，终究只是一场空。

曾担任宏碁集团总经理的意大利人蒋凡可·兰奇认为，宏碁在欧洲的成功，没有magic，只有basic。他的这句话道尽了奇技的不可恃，一切只有基本功夫，这或许是对大多数迷惑于“巧思妙法”之人的当头棒喝。

我们可以相信兰奇的话，没有任何保留，也非秘技自珍，他真正说出了一切奥妙的根源。

其实，世间所有的道理都非常简单，做人该按部就班，待人要诚信，不能说假话，这都是真理；只不过，在复杂的社会中，大多数人被迷惑了，认为花言巧语、奇谋巧计、奇技淫巧可以快速奏效，结果是花拳绣腿，一无是处，经不起考验。

我所在的出版业，每年要出版无数的出版品，每个出版品就是一个单一的商品，大多数人想要商品畅销，想的当然是卖书的巧思与创意，想的是营销，想的是造势，想的是宣传。可是这一切都不值一提，任何的巧思妙想，抵不上“回归基本”这句话。在出版领域，图书畅销的基本原理是什么？答案很简单：内容、内容、内容！这是多么无趣和基本的答案，可是大多数人想的不是内容，想的是浮夸的表象。

“back to basic”，回到基本，回到原理、原则，是一切工作的本源，当你彻底了解原理、原则，一切融会贯通后，许多奇技妙法也会油然而生，这是从有招到无招的过程，但是奥妙藏在基本之中，“back to basic”是巧思奇谋的开始。

资料来源 何飞鹏. 奥妙藏在基本之中［J］. 领导科学，2018（25）.

思考：

（1）为什么说“许多事都讲究基本”？你能举出10例说说“许多事都讲究基本”吗？

（2）创意的范畴与“许多事都讲究基本”是什么关系？弄清楚范畴有什么意义？

“工欲善其事，必先利其器。”辩证唯物主义和历史唯物主义是马克思主义世界观和方法论，是指导共产党人不断前进的强大思想武器。习近平新时代中国特色社会主义思想既讲是什么、为什么，又讲怎么看、怎么办，既部署“过河”的任务，又指导解决“桥或船”的问题，生动体现了马克思主义世界观和方法论的统一。这一思想，秉持人民至上、彰显历史自觉、坚持实事求是、突出问题导向、强化战略思维、发扬斗争精神，为推进党和国家事业发展提供了科学指引，是坚持和运用辩证唯物主义和历史唯物主义的光辉典范。①

范畴即基本概念，是人的思维对客观事物的普遍本质的概括和反映，是人们在社会实践基础上概括出来的成果，又反过来成为人们认识世界和改造世界的工具。各门科学都有自己的基本范畴，如本质和现象、内容和形式、原因和结果、必然性和偶然性、可能性和现实性，是唯物辩证法的五对基本范畴，化合、分解等是化学的范畴，商品价值、抽象劳动、具体劳动等是政治经济学的范畴。信息、受众、定位、系统和沟通则是创意的范畴。

① 中共中央宣传部. 习近平新时代中国特色社会主义思想学习问答［M］. 北京：学习出版社，2021.

4.1 信息

信息是用符号（信号）传送的报道，报道的内容是接收符号者预先不知道的。

4.1.1 信息的概念

在信息学的研究中，对“信息”这一概念有以下几种观点：第一，符号论。信息和符号（信号）是不可分割的统一体，有关信息的基本科学就是对信号的结构、信号传递信息的方法，以及处理信号的方式等的研究。符号论着重从语义和社会信息的角度进行研究。第二，属性论。信息是自然和社会反映的一部分，信息是一切物质的一个基本属性。信息是类似时间、空间和运动等物质属性的范畴。第三，功能控制论，也叫类型论。信息是自控系统的一种功能。信息和管理有着必然的联系，并以此为出发点，把信息和自我组织、自我管理系统联系在一起。

创意构思和任务的提出、传播和传达，创意前的知识积累和储存，创意活动进行中的交流和沟通，无论是用语言还是用图形、表格，统统是在使用信息、交流信息、选择信息，让信息在新的组合中能满足创意构思和任务提出者的要求。

4.1.2 符号

符号是代表各种事物、思想的记号和标志。符号作为信息的携带者，是传播的重要工具。人类文化是借助于各种符号而得以保存、延续和发展的。符号包括形式和意义两个方面，它与其所代表的事物没有必然的联系。它的形式，如文字、图表等是可以感知的，而它的含义则是人所赋予的。符号是人类传播活动的要素。声音、语言、文字、图画、手势、姿态、表情等都是符号。创意就是利用传播符号实现创意人目的的活动。符号单独存在于传播的参与者之间——符号在参与者一方的思想中代表某个意思，如果被另一方接受，也就在另一方思想中代表了同一个意思。

除了语言符号，人们在社会实践中还大量使用非语言符号。非语言符号是不以自然语言如汉语、英语为载体的能传递信息的语言。它的载体是人的表情、手势、眼神、穿着、打扮，周围的陈设、环境等。人们在日常生活中，既用自然语言进行信息沟通，又以自己的“所作所为”或“不作不为”向外界传递信息。研究体态语言的专家伯德惠斯托估计，两人交谈时，有65%的“社会意义”是用非语言符号来传递的，人们在传播时所获得的信息，有很大一部分来自暗示，而不是语言交谈中的词句。

语言信息交流过程是由各个可以分离的部分组成的，有“分离性”，如话说完了，文章写完了，过程也就结束了。非语言信息沟通是“连续的”，两人在一起，无法不传递信息，整个过程不可分割。任何一方的任何行为方式都在向对方传递不间断的信息。这种信息互动是非语言信息沟通的“连续性”的表现。

语言信息的传递只经过一个通道，而非语言信息的互动则是多通道的。一篇文章只能逐字逐句地读，一席话只能逐字逐句地听，但非语言信息可以在同一时间内“轰击”一个人的视觉、听觉、触觉甚至味觉。

非语言信息往往比语言信息可靠。人对语言信息的操纵一般总是自觉的，这就含有虚伪的成分，但人往往没有意识到自己在不断地传递非语言信息，很少自觉地控制非语言信息的传递，这时通过非语言符号传递的信息较为可靠。

4.1.3 信号

信号是表示某种事物是否存在的信息，用来传递消息或命令的语言、动作、声、光、电波等被称为信号。信号还指电路中用来控制其他部分的电流、电压或无线电发射机发射出的电波。

信号或记号的作用仅仅是使人看到它的时候想到它所代表的内容，而它和它所代表的内容之间在形态上并不相似，因此它不能作为视觉思维进行的媒介，它的表现力是非常有限的，它所表达的内容是单调、狭窄和固定的。其特点是将复杂现象用简单的方式显示出来，使之简明易懂。

信号和符号都是信息的一种载体，但二者有明显的区别：符号是人类所独有的，只有人才能理解符号的意义，而信号则是物质存在于各种领域的表现。符号引起的是关于事物的概念，信号引起的是与某种事物是否存在有关的反应。符号具有功能性价值，信号是某种物理的或实体的存在。所以，信号是低级的、简单的信息载体，符号是高级的、复杂的信息载体。

4.1.4 讯息

信息的另一说法是讯息。讯息是在一定语境中，对消息、音讯、文电、文告、广告、创意表现等的统称。传播学中的讯息，由一组信息符号所组成，传达一个具体的内容。在传播过程中，发送者发出讯息，接收者对其接收处理，并做出反应。在大众传播和广告及创意活动中，讯息是一种可以大量生产并不断复制的十分复杂的符号结构。

4.2 受众

我们把接收信息的人称为受众。受众中有主动接收者和被动接收者，后者占绝大多数。受众主要通过各种媒体的不同传播方式获得信息。

小案例 4-1　　不是所有人都能看到美

我有个朋友，住在价值上亿元的豪宅里，找了日本著名的设计师来装潢。有一次，我去他家，发现尽管他已经在这儿住了两年，可厨房里进口厨具的胶膜竟都没有撕掉。他的房子就像是一个展厅，可家原本应该是温馨的私人空间。如果主人只想告诉别人，他买的是从意大利进口的最贵的床，那就是作秀给别人看。

你到底想要什么，如果自己都不知道，找再有名的设计师都是假的。你怎样做自己，才是最难的功课。

我住在淡水河边。当时在那里买房子，是因为觉得淡水河很漂亮，但是房屋建筑师不善于利用那里的美景，将窗户建得很小。于是，我找了一个学建筑的学生，帮我开了12扇窗，而且全是往外推的推窗，比拉窗更有靠近河边的感觉。

在穿着上，我喜欢纯棉、纯麻的衣服，觉得它们温暖、舒服，加上我喜欢爬山，喜欢躺在草地上，所以名牌衣服就不适合我，因为我喜欢自在。

我现在不问工程师有没有去听音乐、看展览，而是问他们："你们在这里工作5年了，有没有人可以告诉我，公司门口的那一排树是什么树?"

很少有人能够回答出来。

事实上，他们公司门口那排小叶榄仁的叶子漂亮得不得了，醉人的绿色还会在阳光里发亮。

后来我再去，就有一位员工和我说："谢谢你告诉我这件事，我现在下班后会先看看小叶榄仁再回家，所以不再和太太吵架了。"

那位员工也问我，现在他5岁的女儿将来该学钢琴还是小提琴，但我建议23点才下班的他多抱抱女儿，这才是重要的事，因为所有的艺术讲的都是人的故事，一个孩子如果不记得父亲的体温，她将来看画、听音乐都很难被感动。

我们从年轻时开始，就因为工作忙碌，经常会忽略人与人之间的感觉，但只有你看到了美，才会觉得这个世界是值得好好活下去的。

找回美的感觉其实很简单——去触摸一片叶子，去闻一下炎热的夏日午后暴雨的气味……那些有记忆的感觉，都会引发我们的感触和感动。

一个博士可能毫无美感，一个不识字的农夫也可以过得很美，他看得到月光的美，看得到稻浪翻飞的美。美是最大的财富，它不会因为你的学历高低而不同，但是会因为你"人的部分"的不完整而不同。

资料来源　蒋勋. 不是所有人都能看到美 [J]. 故事家，2018 (3).

人与人对美的感受是很不一样的，你认为美的，可另一人未必能感受到。这就是受众。不同的受众对同一信息也会产生不同的反应。

4.2.1　受众及受众的特点

面对传递的同一信息，不同受众的感受是不一样的。创意人在传递创意信息时，研究信息接收对象是创意思想能否成功传递的关键。

受众是接收创意信息的大众。受众在传播链中是信息的受体和归宿。

受众的特点如下：

第一，人数众多。大众传播的受众之多，是其他任何传播活动对象所难以包容的。

第二，成分复杂。受众作为个体的存在，可以分属于不同的民族、社会阶层，可以具有不同的年龄、职业、气质、性格等。这种复杂性表现最为突出的是广播的听众、电视的观众和网络信息的接收者。受众越复杂，其在传播活动中的行为差异就越大。受众数量增多，共同的用语就会减少。“对于所有听众来说，完全相同的报道听起来不会是同样的。”由于不同的经验，每个受众的领会不同，他们会按照自己的方式去理解信息，在接收信息时会融入自己的情感。

第三，分布广泛。受众与信息传播者无论是时间上还是空间上都存在一定的距离，彼此间隔。这种情况主要是由受众难以限定的空间分布区域所决定的。

第四，变动频繁。从社会学的角度来看，受众总是转换角色而又处于互动之中，互动率随着社会的进步而增高。这种互动不只是为了生计和工作，也可能是为了旅游、探亲、访友等。

第五，相对独立。在创意传播活动中，尤其是在电子媒介传播活动中，虽然传和受的行为几乎可以同时发生，但受众与传播者相互隔绝，对于传播者来说，受众是独立的。在许多情况下，受众的接收行为与传播行为之间存在距离，网络受众之间也相对隔绝，呈现彼此独立的状态，结构松散，互无联系。

第六，隐蔽匿名。在大众传播活动中，传播者是知名的，处于明处，暴露于受众面前，而受众却处于暗处，是匿名的。创意传播者很难简单直接地了解受众的具体情况、愿望和要求。了解受众、细分受众虽然是件很困难的事情，但这正是创意人在进行创意时必须完成的事情。

4.2.2 受众中心模式

传播活动要以受众为中心，这是由传播目的决定的。受众能否接受信息，要看信息能否满足他们的需求。

拓展阅读
4-1

消费者在“买买买”时大脑是如何决策的

第一，使用与满足模式。受众使用媒体是为了满足某种需要。

受众为满足需求而对媒体内容所做的选择，在很大程度上由个人的需求和兴趣决定。值得强调的是，使用与满足是一个受众接收信息的过程和结果。例如，人们看电视和看专业报纸的目的不一样。看电视主要是为了娱乐、休闲，而看专业报纸则是以学习、了解最新科技发展动态为主，翻阅手机能随时获得更新的信息。如果整个晚上的电视节目被反复播放的广告占据了，就会招致受众反感，导致收视率下降，广告客户减少，迫使电视台重新编排节目内容。

第二，使用与效果模式。受众使用媒体必然会产生不同的效果。

“使用”这个概念具有极为重要的意义，可以说是这个模式的中心。有关媒体的使用及其产生的效果，将是我们了解和预测大众传播过程是否有价值的关键。

传播媒体的使用有许多不同的含义。它可能仅指一种行为，也可能意味着一个颇为复杂的过程。在这一过程中，某项内容在特定条件下被受众消费，实现着某些功能，这个过程又与对某些期望的满足相联系。这一“使用”行为可以被描述为：使用内容的数量、使用内容的类型与使用媒体创意的关系，以及使用媒体的方法。

在使用与满足模式中，媒体的使用基本上取决于受众的基本需求、个人的特性、对媒体的期望与感觉以及接近媒体的程度等，将导致个人做出是否要继续使用该媒体的决定。

4.2.3　守门人

在信息传播中，有人对信息进行把关，起到“守门人”的作用。

在许多情况下，创意的表现也确实能将信息直接传播给最后的潜在的和现实的受众，但仍有其他类型的中间媒介对我们创意的表现信息进行某种程度的干扰或控制。这就是“守门人”。他们的地位或身份使他们能干扰或控制由媒体传播的信息。在创意表现信息的传播中，家庭成员中的某一人可能成为“守门人”。不同的家庭成员通常有不同的兴趣，而这些成员都信赖某一类型的信息。例如，孩子对自己使用的文具更了解，家长会将年轻的子女视为信息的“守门人”；对婴幼儿的用品，长辈们则是信息的“守门人”。

4.2.4　意见领袖

有些人由于专业及兴趣的关系，会比一般人更为主动地关心信息。他们有兴趣先接触到新创意表现的信息，他们倾向于主动与他人交谈其所见所闻。他们不仅传达创意表现的信息，还对这些信息加以解释，并且有影响他人的感染力，这些人被称为意见领袖。

他们之所以对创意表现信息的传播非常重视，有两点理由。第一，意见领袖向人们传播创意表现信息，使那些没有看到、听到信息的人接触到这些信息。第二，意见领袖有时影响一个创意表现信息的本质内容，而此内容最后又会被受众接受。受众通常会认为，意见领袖比创意人更可信、可靠。意见领袖与一般受众能利用面对面（网络）的传播方式，他们最具影响力的是经由口头传播的信息。

创意人的一项重要任务，是要确认意见领袖是哪些人。意见领袖既能帮助一项媒体创意运动扩张和延伸，也能阻碍其获得成功。证言式创意的目的就是利用众所周知并可信可靠的人物去推销意识形态中的观念，或产品及劳务。因此，创意人一定要仔细考虑证言式创意、名人创意的意见领袖的人选问题。

4.3　定位

定位这一概念最早出现于艾尔·里斯（Al Reis）和杰克·特劳特（Jack Trout）在《工业营销》（Industrial Marketing）1969年6月号上发表的一篇论文当中，它的出现立即在美国的广告界产生了巨大的反响，成了当时流行于美国的重要的市场营销观念和技术，并迅速风靡全球，后来逐步成熟与完善，成为市场营销理论中的一个重要分支。定位理论是与市场营销环境、营销观念对传播业的影响同步发展起来的，它的出现成为营销史上的一次划时代的革命，在创意活动中它是基础性工作。

小案例4-2 定位改变垃圾的性质

1974年，美国纽约州政府装修了自由女神像。自由女神像身上被换下来的旧铜块变成了垃圾等待处理。于是政府公开让商家投标收购，可是几个月过去了都没有人感兴趣。因为很多垃圾处理商考虑到纽约的环保分子太厉害，如果处理不当就会遭到投诉，所以不想找麻烦。

那时，有个在巴黎旅行的人在报纸上看到了这条消息。他从中看到了商机，特意飞到纽约去购买那些在别人看来是垃圾的旧铜块。他与纽约州政府签约，把那些“垃圾”都买了下来，然后用这些旧铜块制造出了很多小小的自由女神铜像，当作纪念品出售。

经过加工的铜块，自然比垃圾有价值。重要的是，铜像的原料来自自由女神像，有很好的纪念意义，这就有理由比一般的纪念品卖更高的价钱。结果，这个点子带来了足足550万美元的利润。

资料来源　宿春礼，王婧．好思路　好方法　好经验［M］．北京：华文出版社，2009.

这个故事告诉我们：你把旧铜定位于垃圾，就只能当垃圾处理；你把旧铜定位于来自自由女神像的可再生材料，你就可以从中获取利润。

定位决定物的价值，定位可以变废为宝。

同样的道理，一个人怎样给自己定位，将决定其一生成就的大小。志在顶峰的人不会甘于平地，甘心做奴隶的人永远也不会成为主人。

你可以长时间卖力工作，而且创意十足、聪明睿智、才华横溢、屡有洞见，甚至好运连连，可是，如果你无法在创造过程中给自己正确定位，不知道自己的方向是什么，一切都会徒劳无功。所以说，你给自己的定位什么，你就是什么，定位能改变人生。

小案例4-3 定位改变人生

汽车大王福特从小就在头脑中构想能够在路上行走的机器，用来代替牲口和人力。全家人都希望他在农场做助手，但福特坚信自己可以成为一名机械师。于是他用一年的时间完成了别人要3年才能完成的机械师培训课程，随后他花2年多时间研究蒸汽机，试图实现自己的梦想，但没有成功。后来他又投入到汽油机的研究中，每天都梦想制造一部汽车。他的创意得到了发明家爱迪生的赏识，爱迪生邀请他到底特律公司担任工程师。经过10年的努力，他成功制造出了第一部汽车引擎。福特的成功，完全归功于他的正确定位和不懈努力。

资料来源　裴玲．给心灵洗个澡：正确把握自己心态的方法［M］．北京：金城出版社，2003：214.

在现实中，总有这样一些人：他们或因受宿命论的影响，凡事听天由命；或因性格懦弱，习惯依赖他人；或因责任心太差，不敢承担责任；或因惰性太强，好逸恶劳；或因缺乏理想，混日为生……总之，他们遇事逃避，不敢为人之先，不敢转变思路，而被一种消极思想支配，甚至走向极端。

也许，每个人对成功的理解有所不同，但无论你怎样看待成功，你必须正确定位自己。

4.3.1　什么是定位

很多学者都从不同的角度对定位作了阐释。常见的定义有：

第一，定位是社会组织根据自身情况，期望社会公众认识、了解和重视自己达到一定程度，给自己或产品规定一定的形象地位或市场地位，培养自己或产品在受众心目中的特色和形象，以满足受众的某种偏爱和需要。

第二，定位是潜在的受众在心里建立的企业或商品的地位。

第三，定位是公司设计出自己的产品和形象，并在受众的心目中占据与众不同的有价值的地位。

第四，定位是受众关于某品牌（产品、公司）所有联想的集合，包括品质、价格、特性、风格、用处、购买点等。

第五，定位是受众对某品牌（产品、公司）与其竞争对手相比较，形成的相同或相似的心理位置。

第六，定位是勾画出社会组织、产品形象和所提供的价值的行为，以此使细分市场上的受众理解和正确认识社会组织及某产品有别于其他组织和产品的特征。

这些概念都说明了这样一个观点：定位不在定位对象本身，而是在受众心里，是在受众的大脑中占据一个合适的位置，一旦这个位置确立起来，就会使人们在需要解决某一特定需求或其他问题时，首先考虑某一定位于此的事物。

为了更准确地理解、把握定位的概念，我们必须正确地认识以下几点：

第一，定位不局限于产品营销，而是有着更为广阔的社会组织形象的应用范围。

第二，定位不仅是对产品本身作实质性的改变，还是对市场的新发现。

第三，定位的关键是找出受众心智上的坐标位置，而不是空间位置。

第四，具有创意的定位容易形成竞争优势，但一般的定位本身不是竞争优势。

4.3.2　定位的原则

定位的原则包括受众导向原则、差别化原则、个性化原则。

第一，受众导向原则。

杰克·特劳特与史蒂夫·瑞维金（Steve Rivkin）在其所著的《新定位》一书中，一再强调定位的重心在于，对受众的心理把握得越准，创意定位策略就越有效。同时，他们还提出了消费者的五大思考模式，并分析了信息传播不能到达消费者的原因，以及无法占据消费者心灵的根源。这一定位理论研究成果告诉我们，成功的创意定位取决于两个方面：一是企业如何将定位信息有效地传达到消费者脑中；二是定位信息是否与消费者的需要相吻合。就是说，市场定位必须为消费者接受信息的思维方式和心理需求所牵引，这种遵循受众导向定位的原则即受众导向原则。

第二，差别化原则。

今天，受众面对如潮水般涌来的信息，往往会不由自主地产生一种抵触排斥心理，即使接受了，也很快被其他更新的信息取代。在信息的海洋中，如何把产品信息输入消费者脑中，并使之留下深刻的印象？唯有差别化，追求与众不同，以便消费者易于将你的产品与其他品牌区别开来，才能占据其心中一隅。

市场定位就是通过各种媒体和渠道向消费者传达组织或品牌的特定信息，使差异性清楚地凸现在消费者面前，从而引起消费者注意你的品牌、产品，并使其产生联想，目标消费者和竞争对手是定位的依据，与此对应，其目的在于造成差异和联想。

如果定位所体现的差异性与消费者的需要相吻合，那么你的产品或品牌就能留驻在消费者心中。定位的差异性可能来自产品与竞争对手产品之间的区别，来自你与众多品牌之间的区别，但定位的差别主要来自以下几个方面：质量、美观、方便、舒适、价格、服务、利益等。除此之外，还有许多有形或无形的因素。

第三，个性化原则。

产品与产品之间有着能够区分开它们的无形因素，这就是产品的个性，也即产品的特征。产品和品牌的个性能够迎合相应的消费者的个性。产品的创意特征由两个方面组成：理性功能和感性符号。

在定位时遵循产品、品牌的个性的原则，就是个性化原则。个性化原则要求市场定位要有创意，要与众不同，要有自己的一套，即使这种个性与产品本身并无关联，是人为赋予的，但只要得到消费者的认同，它就是企业战胜对手、赢取消费者芳心的最有力的武器。

4.3.3 定位的内容

1）市场定位

市场定位即确立企业在市场上的形象和位置，是消费者对企业所进行的营销活动的综合评价和整体印象。其主要内容有产品定位、价格定位、分销渠道定位、促销定位。创意可以帮助企业在市场上树立形象，从而有效地促进销售。

产品打入市场、扩大市场占有率、提高知名度等行为阶段受到产品的属性、生命周期、市场供求关系、竞争等众多因素的影响。因此，市场定位需要以下几个方面细致的调研结果：

第一，市场本身的状况。通过市场调研测定产品的潜在销量、市场的大小、风险等情况。同时，还要注意市场上的主要竞争对手及其所占市场份额。

第二，对产品的研究。研究产品，目的是不断地向创意主体推荐其适用的创意策略，创意在产品生命周期的各个阶段均有不同的策略和方法。例如，如果产品处于成熟期，那么创意的重点就在于维护品牌形象、稳定客户。

第三，对消费者的研究。对消费者的分析研究是较为复杂的一个方面，需要从消费者阶层、文化心态、地理区域等不同的方面进行考察，因此创意人必须能够明确回答：你的创意的目标受众是谁？这一部分人是什么样的人，具有何种文化心态？他们的需求是什么，具有怎样的消费个性？……

首先，是对消费者特性的描述。个人特性是指目标对象的生活形态。人口特征相同的人可能有很大的生活差异，这种“生活形态分析”常常比传统上“人口特征”资料更有助于精确地界定目标对象，同时也将决定媒介的选择。

其次，创意目标市场的人口特征是指明显、客观、可加以测定的各项事实。例如，收入、年龄、性别、受教育程度、婚姻状况等。所有这些事实都有助于研究制定强有力的创意策略。例如，在西方经济发达国家，居住在独栋房子的人们和住公寓的人们所需要的东西各不相同，如前者需要的割草机、室外油漆，后者绝不会去购买。

另外，消费者在哪里和如何购买商品，也是一个很重要的课题。一个人可能在附近的杂货店购买，另一个人可能在超级市场购买，也有些人喜欢在美食商店购买，因为大多数商品都无法百分之百地推销到所有的零售店去。消费者在哪里买到商品，也是拟定创意策略时需要考虑的一个因素。

2）产品定位

产品定位是商品定位的前提，做好了产品定位，商品定位就好说了。产品定位是将某个具体的产品定位在消费者心中，让消费者产生类似的需求时就会联想起这种商标的产品。产品定位是所有定位的基础，因为企业最终销售出去的是产品，没有产品在消费者头脑中的鲜明印象，就不用奢谈品牌及企业在消费者头脑中的鲜明形象了。

产品定位就是根据消费者对于某种产品的重视程度，对企业的产品予以明确的市场定位。通俗地讲，就是明确产品应在何时、何地、对哪一个阶层的消费者出售并有利于与其他企业的同类产品竞争。在进行产品定位时，产品特征、企业的创新意识、消费者的需求和爱好，三者协调恰当才能正确进行。产品定位最忌与其他产品定位类似或重合。

在进行产品定位时一般从以下几个方面来考虑：在具体产品特色上进行定位；在利益、解决的问题或需求上进行定位；为特定的使用场合进行定位；在使用者类型上进行定位；为对抗另一产品的竞争进行定位；从产品类别的游离进行定位，即通过定位把自己归入另一类产品中，而不是预期的那一类。

3）商品定位

商品定位的目的是通过创意发掘商品的个性，发现商品的销售特点。在商品经济日益发达的时代，同类商品愈来愈多，创意能充分体现其个性，表现出其与众不同之处就变得尤为重要。商品的个性一般从下列几个角度进行分析：适用度、耐用性、服务性、舒适性、美观性、安全性、价格、情感色彩、难易程度。此外，还受到商品的外在包装、外部造型的深刻影响。

第一，突出商品的品质。有的商品的创意采用同一个模式，动辄“获奖”“名人推荐”，这样既不能打动目标受众，也容易让人怀疑这些“奖”里有没有水分。看来这些“奖”应该由消费者自己去颁给，让消费者来评说。如大卫·奥格威（David Ogilvy，创意史上最受人尊敬的创意大师之一，奥美创意公司的创始人）写的“劳斯莱斯”轿车的广告语：“这辆劳斯莱斯汽车在以每小时60英里的速度行驶时，在车内能听到的最大噪声来自电子钟指针走动的声音。”这个创意突出了汽车行走平稳、噪声小的优良品质。创意不是不可以夸耀产品，关键是如何夸，夸得是否有艺术性。准确地给商品定位，是创意人应该充分重视的。

第二，突出商品的价格特点。商品的价格特点可以是物美价廉，也可以用高价位突出其品质。这一种定位方法经常在商品的质量、性能、造型等差别不大的时候使用。如中国洗衣粉市场上出现了“奥妙”“碧浪”“立白”等洗衣粉。相比之下，“奥妙”的创意算是比较成功的。它的创意定位是：奥妙洗衣有特效，但价钱贵。它的创意告诉人们，产品虽然贵一些，但可以洗去一般洗衣粉难以洗去的污渍，一个字：值。

第三，“非可乐”型定位。这是指将产品与竞争商品拉开层次，以便消费者能够辨认，以此为基础去争取消费者的偏爱。“非可乐”定位源于美国的七喜饮料（Seven-up）的产品定位。当时七喜饮料厂家分析美国饮料市场被可乐饮料一家独霸的局面后认为，如果出现一种新型饮料，必将引起人们的注目，于是就将其饮料定位于非可乐（No-cola）。

第四，突出产品的特殊功能。突出产品的特殊功能也是引起消费者兴趣的一个方法。日本电器产品20世纪八九十年代在中国的销售获得成功，除了得益于他们对中华民族文化、社会心理的了解较西方国家透彻外，还在于他们在创意中不断强调其产品的特殊品质。拿日立彩电来说，在其不变的主题音乐之后，告诉人们一些新的产品性能，让受众对其产品的升级一目了然。这样，在众多的电视产品的竞争中，日立彩电总能保持较高的市场占有率，占有优势地位。

如何突出产品的特殊功能、特殊品质？要很好地考虑以下问题：产品可以为消费者做些什么？可提供什么利益？可解决什么问题？使用消费者喜闻乐见的用语表达它，避免用专业术语表达。如果有人要求你说明产品或服务的功能，你最好能用两句话直截了当地告诉他。

产品的特殊品质常常不只是物质上的优点，也包括经济上或心理上的利益。当露华浓（Revlon）化妆品公司的创办人查理士多次被要求分享成功经验时，他很简洁地说：“我们所卖的，是女士们的期望。”要以这种方法看待你的产品或服务，即不只是看物质上的利益，还要看是否有无形的利益，可以解决什么问题，能否为使用者带来更好的生活。

商品定位同时要考虑产品的生命周期，在产品生命周期的不同阶段采取不同的创意策略、技巧和方法。在产品的创牌阶段，主要是提高产品的知名度，争取社会公众的理解和支持，因此，需要对产品的性能、特点、用途等作介绍，告诉公众你的产品的与众不同之处，以争取开发、分割产品的目标市场。在产品的成熟期，需要做更多的事。首先，你需要不断地维护产品、企业的形象，让它们在公众的心目中牢固地占有重要位置，以稳定产品的市场占有率。特别是在我国，名牌的地位具有非常强大的市场优势，群体间的人际传播、亲友的推荐，将为你的产品扩大潜在的市场。因此，这一时期的营销创意需要多方面的默契配合，突出品牌形象，增强消费者的信心，提高他们对产品的兴趣。

4.4 系统

4.4.1 系统的内涵

系统，作为日常用语，指同类事物按一定关系组成的整体；作为科学用语，指由若干既有区别又相互联系、相互作用的要素所组成的，处在一定的环境之中，为达到规定的目的而存在的有机集合体。系统须具备以下4个特征方能形成：

（1）集合性。系统由两个或两个以上可以相互区别的要素组成。

（2）相关性。组成系统的各要素是相互联系和相互作用的。系统并不等于其各要素的简单总和，即具有非加和性。

（3）目的性。构成系统总是为了达到一定的目的，而且往往不是单一的目的。

（4）环境适应性。任何系统都存在于一定的环境之中，因此它必然要与外部环境产生物质的、能量的交换，必须适应外部环境的变化。

4.4.2 系统的特征

在企业形象系统的创意活动中，系统除了应具备以上4个特性外，还表现出如下特征：

1）整体性

企业形象系统的创意是企业整体形象的表现。它不仅仅是企业的某项产品，也不仅仅是某个企业家的风格，或某项经营作风，而是企业文化特征的整体、综合的表现。IBM的“科学、创新、卓越”的形象正是其整体企业文化特征的集中体现。

2）哲理性

企业形象系统的创意是企业文化整体性特征的集中表现，而企业文化又以企业哲学为其核心内涵，因此必然带有抽象的哲理性色彩。例如，改革开放初期，“太阳神”的创意广告语“当太阳升起的时候，我们的爱天长地久”正是其企业哲学的集中体现。其含义精邃、意境深远，充分体现了其企业文化的整体特征，令人回味无穷。

3）个异性

每个企业的文化都带有其鲜明的个性色彩，企业形象系统的创意亦应该表现其个性色彩，只有这样才能获得“人无我有”的竞争优势。例如，2018年李宁以“悟道”为主题登上了纽约时装周的国际舞台，以红、黄、黑为主色调，将我国传统文化元素与世界潮流结合，充满着高级感的时装定义着属于李宁的运动时尚潮流，以独特的视觉冲击震撼着世界，也真正地掀起了“国潮运动”。

4）偏重性

企业形象系统的创意在特定的条件下又具有明显的偏重性。例如，海尔集团的识别标志根据其发展战略的变化而演变，是海尔从中国走向世界的见证。2013年7月28日，海尔在创新全球论坛上正式发布了步入网络化战略阶段之后品牌的新形象，公布了第五代识别标志和口号，其新口号是“你的生活智慧，我的智慧生活”。

5）连贯性

企业形象系统的创意，正如企业文化具有连贯性与继承性一样，也应该在一定的历史阶段具有连贯性与稳定性。如果企业形象年年发生变化，那么消费者对它的认识只能是模糊不清的。例如，不管历史如何变迁，同仁堂一直坚持诚信经营，让老百姓吃药放心，代代相承才形成品牌。“炮制虽繁必不敢省人工，品味虽贵必不敢减物力”，既是同仁堂的古训，也是同仁堂的堂训，讲的是不论制作过程多么烦琐、工艺多么精细，为求疗效，不敢有半点懈怠；不论中药配方的成本多么高昂、药材多么稀缺，为出珍品，不敢有半点含糊。

6）伸缩性

正如企业文化要随着时代的发展、企业经营范围的扩大、消费观念的演变等而相应扩展和演进一样，企业形象系统的创意也要具有相应的伸缩性与适应性。例如，红旗汽车在时代洪流里沉浮起落，在扛着民族工业高峰大旗的同时，还肩负起引领市场的重托。2018年1月8日，红旗轿车在品牌发布会上诠释了新的品牌战略规划、产品设计理念和品牌设计理念。全新红旗徽标的设计理念来源于迎风飘扬的红旗，象征奋进向上的红旗精神，徽标采用金色与红色的搭配，体现中国特色和精致，对开的红旗寓意红旗品牌旗开得胜，并以经纬线条展现万物互联的新时代。

7）适应性

企业形象系统的创意应该具有广泛的媒体适应性，不但要适应各种传统媒体，也要适应各种新媒体，具有可读性、可视性、可听性等特征，这样才能增强传播效果。例如，2022年初，国内保健品元老级品牌“静心”登录抖音等新媒体数字平台引发关注，该品牌成功利用短视频、全民任务话题互动、全网达人深度种草等途径，打破产品形象僵局，与新生“更年期”群体进行更深入的沟通，从精神层面引起女性共鸣，在获得品牌流量的同时赢得了良好的品牌形象。

8）情感性

因为企业形象系统的创意的传播对象是活生生的人，而人是具有七情六欲的。

形象创意与语言越是具有人情味和感性色彩，就越能增进消费者对企业的认识、了解和信任。例如，雀巢咖啡的“味道好极了”就极具有感情色彩。

9）文化性

正如企业文化离不开民族文化这一根基，离不开地方文化、社会文化这一土壤，企业形象系统的创意除了具有企业独特的文化色彩以外，还应该具有所传播的地区、民族的文化特征，这样才能被该地区、该民族的消费者所认知、理解与接受。例如，自进入中国以来，肯德基始终坚持融入中国文化，顺应消费者需求推出中式早餐、汽车穿梭餐厅、宅急送等一系列服务。2022年，肯德基推出新的口号“一起自在”，以更积极主动的姿态加深与用户的联结，寓意肯德基希望一直陪伴在中国消费者的左右，一起享受生活，一起自在。

10）通俗性

企业形象系统的创意面对的是社会公众，其具有广泛性，因而它的传播手段、形式、内容都应该具有广泛的传播性，雅俗共赏，有助于提高企业的知名度与美誉度。例如，2021年6月，蜜雪冰城一条土味广告刷屏社交媒体，B站播放量达到100多万，抖音上更达到破亿流量。然而，点开歌曲发现，整首歌只有两句歌词在不断循环，“你爱我，我爱你，蜜雪冰城甜蜜蜜”，第一感觉直白得有些土气，但网友纷纷表示听着得劲，停不下来了，一大批up主纷纷上演改编绝技，古风版、电音版、方言版、戏剧版……如雨后春笋般冒出来，一时间蜜雪冰城“洗脑”神曲火爆全网。

4.5　沟通

沟通是双方或多方连通的过程。沟通的各方大到国家，小到个人，先有连通的条件再实现连通的愿望。

4.5.1　沟通的重要性

传播学、市场营销学、广告学、策划学都把沟通放在很重要的位置上。沟通在创意中具有重要作用，没有沟通，一切都无从说起。

1）沟通是创意活动需求的起点

“沟通从心开始”这句中国移动通信公司最得意的广告语，出自九易广告公司的创始人傅杰的创意。中国移动通信公司在中国三大电信运营商中发展最快、业绩斐然，这句广告语功不可没。

创意活动源于组织要实现的某一目标，为寻求实现此目标的路径、方法和策略，创意人需要将创意与目标受众的需求和组织的诉求连成一条链，并用文字或图形等表现出来，与创意活动的需求者沟通，沟通的目的是双方或多方初步达到一致。

2）沟通是创意活动需求的基点

在沟通中，双方或多方通过讨论、争辩、解释、否定、再否定，修改词语，换图换色……最终形成肯定的创意。只有充分地交换意见，从善如流，去粗取精，去伪存真，闪光的创意才会诞生。

3）沟通是创意活动需求的落点

创意人、团队和创意活动发起人之间的沟通只是创意沟通的一个环节，创意的成果，如“沟通从心开始”这句广告语，要与目标受众见面，逐步实现“认知沟通—情感沟通—意志（行为）沟通”，最终实现组织的目标，创意才算告一段落。

4.5.2　沟通的五种方式

实现沟通的基础是传播，通常所讲的传播实现沟通的五种方式分别是内向传播、人际传播、群体传播、组织传播和大众传播。

1）内向传播

内向传播也称自我传播，是发生在个人身体内部的信息交流活动，是自己对自己的传播。在这个过程中，信息的发出者和接收者是同一个人。它存在的反馈是由人的自我感觉和自我意识构成的。

内向传播具有最大的自由度，不受外界条件的限制。这种传播是人的最基本的传播活动，是一切传播活动的基础和条件。比如进入考场，考生在意识中提醒自己：“沉住气，好好考。”

内向传播属于人的心理活动，主要是人的意识和思维活动。

心理学告诉我们，研究人的心理能对自我传播做出准确的解释。一切心理活动现象按其产生的方式来说都是反射。反射是有机体对外界和内部刺激的反应。这就是说，人的自我传播是在人体受到外部和内部的各种刺激后产生的反应。这正如传播学者早期提出的“刺激-反应”模式，人的自我传播不是凭空产生的，也不是头脑里固有的，先有刺激，才能产生反应。

当人处于没有任何外界刺激的情况下，例如在闭目养神之时，也会有自我传播。这种传播经常是对过去发生的刺激的反应。人们过去受过的种种刺激，很大部分以记忆的方式被保存下来，这些记忆促使意识和潜意识发挥作用，形成目前的自我传播的刺激物和产生源。

自我传播的过程是和人的生理机制紧密联系着的。刺激物作用于人的各种感觉器官，感觉器官受到刺激后，通过传入神经将刺激信息传导到神经中枢。中枢神经系统对信息进行种种加工——联系、分析和综合，然后将经过加工的信息通过传出神经传给效应器官，效应器官做出相应的反应。

内向传播里的“传者”和“受传者”是同一个人。刺激物传给“主我”即传者，经大脑活动做出分析、推论和反应，“宾我”即受传者以反馈来调节主我的反应和行为。

创意人的自我传播在传播活动中特别重要，是创意人思维活动中的“临门一脚”。外部来的所有信息都要在自我传播中完成“编码—选择—再编码—再选择”的过程，最后形成创意人的创意，再通过头脑风暴中的语言交流或思维导图等外在形式与人沟通。

人际传播、群体传播、组织传播、大众传播获得的所有信息，经过创意人个体的思维活动的内向传播，才能形成创意人的创意，然后通过他的外在表达表现出来，才能让创意团队中的其他人或客户认识、了解创意，各方讨论创意也才有基础。

2）人际传播

人际传播是个人与个人之间发生的信息传播，特指在两人之间的信息沟通活动。人际传播既可以不通过中介完成，如面对面交流，一个眼神、一个动作就能让对方知道要传播的内容，也可以通过中介如电话、信件、传真、微信等完成。面对面交谈是人际传播的基本和主要的方式，集中体现了人际传播的特点和优势。如果说自我传播是一切传播活动的基础，那么除自我传播以外，人际传播就是最重要的传播方式。人际传播是传播的典型表现，反映了人类传播的众多共性和本质特征。

人际传播的显著特点，一是能通过多种感官接收信息，二是能及时获得信息反馈，为创意人相互交流提供便捷的场景和机会。

3）群体传播

群体传播是群体成员之间以及群体与群体之间进行的信息沟通活动。这种类型的传播是数量不等的人群按照某种方式聚在一定场所里进行的。群体规模可以少至几人，多至上万人。会聚的方式可以是购物、旅行、看演出等。传播活动可以在商场、车站、剧场等场所进行。

群体传播可能是在偶然自发的群体中或是松散的团体中进行的，所以传播关系以短暂性为主，也可能较长时间地进行。无论何种类型的群体，在传播活动中，参与者都会受到群体传播状态的明显影响，都要受到群体形成的规范的调节和制约，与大多数成员公认的行为目标保持一致。群体传播的信息不仅能形成群体规范，产生群体压力，还能导致遵从心理和遵从行为，引起成员间心理和行为上的同化反应，使原来自发的、松散的、无组织的群体形成较一致的力量，使之产生极大的社会影响。

4）组织传播

组织传播是以职能集团为主的组织内部成员之间、组织与组织间进行的信息交流活动。美国学者戈德哈伯把“组织传播”定义为：由各种相互依赖的关系结成的网络，为应对环境的不确定性而创造和交流信息的过程。

每个社会的人都从属于一定的组织，各种各样的组织构成了社会。从传播学的角度来看，组织是传播的结果，传播是组织存在的基础。可以说，“没有传播就没有组织”，因为组织形成的过程需要传播，组织的延续和发展的过程也是传播的过程。由此可见，组织传播的功能是推动组织正常运营，稳定成员，应对外部环境，维持组织的生命。所以，有人把组织传播形象地比喻为组织的发动机、黏合剂、润滑油、防腐剂等。

在创意活动的组织传播中，可选择头脑风暴法、哥顿法、垂直思维法、水平思维法、复合思维法、转移经验法等有效的创意思维方法。

5）大众传播

由大众传播机构及职业传播者个人，利用报纸、杂志、书籍、广播、电视，以及网站、微信、微博等传播媒体，通过语言、文字、图像等符号，广泛、迅速、连续地把信息传送给受传者，以期在大众中唤起预期的意念的传播就是大众传播。其特点是：传播者是一个组织机构或这个机构的代表；信息是公共的；采用印刷或电子等技术手段；传播对象既不是一个特定的群体，也不是有组织的、确定的个体，而是公众；信息扩散迅速、广泛。

大众传播媒体已有两千多年的发展历史。我国的“烽火台”可以列入最早的传播媒体。自从我国制造了纸和墨，发明了活字印刷术以后，就有了大众传播媒体。1638年，哈佛大学的清教徒们建立了美国第一个印刷所，大众传播得到迅速发展；1690年，美国第一份报纸《公共事务报》在波士顿出版；1740年，美国第一份连续发行的《波士顿新闻报》出版；1731年，英国出版第一份综合性月刊《绅士杂志》；1844年，塞缪尔·莫尔斯发明了电报，首次把电报信号从华盛顿传送到巴尔的摩；1876年，贝尔发明了电话；1878年，爱迪生发明了第一台留声机，大卫·休斯发明了麦克风；1895年，马可尼发明了无线电报，卢米埃兄弟发明了电影摄影机，开创了电影时代；1923年，兹沃里金和其他人在进行电视试验的基础上，发明了摄像管和电子显像管；1926年，美国第一个无线电广播网——全国广播公司成立；1942年，第一幅彩色图像出现，磁带也随之被发明；1956年，贝尔电话公司发明了可视电话；1957年，苏联发射了第一颗人造卫星；1962年，利用通信卫星进行国际实况转播的试验获得了成功；1969年，互联网出现。互联网始于美国，又称因特网。美军在ARPA（阿帕网，美国国防部研究计划署）制定的协定下将美国西南部的加利福尼亚大学洛杉矶分校、斯坦福研究院、加利福尼亚大学圣芭芭拉分校和犹他大学的四台主要的计算机连接起来。这个协定由位于美国马萨诸塞州剑桥城的BBN技术公司执行，从1969年12月开始联机。自此，大众传播逐渐有了现在的各种传媒和方式。

4.5.3 整合传播

整合传播（integrated marketing communications，IMC），又称统合传播、新广告（new advertising）。其核心思想是将与企业进行市场营销有关的一切传播活动（五种传播方式都要用上）一元化，各种行之有效的媒体都派上用场，特别是网络媒体中的自媒体、大数据的查找和运用，这在整合传播中也被称为“Speak with one voice”（异口同声）策略。

4.5.4　整合营销传播

整合营销传播是综合、协调使用各种形式的传播方式，传递本质上一致的信息，以达到宣传目的的一种营销手段。也有人将整合营销传播定义为：将传播组合中的所有方面协调整合，以符合消费者在与品牌接触的各个阶段的不同需求。

整合营销传播的内涵是：

（1）以受众为中心，一切传播活动都围绕此中心展开。受众在处理企业所传递的信息时，有很大的主动权。无论是4P营销还是4C营销，每一个环节都是以不同方式与受众沟通，千方百计使受众知晓产品及其价值、功用、何处能获得等。

（2）以资料库为基础，将消费者的现有需求和潜在需求看作整合营销传播的基础，不断补充新的信息，对原有信息进行分析、归纳、整理，随时掌握消费者的需求变化，为整合营销传播提供可靠的资料依据。

（3）以建立受众与品牌之间的良好关系为目的。整合营销传播的关键是培养真正的“受众价值”，使传播与那些最有价值的目标受众保持长久的紧密的联系。从受众第一次接触品牌到品牌不能再为他服务为止，企业都应尽最大努力整合运用各种传播手段，使品牌与受众之间的关系越来越密切。

（4）以“本质上一致的信息”为支持点。无论使用何种传播方式，传播者传出的信息一定要做到“本质上一致”，不同媒体的表现方式，因面对不同的对象、时间、地点而会有所不同，但内涵在本质上要大体一致，绝不能出现相互矛盾的情况。

（5）以各种形式的传媒作为整合营销传播实际运用的手段。如今的传媒多得无法计数，新的传播方式还在不断涌现。实行整合营销传播，要选择那些目标受众最有机会接触的传媒、最能理解和认知的传媒、最感兴趣主动接触的传媒，也是传播者的承受力、时间和其他条件允许选择使用的传媒，使其在整合营销传播中为企业与消费者的沟通所用。

本章小结

本章是比较重要的一章，通过学习本章内容，学习者能明确信息、定位、沟通在创意思维活动中的重要位置；能懂得创意思维离不开信息的汲取、组合和交流，创意思维是在明确定位的环境和条件下进行的；能认识到市场定位、产品定位、商品定位的内涵；能懂得内向传播和组织传播在创意活动中的重要作用，认识到沟通在创意各个阶段的起点、基点和落点的意义。

思考与练习

（1）什么是信息？信息对于创意思维有什么意义？

（2）什么是定位？定位对于创意思维有什么意义？

（3）什么是沟通？沟通对于创意思维有什么意义？

（4）研究受众需求在创意活动中有什么重要意义？

（5）学习传播的五种方式对产生、交流、传播创意有什么意义？

实操项目

班级的每个小组各自选中信息、定位、沟通中的一个问题，分别进行研究、讨论，回答它们对于创意思维的意义有哪些。

每组做完后，在任课教师的指导下，由小组代表在班级发言，组员补充，其他组组员进行再补充、纠正或批评，形成更完整、正确的意见。

在这次讨论活动中，教师不用当场表态。在下次讲新课之前，教师归纳各组意见，表扬提出不同看法和例证的学生。

第5章

创意的条件

学习目标

通过本章的学习，明确认识创意的产生需要的条件，懂得条件和创意之间的因果关系；弄清楚需要和可能之间的因果关系；认识世界级和国家级的创意顶尖人物，在他们铸就的丰碑上找到学子们前进的方向和出发之路。

引例

东西方思维的差异

越来越多的实证研究的结果显示，东西方思维方式存在巨大差异。总结起来，其主要体现在3个方面：

(1) 思维模式。美国心理学家尼斯贝特曾提到这样一个实验：被试需把"熊猫""猴子""香蕉"三个事物中的两个归在一起，结果表明美国人倾向于把"熊猫"和"猴子"放在一起，而东亚人倾向于把"猴子"和"香蕉"放在一起。尼斯贝特认为，这是因为美国人关注逻辑分类，而东亚人更加关注整体以及事物间的关系。

(2) 归因方式。东亚人在解释他人的行为时，更倾向于进行外部归因，而西方人更加关注个人特质。例如，日本运动员高桥尚子在获得悉尼奥运会女子马拉松比赛的冠军时说道："我有世界上最好的教练，最好的经理人，还有全世界支持我的人——这些事情集合在一起，然后才有了这块金牌。"美国运动员海曼在获得悉尼奥运会200米蝶泳比赛的冠军时却说道："这是一个向世界展示我能力的时刻……我知道我能打败她，深信不疑……这个夜晚是属于我的。"

(3) 对变化的看法。从"物极必反""塞翁失马，焉知非福"这些成语和典故中就可以看出，中国人喜欢用变化发展的眼光看问题，并把此种思维方式视作一种智慧。然而，美国人却倾向于预测世界会继续沿着现在的发展方向发展。在一项实验中，被试先阅读一则关于一位贫穷的年轻人通过努力上了大学的故事，然后回答这位年轻人变为富人的可能性有多大。结果显示：美国被试认为可能性并不大，而中国被试认为很有可能。

思维方式是人类文化的重要组成部分。认识到思维方式的差异，有助于人们在文化交流中克服“投射偏见”，更深刻地理解文化的多样性。

资料来源　浙云．思维的差异［N］．今晚报，2019-12-19（9）．

思考：

（1）东西方思维差异的产生自有它的原因，分析理解这些原因，就能找出产生差异的条件。是这样吗？

（2）思维模式的不同是产生思维差异的起点，带着这个问题读这本教材，你也能从中找到答案。是这样吗？

（3）归因方式的差异是“东亚人在解释他人的行为时，更倾向于进行外部归因，而西方人更加关注个人特质”。我们看重条件对事物的影响，正好促使我们努力学习产生创意的条件。是这样吗？

（4）对变化的看法，中国古代朴素的辩证法浸入了中国人的血液和骨髓，这对我们学习创意思维法确实大有裨益。是这样吗？

党的二十大报告指出，“只有把马克思主义基本原理同中国具体实际相结合、同中华优秀传统文化相结合，坚持运用辩证唯物主义和历史唯物主义，才能正确回答时代和实践提出的重大问题，才能始终保持马克思主义的蓬勃生机和旺盛活力”。“两个结合”是对马克思主义中国化时代化进程的经验总结和规律揭示，深刻阐明了马克思主义在中国创新发展的内在机理，大大深化了我们党对坚持和发展马克思主义的规律性认识，为新时代不断推进党的理论创新指明了方向。

5.1　创意与思维科学

创意的前提条件是思维。现在，各条战线上都有思维科学的热心者，他们或者希望思维科学有助于解决实际问题，或者有志于对思维科学的创建做出自己的贡献。有一个问题摆在我们面前：思维学说能否作为一门科学而独立存在，或者说，创建思维科学究竟有没有根据？对于这个问题，如果不做出明确的回答，建立思维科学的努力就带有盲目性。

5.1.1　思维科学的客观对象

任何一门科学必须有与之对应的实际存在的客观对象。例如，物理学的研究对象是物质运动的最基本最普遍的形态；化学的研究对象是物质的组成、结构、性质，以及化学变化的规律；生物学的研究对象是生物的结构、功能、发生和发展的规律，政治经济学的研究对象是人类社会生产关系及其发展规律。这些都是实际存在的客观对象。

但是，一门科学仅仅有与之对应的实在的客观对象，还不能说就有了存在的根据。能作为一门科学对象的客观存在，必须满足以下条件：

第一，这种客观存在或者是一种普遍的必然的存在，或者不是普遍的存在，但是一种有普遍意义的典型事物，如“红学”的研究对象就是《红楼梦》，“《资本论》研究”的研究对象就是马克思的科学巨著《资本论》，或者是与人类生活有密切关系的个别事物，如“地学”的研究对象就是地球这样一颗行星。单纯的、个别的、偶然的存在不能成为一门科学存在的根据。例如，个别人的返祖现象（浑身长毛，或长了尾巴），既非普遍现象，又非必然现象，因而尽管它是客观存在，但也不能作为建立一门科学的根据。

第二，这种客观存在不仅是普遍的事物，而且是一种本质的现象，而不是非本质的现象。例如“火”，它的存在是很普遍的，但火只是一种非本质的现象，因而也就不存在一门“火学”。再如，化学反应虽然都有其现象表现，但它是一种本质的现象，因此它就成为化学这门科学的研究对象。总之，只有在一定的本质现象的基础上才能建立一门科学。

第三，这种客观存在应该是与人类生活有密切关系的事物。就是说，它的存在或对于它的研究，可以为人类造福，可以促进社会的进步，因而具有社会价值，这样的事物才能成为一门科学的研究对象。有些事物虽然是普遍存在的，也是一种本质的现象，例如牟取私利，这既是一种比较普遍的社会现象，也是一种本质的现象（因为它是一种生产关系的直接体现），但是它并不能为人类造福，也不会促进社会的进步，也就是说，它是一种没有社会价值的现象，因而人们也就不会去建立一门研究它的规律和技巧的科学。有些事物虽然与人类生活没有什么直接关系，但是研究它具有重要的认识价值，这样的事物也可以成为一门科学的研究对象。例如天体演化，虽与人类的最终命运有关，但至少可以说在多少万年之内它对人类生活的影响微乎其微，研究天体演化的成果也难以提供什么经济效益和社会效益，也就是说，没有什么直接的社会价值，但是，研究天体演化有重要的认识价值，可以提高人类的认识水平（这也是一种社会价值，只不过是一种间接的社会价值）。因而，天体演化也就成为一门科学即“天体演化学”的研究对象。

我们来看看思维科学。思维科学有没有与之对应的实际存在的客观对象呢？有，那就是人的思维活动。并不是所有被称为“学”的东西都具有实际存在的客观对象，例如有些伪科学的对象是实际上并不存在的超自然力量，也就是说，其研究对象是虚幻的，因此并不是科学。人的思维活动不仅是客观存在的，还具备建立一门科学的条件：第一，思维活动在人类这个范围内是一种普遍的存在，不存在思维活动的人是极个别的例外。第二，思维活动是一种本质的现象。人与动物的本质区别之一就是人具有思维活动能力。没有思维活动，人类社会就不能存在。在原始社会，一个部落的思维活动间断一段时间，还不致影响其生存。在现代社会，思维活动只要间断几分钟，它的影响就会明显表现出来。不难想象，一家现代化工厂，只要一部分成员停止思维活动一小时，甚至几分钟，整个工厂就会乱套。人类社会越进步，思维活动的不可间断性就越明显。由此可见，思维活动对于人类社会绝不是一种非本质的、可有可无的次要现象，而是一种和人类社会的存在不可分割的本质现象。第三，思维活动本身与人类生活有极为密切的关系。正确的思维可以使人的实践活动获得成功，可以产生极大的社会效益和经济效益，错误的思维会给人带来损失和灾难。因而，对于思维活动的研究具有极大的社会价值。

综上所述，我们可以确认以下两点：首先，思维科学有与之对应的实际存在的客观对象；其次，这个客观对象具备建立一门科学的条件。

5.1.2　思维成为科学研究的对象

关于思维科学的问题到这里并没有结束。人们会说，人的思维活动是客观存在的，它也有资格成为一门科学的研究对象，但是不一定有必要新建一门思维科学。

几千年来，思维一直是哲学研究的对象之一，今天继续作为哲学的对象不是很好吗？何必多此一举，单独建立一门思维科学呢？关于这个问题，可以从科学学理论的观点和历史的观点来分析。

首先，按照科学学理论的观点，科学特别是现代科学是有层次的。在科学体系中，位于最高层次的是哲学。不言而喻，这里讲的是科学的哲学，而不是随便一种什么哲学。哲学的各个基本部分有相应的低层次的具体科学（知识）作为基础，并从中不断吸收营养。这是科学的哲学和思辨哲学的一个重要区别。马克思主义哲学是最科学的哲学，思维是它的主要研究对象之一。那么，我们能说有了马克思主义哲学对于思维的研究，就不需要再从具体科学的层次上对思维加以研究吗？显然不能。马克思主义哲学同样把自然界和人类社会作为研究对象，但绝不能说，就不需要建立物理学、化学、生物学、天文学、地质学等研究自然界的具体科学，就不需要建立政治经济学、历史学、法学等研究人类社会的具体科学了。既然如此，为什么唯独思维只能是哲学的研究对象，而不再需要从具体科学的层次上予以研究呢？任何具体事物，都要有与之相应的具体科学来研究，只有这样才能对事物有具体的认识。

思维也是一种具体事物，思维的器官是具体的事物，思维的对象也是具体的事物，思维活动的形式（逻辑思维、形象思维、灵感思维等）也是具体的，思维的过程同样是具体的（认识物理现象的思维过程和认识心理现象的思维过程就有显著的差别）。因而，对思维也只有从具体科学的层次上加以研究，才能对它有具体的认识，才能充分揭示思维的规律。总之，对思维的哲学研究并不能代替对思维的具体科学的研究，思维是哲学的研究对象这并不能成为否定建立思维科学的理由。

我们再从历史的观点来看一下这个问题。人类的知识首先是以哲学的形式系统化起来的，然后从总的系统知识中分化出比较具体的系统知识，而不是首先以具体科学的形式系统化起来的。为什么会这样还有待进一步研究，但这是一个历史事实。在古代，具体科学很不成熟，它还不能独立成科，而是和哲学混为一体的。科学发展的一个历史必然过程就是具体科学不断地从哲学中分化出来。

在古希腊，手工业、商业和航海业的实际要求，引起了具体科学，如天文学、气象学、数学和物理学知识的产生和发展。这些原始的科学知识是和哲学观点紧密地交织在一起的，并且和这些观点构成了统一的、不可分割的整体。恩格斯说："古希腊哲学家同时也是自然科学家：塔利斯是几何学家，他确定了一年是三百六十五天，据说他曾预言过一次日食；安纳西曼制造了日晷、一种陆海地图和各种天文仪器；毕达哥拉斯是数学家。"即使是对自然科学最有研究的古希腊学者亚里士多德，他的自然科学观点也是和哲学紧密地联系在一起的，自然科学也是以自然哲学的形式出现的。自然哲学在相当长的时间内存在，有其必然性，"自然哲学只能这样来描绘：用理想的、幻想的联系来代替尚未知道的现实的联系，用臆想来补充缺少的事实，用纯粹的想象来填补现实的空白。它在这样做的时候提出了一些天才的思想，预测到一些后来的发现，但是也说出了十分荒唐的见解，这在当时是不可能不这样的"。

具体科学从哲学中分化出来，一方面是人类对自然界和社会的认识日益深化、日益精确的必然结果；另一方面，社会生活的变化，社会关系的变革，又促成并加速了这种分化过程。这突出地表现在从文艺复兴时期开始的近代自然科学的产生和19世纪唯物主义历史观的产生这两件科学史上最伟大的历史事件上。

在中世纪，自然科学的发展极其缓慢，少有的一点自然科学处在神学的统治之下，作为神学的附庸而存在。在那个时候，神学和统治阶级的哲学也是难分难解的。直到15世纪下半叶，才发生了科学从神学中解放出来的伟大变革。恩格斯写道："自然科学当时也在普遍的革命中发展着，而且它本身就是彻底革命的；它还得为争取自己的生存权利而斗争""自然科学借以宣布其独立……的革命行为，便是哥白尼那本不朽著作的出版，他用这本书（虽然是胆怯地而且可以说只是在临终时）来向自然事物方面的教会权威挑战"。

社会科学从哲学中分化出来，则是由马克思创立唯物主义的历史观来完成的。恩格斯在概述了这种历史观后说道："这种历史观结束了历史领域内的哲学，正如辩证的自然观使一切自然哲学都成为不必要的和不可能的一样。"

到19世纪末，只有思维学说还没有从哲学中分化出来，它仍然在哲学的包容下缓慢地进展着。恩格斯在1886年写道："现在无论在哪一方面，都不再是要从头脑中想出联系，而是要从事实中发现这种联系了。这样，对于已经从自然界和历史中被驱逐出去的哲学来说，要是还留下什么的话，那就只留下一个纯粹思想的领域：关于思维过程本身的规律的学说，即逻辑和辩证法。"

这里，需要对恩格斯所讲的哲学只留下"关于思维过程本身的规律的学说，即逻辑和辩证法"这句话做点分析，以正确理解其含义。在思维学说从哲学中分化出来以前，辩证法可以指哲学辩证法（世界观），也可以指辩证思维学。马克思、恩格斯、列宁在使用"辩证法"这个词时，在不同的场合有不同的含义。例如，恩格斯的著作《路德维希·费尔巴哈和德国古典哲学的终结》中，在讲到"辩证法就归结为关于外部世界和人类思维的运动的一般规律的科学"时，这里的辩证法就是世界观，即属于哲学范畴的科学，我们称之为哲学辩证法，或者用恩格斯的说法，称之为“辩证哲学”或“唯物主义辩证法”；在讲到哲学“只留下一个纯粹思想的领域：关于思维过程本身的规律的学说，即逻辑和辩证法”时，这里的逻辑就是形式逻辑，而辩证法是指辩证思维学（其中包括辩证逻辑）。恩格斯的意思是，其他的具体科学都从哲学中分化出去了，只留下思维科学，（形式逻辑和辩证思维学）暂时还没有从哲学中分化出去。如果我们不区别马克思主义经典作家使用“辩证法”这个名词的这两种不同的含义，那就会得出错误的结论，好像恩格斯认为哲学就是思维学，辩证哲学就是辩证思维学。恩格斯很明确地指出哲学是世界观，把辩证法作为世界观的内容，所以他又把这种世界观称为辩证哲学。而在把辩证法只当作辩证思维学的地方，恩格斯加上了特别的限制，即“一个纯粹思想的领域”，并且把辩证法和形式逻辑并列起来。我们不能想象恩格斯会把作为世界观的唯物主义辩证法同形式逻辑看作同一序列、可以并列的学科，而只能理解为是把也称作“辩证法”的辩证思维学和形式逻辑并列、并处于同一序列（即思维学领域内）的学科。由于思维学和世界观的关系是十分密切的，所以在思维学从哲学中分化出来以前，把世界观的概念和思维学的概念混同使用也是很自然的事情。这种现象在马克思主义经典作家的著作中也是可见的，但是应把这看作同科学发展的一定时期相联系的现象，而不应当看作永远不可改变的绝对格式。

5.1.3 思维活动成为多门科学的研究对象

拓展阅读 5-1

思想的魔术，见证时代的奇迹

首先是心理学。心理学是以心理活动为研究对象的，研究心理过程是它的主要内容。心理过程分为认识过程、知觉过程和意志过程。认识过程又包括感觉过程、知觉过程、思维过程、想象过程、记忆过程。可见，心理学一开始就把思维过程列为研究对象。20世纪50年代，心理学崛起一个新的学科分支，即认识心理学（或译作“认知心理学”），更是把思维活动作为主要的研究对象，而且研究的重点已经从感觉等低级的心理过程转向高级的思维过程。

脑科学或高级神经活动生理学也是以思维活动为研究对象的。20世纪30年代，巴甫洛夫研究了神经系统的反射机制，提出了大脑中存在两种信号系统的学说。巴甫洛夫把人体在神经系统参与下对体外和体内刺激的反应即反射，区分为无条件反射和条件反射。在条件反射中，又把作用于人的各种条件刺激物分为第一信号系统和第二信号系统。凡是引起暂时神经联系的那些具体的条件刺激物叫第一信号，由第一信号在大脑皮质上所引起的暂时神经联系系统，叫第一信号系统。吃过臭肉的人一旦闻到臭肉味就会恶心，这就是第一信号系统活动。第一信号系统是人和动物所共有的，但人还有动物所没有的第二信号系统，就是由语言文字这种信号（巴甫洛夫所称的第二信号）在大脑皮质上所引起的暂时神经联系系统。如果闻到臭肉味或看到臭肉就引起恶心是第一信号系统活动，那么听到别人讲到臭肉味也会引起恶心就是第二信号系统活动。在这里，语言代替具体刺激物起着信号作用。巴甫洛夫认为，人之所以能够思维就是由于在人的大脑中存在上述两种信号系统及它们之间的相互作用。他说："如果我们对周围环境的感觉和表象对我们来讲是现实的第一信号，是具体的信号，那么言语，特别是从言语器官到大脑皮质的运动刺激则是第二信号，即信号的信号。它们是现实的抽象，并且可以进行概括，这就组成了人类所特有的高级思维，这种思维首先创立了一般人类的经验，而最后创立了科学，即人类对周围世界和对自己进行最高理解的工具。"在巴甫洛夫之后，脑科学有了进一步的发展。例如，发现脑电波与思维活动有一定的对应关系，在一定程度上可以从脑电波分析思维的内容。还发现，大脑中的生化物质对思维有重要影响。思维迟钝的患者，经注射促肾上腺皮质激素和促黑素细胞激素后理解加快、思维效率提高。美国学者斯佩里则立意要对学习、记忆、意识、条件反射等高级神经生理功能"在分子水平上作出某些更好的回答"。在实验的基础上，他提出了大脑神经回路说，认为大脑神经元组成的神经回路是产生思维的生理基础。有些外国学者还对大脑的左半球和右半球的思维功能进行了研究，认为右半球擅长形象思维，左半球擅长抽象思维，右半球善于提出解决新问题的各种尝试，左半球善于按一定的程序有效地解决已知的问题，左半球和右半球的功能互相补充、相辅相成。思维的本质或实质是什么，是脑科学的一个重要课题。

5.1.4　专门研究思维科学势所必然

到这里，有人会提出一个问题：既然思维不仅为哲学所研究，而且为心理学和脑科学这样的具体科学所研究，还有必要建立一门专门研究思维的具体科学——思维科学吗？

学者们认为，心理学和脑科学对于思维的研究并不能代替思维科学对于思维的研究。心理学、脑科学、思维科学的共同点在于，它们都要揭示思维的本质。三者的不同点在于：脑科学主要研究思维的物质机制（物理的、化学的、生理的机制）；心理学主要研究思维的心理机制（心理活动是脑的一种机能，思维是这种机能的一部分）；思维科学主要研究思维方式。所谓思维方式，我们把它理解为思维规律和思维方法的统一、思维内容和思维形式的统一。思维规律是客观的，是不受人的主观意志支配的；而思维方法最初是从人们的经验中产生的，仿佛是人们主观上具有的一种"技巧"。这种人们主观上创造的方法、技巧，凡是符合思维客观规律的，就被保存下来，凡是不符合思维客观规律的，就被淘汰出去。思维方法既和思维形式有关，也和思维内容有关。一方面，在没有数理逻辑，没有它的一套符号及其关系规则这种思维形式的时候，就谈不上运用数理逻辑的思维方法；另一方面，思维的方法又同思维的对象、思维的内容有关。例如同是归纳法，数学归纳法和实验科学的归纳法就不同，实验科学的归纳法与研究人类社会历史的归纳法也不同。

思维科学与脑科学、心理学的另一个区别是：思维科学是专门以思维为研究对象的学科，而脑科学、心理学不只是研究思维，思维只是它们研究对象的一部分。思维科学要涉及思维的一切基本方面，而脑科学、心理学则不是全面地研究思维，而是只研究思维的某些方面。总之，脑科学、心理学和思维科学之间存在交叉关系，脑科学、心理学不能取代思维科学。

5.1.5 思维学与逻辑学的区别

逻辑学教科书一般把逻辑学定义为“关于思维的科学”，于是会有人问：既然已经有了逻辑学，还有必要再建一门思维科学吗？

逻辑学是关于抽象思维的科学。传统的观点认为，思维就是抽象思维或逻辑思维。这种思维有两个显著的特点，第一，它是借助于抽象化了的客体映象如概念等思维形式来进行思维的；第二，思维的进程是严格循序推进的，只有遵循一定的程序和规则得出的结论，才被承认是正确的、合理的。现在，人们逐渐认识到，抽象思维并不能概括人的思维活动的全部。人们在思维活动中，不仅借助于抽象化的客体映象，还借助于形象化的客体映象去认识事物的本质。在科学研究中，人们借助于形象的模型对研究对象进行深入思考从而取得重大突破的事例屡见不鲜（如原子模型对人类认识微观世界所起的巨大作用）。在实践中，人们通过典型现象、典型经验来认识事物的内在联系的方法也是经常被使用的。比如，常有这样的情况：工程师处理问题时，他下了决心，别人不明白为什么这样干，但这样干就成功了；战场上的指挥员，凭丰富的经验，把地形一看，形势一估计，决心就下了，仗也打胜了。工程师和指挥员下决心的时候，有一个思维过程，在这里，逻辑规则大致上还是起作用的，但是不像抽象思维时那样严格。他们得出结论的根据，不是概念，而是他们直接感触到的实际事物，以及这些事物在他们头脑中的形象化映象。这就是形象思维。艺术形象的塑造，也是形象思维的过程。

另外，还有一种情况：思维的前提或根据，可能是具体的形象，也可能是抽象的概念，但是由前提到结论、由思维根据到思维结果的过程，完全不遵循逻辑规则，而主要依靠人脑中的想象、猜测和洞察力等非逻辑的功能去直接地把握对象，如人们在面对问题百思不得其解的时候，由于受到某种偶然因素的激发，产生顿悟，使问题迎刃而解。这种现象被称为灵感，这种思维活动形式就是灵感思维。

形象思维和灵感很早就被人们注意到了，这两个概念也早已存在。在心理学、美学和文艺理论领域，人们对这些问题也曾加以研究。但是，形象思维和灵感思维能否被纳入思维科学？这个问题长期以来悬而未决，不少人认为只有逻辑学才是思维科学，这是一个传统观念。实践向这个传统观念提出了疑问：人的思维活动形式就只有逻辑思维一种吗？科学技术上的许多创造发明的实例证明，形象思维和灵感思维起的作用是很大的。这就引起人们思考一个问题：思维科学仅仅包括逻辑学吗？

5.1.6 逻辑思维学、形象思维学和灵感思维学是思维科学并列的基础学科

形象思维学、灵感思维学和抽象（逻辑）思维学是思维科学3个并列的基础学科，首先明确提出这个观点的是我国著名科学家钱学森。

钱学森提出这个观点，是立足于事实，也是出于促进我国科学事业发展的考

虑——发掘更有效的科学方法。他说："我们要多宣传这样一个观点：科学技术工作决不能局限于抽象思维的归纳推理法，即所谓的'科学方法'，而必须兼用形象或直感思维，甚至要得助于灵感或顿悟思维。爱因斯坦就倡导过这个观点。所以为了开阔科学技术工作者特别是青年科技工作者的眼界，科学方法论是必须大加发展的。"钱学森提出发展思维科学的另一个考虑是创造新的效能极高的思维手段——智能机或人们所说的第五代计算机。这种智能机，不仅可以处理纳入形式逻辑规范的知识，也可以处理属于形象思维范畴的知识和经验状态的知识。对于创造智能机的伟大意义，钱学森有如下说明："当今，人类的精神财富的量是极大的，我们现在的困难就是不能很好地利用它。过去我们的老办法是去学习，或者请教，这个办法太落后了。许多事情，我们不知道，不可能知道，没法知道，也来不及知道。以前古人就说，读书靠记嘛，一个人活到老，读书到老，记得的东西也就是那么多，不是说'皓首穷经'嘛！那是说头发都白了，还在那儿念书，没完没了。现在有办法了，不记也没关系，可以通过现代的电子设备，供你调用。"又说："我们所设计的信息体系简直可以包括全部人类千百年所创造的，而且还在不断创造的精神财富。这全部的精神财富又可以由我们一个人随手调用和享受。这不但使我们从旧的脑力劳动中解放出来，而且使我们获得了一个伟大的新世界，一个从来没有的高度文化的新世界。难道这不是翻天覆地的变化吗？脑子不要花在记忆上了，那脑子还干什么？从繁重记忆劳动中解放出来的人，将有可能把智慧集中到整理人类的知识，全面考察、融会贯通，从而搞更多的更高的创造性的脑力劳动。人将变得更聪明，人类的前进步伐将更快。""这是了不起的大事。这样一个任务就跟我们思维科学有密切关系。思维科学也要通过这项任务向前发展，比如解决形象思维的问题。既然如此，我们思维科学工作者就面临着怎样参加第一代智能机的工作，怎么为中国的第一代智能机做出贡献的问题。"不能把思维科学仅仅归结为逻辑学，逻辑学仅仅是思维科学的一部分，这个观点逐渐被人们接受了。这也就是说，虽然有了逻辑学，但它还不是完整的思维学说，还有必要进而建立思维科学。

关于思维科学体系，钱学森提出，思维科学的基础部分包括抽象（逻辑）思维学、形象（直感）思维学、灵感（顿悟）思维学。思维科学的应用科学包括语言学、信息学等。关于思维科学的体系问题，有些学者和研究者还提出了另外一些看法，但是对于钱学森的上述看法，多数思维科学工作者是赞同的。

5.1.7　思维科学的建立是科学发展的历史必然

再回到科学发展的历史必然过程这一角度来看思维科学的建立。这个历史必然过程表明，各门具体科学终将一一从哲学中分化出来，这个分化过程是不依人的意志为转移的。

思维科学是从哲学中最后分化出来的一门科学。这种分化过程大约分两个阶段。第一阶段，思维科学的个别研究或者是包容在已经从哲学中分化出来的具体科学（主要是神经生理学、心理学、语言学）中进行，或者是继续在哲学的范围内逐渐地个别地独立成科。例如，在亚里士多德时代，形式逻辑和哲学还是混为一体的，到了近代，它才成为隶属于哲学的一门独立学科，而辩证逻辑则直到现在还是和哲学处于混为一体的状态。第二个阶段，从钱学森倡导建立思维科学、许多人对思维科学进行了初步研究开始，思维科学作为一门具体科学正式宣告从哲学中独立出来。这可能成为科学史上的一个重要事件。

思维科学继续保持同哲学混为一体的状态，对于哲学的发展和思维科学的发展都是不利的。哲学中包容思维科学这样一门具体科学，对哲学来说是一种并非必要的负担，它会妨碍哲学集中注意力去探讨它应该探讨的东西（但这并不妨碍哲学家同时又是思维科学家）；思维科学继续包容在哲学之中，会变成既不像哲学又不像具体科学的东西，会使它在内容上难以充分展开，在研究方法上也难以真正具体科学化。现实生活已经表明，思维科学有其不同于哲学的独立内容，在方法上它若仅用哲学的研究方式来进行研究也是很不够的，它必须用具体科学的研究方式（包括观察、实验、科学抽象）来研究才能有新的突破。

由此可见，建立思维科学是顺应科学发展的历史必然。除了自然科学、社会科学之外，思维科学是第三大类具体科学。思维科学从哲学中分化出来，不仅会引起思维科学的变化，而且将引起哲学形式的改变，并进而对整个科学产生深远的影响。

创意思维是运用思维科学的方法，它必然会把钱学森归纳的逻辑思维、形象思维、灵感思维纳入其中，并使这三种思维方法在相互联系和变化发展中展示自己无限美妙的风姿。

5.2 条件的客观性

影响创意产生、存在和发展变化的因素是创意的条件，对创意提出的要求或制定的标准也是创意的条件。后者涉及对创意的评判，我们已在3.3节“创意的原则”中讨论过，本章重点讨论前者。

世间万事万物要获得成功，都必须满足一定的条件。创意思维的条件概括起来，无非是主观条件满足了客观条件的要求，从而实现了主客观的统一。

客观，是不以人们的主观意志为转移、不由人们随心所欲地创造的存在。

5.2.1 客观存在

创意既是客观的要求，又是通过创意人的努力可以实现客观要求的行为。

第一，创意人的最高法则是满足客观需要产生创意。

创意人要了解创意诉求对象即受众的种种欲望和需求。最大限度、最多层次地设想受众购买某种商品的所有可能的理由，而不能等受众自己发掘。人们都喜欢新奇的表达，希望购物或消费是一种愉快的经历，在此过程中他们欣赏自己的品位与智慧，由此增强进一步消费的理由和信心。

要达成一个成功的创意需要好多东西，拿计算机来打比方，CPU要快，内存要够，硬盘存储空间要大。一个成功创意的诞生很难用理性的分析来描述，创意人应该让潜意识储存丰富起来。

第二，创意人的主观努力。

创意人的努力包含许多方面，做好以下8点是成功的基础：

（1）眼观四路，耳听八方。创意人必须主动、持续地接收外在信息，因为生活中的每一件小事、每一个细节，都可能成为日后创意的灵感源泉。

（2）参阅“武林秘籍”。创意人对专业书籍不可不看，尤其是《中国国际广告节·长城奖作品集》《中国国际广告节·黄河奖作品集》《龙吟榜》之类的作品集，这样才可以把握“武林”大方向，认识、了解、效法天下“英雄好汉”，惺惺相惜一番。

（3）勤练不懈。创意人不可懒惰，不可三天打鱼、两天晒网。除非是一生下来就天下第一，否则，就得天天苦练，让脑袋不停地运转，追求达到“出神入化”的地步。

（4）务求出手不凡。创意人要给自己制定比别人更高的标准，以此严格要求自己，务求每一次“出招”都令同行叹服。

（5）双剑合璧，所向无敌。一把剑的威力是有限的，一个出色的创意人永远需要与一个出色的美术指导合作。双剑合璧，贵在取长补短、配合默契，将两人的潜能互相激发，进入忘我境界，如此可纵横天下，所向披靡。

（6）与高手过招。参加各种大赛，与各路高手过招，最是赏心悦目。越是高级别的挑战，越能激发创意人内心的那股激情，将浑身功力都挖掘出来。

（7）切勿操之过急。纵观当今创意界，除了个别天才型的人物闪耀星空，绝大多数闪闪发光的创意者，都是靠身经百战才积累起些许功名，所以要常提醒自己，不要操之过急。

（8）闭门思过。创意人要有保留自己作品的习惯，以便有空之余“闭门思过”。经常翻阅自己的作品，有不足的，可以寻根追源，检讨自己，再参照别人的作品，便能看清自己的身手。

5.2.2　主观认知

主观与客观相对，属于自我意识方面，我们这里谈到的主观，不是指“不依据实际情况凭自己的想法行事”，而是要通过自我意识方面的努力，实现主客观的统一，从而实现满足客观需要的创意的目的。

创意是创意人主观努力的结果，我们不能靠“运气”，不能“投机取巧”，只能在崎岖的山路上不断地攀登。

创意有较强的主体能动性。主体能动性是指创意人对自身的能耐有一个客观的认识，没有最强，只有更强。

面对日益激烈的市场竞争，人们已经形成了这样的共识：不断地开发新商品是成功经营的基本条件。特别是在“以快打慢”“快鱼吃慢鱼”的知识经济竞争中，谁先人一步推出全新的商品，创造商品的新属性，谁就能取得先机，赢得市场的主导权。然而，如何构思一个能为消费者所喜爱的商品创意，始终是困扰企业及其创意人员的难题。

5.2.3 主客观因素

对商品的创意，实际上是人类对自己生命本质的认知和开发的问题，也把人的需要从何产生、向何处发展的问题提出来了。

无论今人与古人，中国人与外国人，都有类似的身体结构，都有相似的心理活动特征，而古今中外满足生理与心理需要的商品却未必能满足特定消费者的需要，这种需要是永无终极的。

强调市场导向和以消费者为中心的观念，是现代营销学的鲜明特色。在商品开发问题上，现代营销学认为商品构思起源于用户的需要，要为用户解决问题，要找到最理想的商品构思，就要通过向消费者询问现行商品存在的问题来获得。

现代营销学指出了商品创意的出发点，总结了商品构思的途径和方法，但没有深入到其中的逻辑内容和过程，也没有解释用户所遇问题的根源，开发人员只能凭借经验去识别和解决消费者的问题。

需要与商品是相互创造的，新商品赋予人的生命以新的属性和范畴，从而产生了新的需要，当这种价值观在社会普及，成为某个社会群体的追求时，就对商品营销产生拉动作用，随着商品属性的创新和改进，人的需要也会深化。

需要与商品是同一事物的两个方面，犹如没有手心就没有手背一样。需要是具体的、发展的，消费行为具有主动性，而且这种主动性随着消费的情感化和个性化越来越强烈。抽去需要的具体内容，把它看作先天的“容器”，营销创意就是设法以4Ps或4Cs填充该“容器”，比谁填得更好、占有的份额更大只是特定历史时期的极为罕见的现象，当代高科技产业的发展就十分鲜明地宣告了这种观念的破灭。

人们的通信工具由书信发展到了智能手机，买卖双方之间使用手机支付，人的本质需求得以开拓，束缚主体性的因素被逐步破除，消费者的生活更为便利。面对现实，营销学与时俱进，分析、归纳、总结新时期的各种因素，给创意人不断提出新课题，促使创意人不断加强主观努力。

5.3 需要与可能

需要是人们对物质和精神的获得欲望或要求，可能是人们对物质和精神的获得欲望或要求能否成为事实的属性。需要和可能的存在，激发人们的欲望，激励人们进取，二者的统一促进社会生产力和科技水平不断提升，使人们在更高水平上去追求需要与可能的平衡。

满足人民日益增长的美好生活需要是我们进行生产和创意的目的。

人们的需要因人而异，千差万别，也因不同时间和空间呈现出千姿百态。“有一千个观众，就有一千个哈姆雷特”，人们时时处处的需要各不相同。这些需要对创意人提出了大大小小的要求。

在满足需要的过程中，有可能和不可能的区别。人们对物质和精神的获得欲望或要求不一定全部都能得到满足。

在创意的实践中，创意人会采用创意的手法满足人们的需要，在物质方面暂时不能满足的需要，可以在精神层面上予以满足。

5.4 众人拾柴

需要的质和量在与时俱进，满足需要的努力和成果也没有停止。除了物质生产和创造者们的努力外，创意人也积极主动地参与到“满足需要”的队伍中来，他们的智慧和劳动成果不是物质的，而是精神的，满足了需要者对精神的获得欲望或要求。

5.4.1 集思广益

前面我们介绍了成功的创意是团队努力的成果，讲清了众人拾柴火焰高的道理。

优等的创意不是在单打独斗中生成的。小朋友吃到的一小块米糕，要直接或间接地经过上千人的劳动才能获得，能满足高端的精神需要的创意，更是众多劳动者共同劳动的成果。产生创意的头脑风暴法、哥顿法……都是集体智慧的结晶。

5.4.2 中外创意的领军人物

在中外创意史的丰碑上，留下了许多“巨人”，他们是商界传奇创意的制造者！正是他们的努力，使广告成为世界两大无烟产业之一；正是他们的努力，使有创意的信息进入千家万户；正是他们的努力，使三岁小孩到耄耋老人记住了他们心中的品牌！

正是这一块块“柴薪”才使国际的创意、中国的创意燃起熊熊大火。

我们享受创意，要感谢他们：

现代创意学之父：大卫·奥格威。

创意牛仔：李奥·贝纳。

智慧的创意绅士：比尔·伯恩巴克。

“除非你看过七遍，否则就不能打入广告界”：克劳德·霍普金斯。

来自创意原始部落的约翰·鲍尔斯。

麦迪逊大道上的创意“疯子”：乔治·路易斯。

“除了我，世上没有其他广告人”：艾尔伯特·拉斯克。

划时代的创意叛逆者：约翰·肯尼迪。

广告界的婆罗门：史丹利·雷梭。

杰出的女性创意人：海伦·雷梭。

“广告之伟大在于其不平凡，失败始于平凡”：雷蒙·罗必凯。

创意世界的深海之鱼：马力逊·哈帕。

日本的创意鬼才：吉田秀雄。

韩国最有影响力的广告人：申寅燮。

创意兄弟：查尔斯·萨奇与莫里斯·萨奇。

美国广告创意泰斗：詹姆斯·韦伯·扬。

艺术派广告哲学大师：威廉·伯恩巴克。

杰出撰文家：乔治·葛里宾。

USP（独特销售主张）理论提出者：罗瑟·瑞夫斯。

中国创意人创造了新的辉煌，他们的名字已被写入《中国广告大词典》和《贵州广告四十年》中：

洪一龙　躬耕广告30年，为中国广告教育事业发展做出了独特贡献。

徐百益　为中国现代广告奉献70年，1997年被中国广告协会授予“广告人终身成就奖”。

唐忠朴　中国现代广告学的奠基人。

陈培爱　创厦大学派，育天下广告学桃李。

黄升民　一手创办中国传媒大学广告学院，为中国广告生态环境的优化做出独特的贡献。

丁俊杰　中国广告传播教育的早期拓荒者，两度当选“中国广告年度人物”。

丁邦清　本土广告创意的代表，创造了中国第一个整体策划、代理广告的荣誉案例。

叶茂中　让普通人了解什么是真正的营销策划，开创了个人品牌时代。

劳双恩　中国广告的创意先锋，带领中国广告创意人走出国门，走向更广阔的舞台。

邵隆图　秉持“不做最大，也不做最小，但要做独一无二”的理念，被尊称为“中国广告常青树”。

陈　刚　北京大学广告学科建设的组织者，架起了一座业界和学界无障碍顺畅沟通的桥梁。

莫康孙　用荣誉普及创意，是中国广告人了解世界和世界认识中国的流动的桥。

金定海　中国广告教育早期的开拓者，创立上海师范大学广告系，探索出广告专业创新型人才培养的常规模式。

吴晓波　探索中国消费者认知理论，用自己的理性思辨为中国广告和品牌营销贡献新概念，积极倡导中国广告业的数字化方向，着力打通传统广告业与数字营销业。

高　峻　致力于品牌营销和传播策略的研究，为国内外众多著名企业提供了发展策略顾问服务，是“品牌圈脑理论”和“品牌生态理论”的创立者。

姜　弘　中国现代广告的开拓先锋，与中国国际广告公司一道成为日本电通广告公司合资方，成立北京电通广告公司，当选首任总经理。

彭德湘　具有对中国本土市场非凡的适应力和洞见能力，牵手高校提升中文广告创意能力、培养广告后备人才，为中国广告界带来一股清新的人文经营理念。

王多明　贵州省广告教学第一人，勤于思考和笔耕，出版了《中国广告大词典》《图解广告学》《策划原理与实务》等40部图书、共计1 300万字，荣获“中国广告协会学术发展卓越贡献人物”称号、“贵州广告协会三十年特别贡献奖”等。

卢国利　白酒行业“点金手”，“国窖1573”开创了年份酒的先河，成为中国酒业传奇的书写者。

5.4.3　奥格威、里斯与特劳特的创意

在群星闪烁的创意人中，以下这几位值得我们详细介绍。

1）大卫·奥格威的品牌创意形象法

产品个性是人们对产品所产生的全部印象，通常被叫作产品形象。大卫·奥格威认为，任何产品的品牌形象都可以依靠创意建立起来。他认为，品牌形象并不是产品固有的，而是消费者联系产品的质量、价格、历史等，在外在因素的诱导、辅助下生成的。正是基于这种观点，奥格威提出了自己的品牌形象法。按照奥格威的方法，人们购买的是产品所能提供的物质利益或心理需要，而不是产品本身，因此，创意活动应该以树立和保持品牌形象这种长期投资为基础，即使这种方法需要做出一些短期牺牲也值得。

奥格威认为，每个创意都应该对品牌形象这个复合象征有所贡献。那些致力于使自己的创意为自己的品牌树立最出众的形象的生产厂家，将会以最高利润获得市场的最大份额。基于同样的道理，那些目光短浅的投机型生产厂家只要有可能，就会抽取他们的创意资金用于他处，这样的企业总有一天会发现它们正一步步走向困境。到了难以解脱的时候，再想树立品牌形象，往往需要花更大的气力，或者回天无力。

以“海瑟威”衬衫广告为例，在《穿“海瑟威”衬衫的男人》这幅广告中，一位气宇轩昂的男人以其所戴的一只黑色眼罩促发了一种奇妙的关联性，使“海瑟威”衬衫拥有了自己独一无二的个性特征及形象魔力。奥格威采用“故事诉求”创作出一系列的海瑟威广告，让这个男人指挥音乐会、开豪华汽车、参加贵族社交、购买梵·高的名画等，使消费者产生了心理认同。凭借这些广告，“海瑟威”成为当时世界上著名的高档衬衫品牌，一家默默无闻长达114年的手工作坊顿时名扬天下。

2）艾尔·里斯和杰克·特劳特的定位创意法

定位原理是融合了市场学、商标学、心理学、传播学、公共关系学等学科内容

而形成的创意理论与手段。美国著名的市场营销和创意专家艾尔·里斯和杰克·特劳特将定位法引入了信息战略。20世纪70年代初，他们在《工业营销管理》和《广告时代》杂志上发表了一系列文章，奠定了定位的理论基础。他们认为，创意的目的应当是替处于竞争中的产品树立一些便于记忆、新颖别致的东西，从而在消费者心中站稳脚跟。为了证明自己的方法，他们引用了艾维斯（Avis）的“我们第二，但更努力”的主题以及米凯罗（Michelob）的“第一家美国造特佳啤酒”的承诺作为创意可以带来有效感知定位的证据。与李奥·贝纳、罗瑟·瑞夫斯以及大卫·奥格威的方法一样，定位法也是以“应当说什么”为其根本，一旦确定下来，便广为宣传，使消费者在需要这种利益或需要产品解决某种困难时回忆起来。

被里斯和特劳特引为证据的艾维斯租车公司的创意，并不是他俩创作的，而是前面提到的威廉·伯恩巴克创作的。提到艾维斯，在创意界几乎没有人不知道它最成功的“No. 2定位策略”。20世纪60年代之前，艾维斯在租车业一直不景气，甚至到了快破产的地步，直到1962年聘任了罗伯特·陶先德（Robert Townsend）担任总裁后才有了转机。当时，在租车业赫兹（Hertz）是第一位，其资本是艾维斯的5倍，年营业额是艾维斯的3.5倍。要想以一个弱势品牌对抗一个强势品牌，当然要有一套创新有效的营销策略和创意。1963年，伯恩巴克为艾维斯作的创意标题是：“艾维斯在租车业只是第二位。那为何与我们同行？”（Avis is only No.2 in Rent-A-Car. So why go with us?）内文是：“我们更努力（当你不是最大时，你就必须如此）。我们不会提供肮脏的烟盒，或不满的油箱，或用坏的雨刷，或没有清洗的车子，或没气的车胎，或无法调整的座椅、不热的暖气、无法除雾的除雾器等。很明显，我们如此卖力是力求最好，为了给你提供一部新车，像一部神气活现、马力十足的福特汽车和一个愉快的微笑。……下次与我们同行。我们的柜台前排队的人比较少（意味着不会让你久候）。”这个创意坦承自己在租车业中不是老大，因此，不能像老大一样凡事都不在乎。

在创意史上，从来不曾出现过这样的创意：将自己的公司在同业定为第二位。他的另一则创意，标题直接说：“老二主义·艾维斯的宣言。”（No.2ism. The Avis manifesto）内文是这样的：“我们在租车业，面对业界巨人只能做个老二。最重要的是，我们必须学会如何生存。在挣扎中我们也学会在这个世界里做个老大和老二有什么基本不同。做老大的态度是：‘不要做错事，不要犯错，那就对了。’做老二的态度却是：‘做对事情。找寻新方法。比别人更努力。’老二主义是艾维斯的教条，它很管用。艾维斯的顾客租到的车子都是干净、崭新的。雨刷完好，烟盒干净，油箱加满，而且艾维斯各处的工作人员都是笑容可掬的。结果艾维斯转亏为盈了。全世界的老二们，奋起吧！”

有效的定位策略，使艾维斯租车公司从弱势品牌翻身并获得好的利润。

里斯和特劳特在归纳、总结了许多成功模式并提出定位法后，引起了众人的注意。许多人认为，定位法最关键的问题是究竟哪种定位战略更有可能成功。有些人建议将以下方法作为可行的定位战略方法：

（1）以产品特征或顾客利益定位，如美国美乐啤酒以冷过滤过程来定位。

（2）以价格-质量关系定位，如西尔斯总是与家用的、质量上乘的东西联系在一起。

（3）以使用或运用方式定位。

（4）以产品使用者定位，如百威啤酒的定位为酒量大的体力劳动者的啤酒。

（5）以产品种类定位，如将某酒定位为进口酒的替代品。

（6）以文化象征定位。

（7）以竞争对手定位，如艾维斯将自己定为第二位的租车公司。

定位法有时会和品牌形象混淆起来，实际上，定位法是一个更宽泛的概念。定位法与明确竞争、相关属性、竞争对手以及市场有关系。其实，定位法是形象分析的逻辑发展，因为它涉及运用所知的品牌形象、竞争、创意人准确触及的受众以及受众如何做出反应。

本章小结

通过本章的学习，学习者明确认识了思维科学是创意思维的母体、创意的产生需要主客观条件得到满足；懂得了从创意条件到创意成果的因果关系；弄清楚了要满足受众的需求才能做好创意的道理，创意人要在需要和可能之间寻找最佳结合点的理由。本章还向学习者介绍了广告创意领域世界级和国家级的顶尖人物，在他们铸就的丰碑上学子们能够找到前进的方向和路线。

思考与练习

（1）用你自己的理解，说说思维科学与创意思维的关系。

（2）创意产生的原动力是什么？创意人怎样认识这些原动力？

（3）创意人的主观努力包括哪些方面？

（4）认识中外卓有成就的创意群星，对我们有什么启发？

实操项目

以小组为单位，将学校的教师分为不同需求的群体。

以个人为单位，每人详细地对分到的教师群体做需求分析，写出他们的需求特征，通过微信发给组内同学。

在微信中，每位同学试用一句话把组内分析的教师群体的各种不同需求概括出来。

小组长收集这些概括语言，发给其他小组。

课代表将所有信息，按顺序整理后，返还给各小组成员。

第6章

创意的应用

学习目标

通过本章的学习，明确认识创意无处不在、无时不有的道理；在初识创意在广告策划传播整个活动过程中的应用后再识创意的作用，进而认识到要用积极进取的态度去实现创意条件，从而产生积极参与到创意活动中去的自觉行动。

引例

化泥成金

浙江青年蒋展鹏高中毕业后，考虑到家庭生活困难，放弃了读大学的机会，只身一人来北京发展。在这座大城市里，他发现，像他这样没有大学文凭、没有技术的外来打工者很难找到工作。于是，他开始寻找创业的机会。

有一天，他看见一位老人把一盆花扔进了垃圾桶。

"好好的花为什么扔掉呢?"他走过去问。

老人无奈地说："养久了，花盆中的泥土越来越少，只能扔啊。"

说者无心，听者有意。蒋展鹏想，既然城里人养花缺少泥土，那何不从自己居住的郊区弄些泥土来卖呢?

于是，他试探着说："您这花扔了多可惜，我住的地方有泥土，明天早上我给您送点儿过来。"

第二天早上，老人果然在原处等着蒋展鹏。见他真带来了泥土，老人连声道谢，付给他15元钱。

北京的泥土竟然这样值钱，蒋展鹏仿佛看到了美好的未来。于是，每天一大早他就装上一大袋泥土，到大街上或居民小区叫卖。几天以后，他失望了：没有一个买主。他想了好几天，终于弄懂一件事：只有养花的人才会买泥土，他们一般把花放在阳台上，如果先在楼下观察谁家的阳台上摆了花，再向这户人家推销泥土，不就省劲了吗?

果然不出所料，通过推销，蒋展鹏挣了30元钱。他一方面为自己的创意而欣喜，另一方面感慨万千，30元钱毕竟太少了。

为什么买泥土的人那么少呢？他特意询问一个买过他泥土的老人。老人说："小伙子，你卖给我们的泥土里没有什么养分，时间一长，花就枯了，你说大家还会买吗？"他这才明白，原来泥土里还有学问呢。

找到问题的症结后，他立刻就去书店买来相关书籍学习。原来花盆里的土要加一定比例的肥料。看了好几天，他慢慢摸索出了用肥的门道。之后，他特地买了一些包装纸将泥土包装好，写上"高肥花盆土"字样，再去兜售。这样一来，泥土的价格比以前提高了几倍，买泥土的人却比以前多了很多。到了月底，除去肥料、生活费等开支，他净挣3 000多元。

为了稳住顾客、扩大业务，蒋展鹏租了一间民房作为基地，并在泥土的配方上下足了功夫。他先后推出甲类、甲类A级等多个品种的花盆土，分别标明富含钾、磷、氮等元素，适用于种植月季、菊花等花卉。他还聘请一位农科院的技师做顾问，为养花人解决实际问题。后来，蒋展鹏办起了经营花盆土的公司，将泥土推销到京城各处，总资产过千万元。

资料来源　郑一群．跟浙江人学做生意［M］．长沙：湖南科学技术出版社，2013.

思考：

（1）"化泥成金"的创意给浙江青年蒋展鹏带来创业的成功和千万元的资产，他的创意点是什么？

（2）蒋展鹏没有大学文凭、没有资本，在举目无亲的外地，只有动脑思维，竟能产生一个新的生财之道，这能说明创意不受时空的限制吗？

（3）蒋展鹏的创业过程让我们体会到，认真地观察社会生活，调查研究，实际体验，带着需要解决的难题寻找知识支撑，产生的创造性思维能创造新的价值。是这样吗？

习近平新时代中国特色社会主义思想具有鲜明的实践品格。马克思说，"全部社会生活在本质上是实践的"，"哲学家们只是用不同的方式解释世界，问题在于改变世界"。实践的观点是马克思主义认识论的基本观点，实践性是马克思主义理论区别于其他理论的显著特征。作为当代中国马克思主义、21世纪马克思主义，习近平新时代中国特色社会主义思想坚持马克思主义科学性和实践性的有机统一，深刻回答了新时代党和国家发展面临的一系列重大理论和现实问题，贯穿着强烈的问题意识、鲜明的实践导向。[①]

6.1　创意无处不在

事物的存在总是以空间和时间为依托的，创意也不例外。

① 刘一丁．习近平总书记的实践观［J］．瞭望，2023（18）：4-7.

只要有需求，有未解的难题存在，就会有解决难题、满足需求的创意。创意并不是创意人的专利。能解决难题的人，能满足需求的事都是创意所产生的结果。只要用心，人人皆可成为创意人。

人类社会从自在到自觉，从洪荒时代发展到现代，无处不充满创意。我们现在生活的空间，远远不是创意的终结，新的创意正在走向浩瀚的宇宙空间。

6.1.1 全球层面的创意

全球层面的创意，是为解决世界难题的中国创意方案。

党的十九大报告提出，坚持和平发展道路，推动构建人类命运共同体。2018年3月11日，第十三届全国人民代表大会第一次会议通过《中华人民共和国宪法修正案》，将宪法序言第十二自然段中“发展同各国的外交关系和经济、文化的交流”修改为“发展同各国的外交关系和经济、文化交流，推动构建人类命运共同体”。党的二十大报告提出，中国始终坚持维护世界和平、促进共同发展的外交政策宗旨，致力于推动构建人类命运共同体。这是中华智慧对人类命运新创意的贡献。

“人类命运共同体”旨在追求本国利益时兼顾他国合理关切，在谋求本国发展中促进各国共同发展。人类只有一个地球，各国共处一个世界，要倡导“人类命运共同体”意识。

当前国际形势的基本特点是世界多极化、经济全球化、文化多样化和社会信息化。粮食安全、资源短缺、气候变化、网络攻击、人口爆炸、环境污染、疾病流行、跨国犯罪等全球非传统安全问题层出不穷，对国际秩序和人类生存都构成了严峻挑战。不论人们身处何国、信仰如何、是否愿意，实际上已经处在一个命运共同体中。与此同时，一种以应对人类共同挑战为目的的全球价值观开始形成，并逐步获得国际共识。

人类命运共同体这一全球价值观包含相互依存的国际权力观、共同利益观、可持续发展观和全球治理观。

1）国际权力观

人类社会是一个相互依存的共同体已经成为共识。国际社会发生的如1997年亚洲金融危机、2008年国际金融危机等事件，使相互依存现象具有了更加深刻的内涵。在经济全球化背景下，一国发生的危机通过全球化机制的传导，可以迅速波及全球，危及国际社会整体。面对这些危机，国际社会只能“同舟共济”“共克时艰”。亚洲金融危机后中国把握其宏观经济政策以帮助东盟国家，2008年国际金融危机后二十国集团机制的出现，都是国家之间相互依存、建设国际机制应对国际危机的例证。可以设想，如果国家之间互不合作、以邻为壑、危机外嫁，就完全可能像20世纪二三十年代的危机一样，引发冲突甚至战争，给人类社会带来严重灾难。

2）共同利益观

中国政府自改革开放以来调整了自己与国际体系的关系，越来越重视人类的共同利益，使自己成为国际社会的“利益攸关者”。正如党的二十大报告所强调的那样，我们要拓展世界眼光，深刻洞察人类发展进步潮流，积极回应各国人民普遍关切，为解决人类面临的共同问题作出贡献，以海纳百川的宽阔胸襟借鉴吸收人类一切优秀文明成果，推动建设更加美好的世界。

3）可持续发展观

中国从斯德哥尔摩会议开始就参加了可持续发展问题的历次重要国际会议，在可持续发展理念形成、制度建设、发展援助等方面都发挥了建设性的作用。1994年，中国发布了《中国21世纪议程——中国21世纪人口、环境与发展白皮书》；1996年，可持续发展被正式确定为我国的基本发展战略之一。在2012年联合国可持续发展大会里约峰会上，温家宝总理指出，中国过去34年国内生产总值年均增长9.9%，贫困人口减少2亿多，成为首个实现联合国千年发展目标中“贫困人口比例减半”的国家；中国用占全球不到10%的耕地和人均仅有世界平均水平28%的水资源，养活了占全球1/5的人口；过去6年中国单位生产总值能耗降低21%左右，主要污染物排放总量减少15%左右；截至2011年底，中国已免除50个重债穷国和最不发达国家约300亿元人民币债务，对38个最不发达国家实施了超过60%的产品零关税待遇，并向其他发展中国家提供了1 000多亿元人民币优惠贷款。2020年9月22日，国家主席习近平在第七十五届联合国大会上宣布，中国力争2030年前二氧化碳排放达到峰值，努力争取2060年前实现碳中和目标。2021年2月25日，在全国脱贫攻坚总结表彰大会上，习近平主席宣告，我国脱贫攻坚战取得了全面胜利，现行标准下9 899万农村贫困人口全部脱贫，832个贫困县全部摘帽，12.8万个贫困村全部出列，区域性整体贫困得到解决，完成了消除绝对贫困的艰巨任务。这些数据说明，可持续发展不仅已经从理念变成了中国政府的行动纲领和具体计划，而且已经取得了巨大的成就。

4）全球治理观

尽管全球治理仍存争议，比如怎样处理全球治理与主权独立的关系等，但中国参与全球治理，可以推动全球治理朝更加公平合理、“包容发展、权责共担”的方向发展，可以利用全球治理形成的倒逼机制促进中国国内改革，中国也可以从全球治理中获得更多的和平发展机遇，中国的和平发展对世界的发展又形成了有力的“正能量”。党的二十大报告总结的“过去五年的工作和新时代十年的伟大变革”中，就包括“我们全面推进中国特色大国外交，推动构建人类命运共同体，坚定维护国际公平正义，倡导践行真正的多边主义，旗帜鲜明反对一切霸权主义和强权政治，毫不动摇反对任何单边主义、保护主义、霸凌行径。我们完善外交总体布局，积极建设覆盖全球的伙伴关系网络，推动构建新型国际关系”。

相互依存的国际权力观、共同利益观、可持续发展观和全球治理观，为建设人类命运共同体提供了基本的价值观基础。国际社会存在的各种价值观仍主要服务于不同国家的现实利益，人类命运共同体的建设仍是一个长期、复杂和曲折的过程。如果各国政治家能真正从全人类长远利益出发来考虑问题，而不是从短期国内政治需求出发来制定政策，一个更高程度的、走向共同繁荣的人类命运共同体完全是可以建成的。

2018年6月召开的中央外事工作会议确立了习近平外交思想的指导地位。中国积极推动建设新型国际关系，践行人类命运共同体理想，引导全球治理朝着合作、包容和共赢的方向发展。

中国倡导的共建“一带一路”是构建人类命运共同体的具体实践。2023年是“一带一路”倡议提出10周年，“一带一路”从愿景变成现实，为共建国家带来了实实在在的好处。截至2023年6月，中国已经跟151个国家、32个国际组织签署200多份共建“一带一路”合作文件。从理念到行动，从愿景到现实，“一带一路”倡议始终保持着强大韧性和旺盛活力，持续为世界提供发展新机遇。

6.1.2 国家层面的创意

我国是一个最具创造力、创新性的国家，在祖国广袤的大地上，在中华民族几千年的文明史中，创意无处不在，我们将视线聚在小事上，可以小见大。

小案例6-1　追索文物的国家力量

2018年12月11日，在外漂泊一个半世纪的圆明园文物青铜“虎鎣”正式入藏中国国家博物馆。

青铜“虎鎣”的回归之路可谓一波三折。相关资料显示，青铜“虎鎣”原为清宫皇室旧藏，1860年被英国军官哈利·埃文斯从圆明园劫掠获得，此后一直由其家族收藏。2018年3月，青铜“虎鎣”即将在英国拍卖的消息传出。国家文物局得知后，立即开展信息收集、协商谈判、协调联动、宣传引导等工作，在中国拍卖行业协会等机构的支持下，综合运用多种方式，推动青铜“虎鎣”返还。4月底，青铜“虎鎣”境外买家表示愿将文物捐赠给中国国家文物局。

据统计，近年来我国通过外交斡旋、协商谈判、执法合作、司法诉讼等方式促成了30多批次近4 000件套流失文物回归祖国，显示了国家的力量。

中国国家博物馆研究员、原副馆长陈履生介绍，2000年，法国皮诺家族向巴黎吉美博物馆捐赠了一批公元前7世纪的文物，此后被曝是1992年甘肃省周朝贵族墓葬遭盗挖时流失的文物。2010年前后，中国政府对这些文物发出追索申诉，但未成功，之后的外交行动一直持续。2015年4月，皮诺将4件有着2 000年历史的文物移交给中国驻法大使馆。

可是，也有像出现在荷兰藏家那里的1995年被盗的福建省大田县吴山乡阳春村的章公祖师像，因为藏家1996年通过“合法途径”购得，官司打到荷兰，至今文物也没有回归。

资料来源　[1] 王珏. 青铜“虎鎣”，欢迎回家 [N]. 人民日报，2018-12-12. [2] 范昕. 陈履生：文物“回家”需以智慧突破重重关隘 [N]. 文汇报，2018-12-13.

在国家层面的创意实例中，菲律宾的“敌我同碑”也是很有创意的做法。

小案例6-2　　墓碑的两面

麦哲伦是位伟大的航海家。他的伟大之处在于，他是世界上第一个进行环球航行的人，尽管最终自己并未能亲自完成这一壮举。

麦哲伦死于菲律宾，他是在与土著人的交战中身亡的。

迄今，在麦哲伦遇难的地方，菲律宾马克坦岛北岸，依然建有一座奇特的纪念亭，亭中耸立着一块石座铜碑。碑的正面，载有这样的文字：

“费尔南多·麦哲伦。1521年4月27日，死于此地。他在与马克坦岛酋长拉普拉普的战士们交战中受伤死亡。麦哲伦船队的一艘船只——维多利亚号，在埃尔卡诺的指挥下，于1521年5月1日升帆驶离宿务港，并于1522年9月6日返抵西班牙港口停泊，第一次环球航海就这样完成了。”

这段文字，朴实无华，却是对麦哲伦生平最充分的肯定。为了认知世界，为了散播文明，他不惜葬身当年的荒蛮之地，其探险的勇气和无畏的精神，一直为后人所敬仰。

可是，就在这块墓碑的反面，刻着另一段文字，更加简短：

“拉普拉普。1521年4月27日，拉普拉普和他的战士们，在这里打退了西班牙入侵者，杀死了他们的首领——费尔南多·麦哲伦。由此，拉普拉普成为击退欧洲人侵略的第一位菲律宾人。”

建造这块墓碑的人在为拉普拉普刻下文字的时候，心中一定是很虔诚的。单就自己的民族而言，拉普拉普也的确无愧于这段文字。

同一块墓碑，两面是一对曾经的敌人，他们为了各自心中崇高的信仰而战。即使倒下后，两人仍然没有分开。500年后的今天，当我们重温这段历史时，绝不敢信口亵渎其中的任何一人，因为他们的死，具有同等壮烈的意义。在传播文明和抵抗侵略之间，谁都没有资格妄加评论对与错。

也正因为如此，他们两个人都成为了伟大的英雄。唯一不同的是，一个是西班牙的民族英雄，另一个是菲律宾的民族英雄。

从哲学的层面讲，世间万物，不可以用绝对来衡量。有些东西，正看是对的；反之，也未必就错。

资料来源　葛会渠. 墓碑的两面［J］. 领导科学，2008（23）：29.

6.1.3 社会组织的创意

生产创意既是社会的需要，也是社会组织的使命。无时无处不在的难题，需要社会组织去解决，让创意人大有用武之地。

华南理工大学营销社团的5名学生，在创意营销比拼中，通过抽签得到的任务是为一种还没有上市的创意产品做市场推广策划。这是一款创意日用电源插座。其接电插孔不是现在常见的上面两孔、下面三孔的插座，而是回字形的，不能插三脚的插头，而两脚插头可以在回字形插座中的任何位置插入（如图6-1所示）。这个小组共同策划创意的营销方案最终获得了比赛第一名，总分比第二名高出32分，创下了华南理工大学多年未出现的高分。

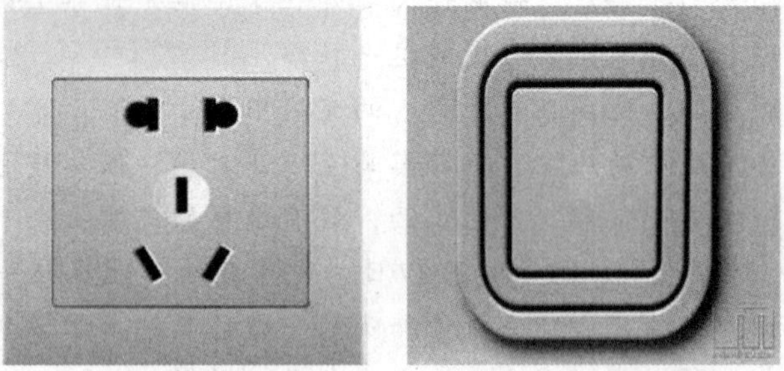

现行的普通插座　　新型的创意插座

图6-1　市面上常用的电源插座与创意回形插座

这份营销方案已被选入东北财经大学出版社出版的《策划书精选案例解读》一书，成为三篇“习作者案例”之一。

在《开放的人生》一书中，作者王鼎钧写了这样一段话：“常常有人问：社会是温暖的还是冷酷的？也常常有人回答‘社会是温暖的’或者‘社会是冷酷的’。莫衷一是的答案常常令人困惑。其实所谓温暖、冷酷，都是社会的一种反应，反应由刺激而起。提问题的人和作答案的人，似乎都忘了‘刺激-反应’的连带关系。社会对新科状元必然是温暖的，对落第秀才必然是冷酷的。新科状元虽然受人逢迎，但是也可能有名士白眼相加，那是或然；落第秀才也可能遇见佳人在后花园赠金，那也是或然。新科状元如果做了贤臣，纵然遭遇宦海风涛，翻船落水，社会必然不会把他看成一只落水狗；落第秀才如果有才慧，肯用功，社会也必然怀着敬意估计他未来的命运。这样看来，社会究竟是温暖还是冷酷，操之在己的成分很大。所以这个问题的答案，与其在社会里面找，不如向自己找。一个有志气的人虽然不该口出狂言，说我要社会温暖它就温暖，但是无妨抱定信心，不管是温暖或是冷酷，我都不怕。”

为什么不怕？因为我们有解决社会难题的创意。

2020年2月18日，《新京报》微信公众号上发表了一篇新冠病毒防疫前沿之战的报道，从中我们可以体会到有智慧的创意在改变着现状。

小案例6-3　　十堰“战时管制”，50名志愿者与5 000名居民的自助生活

2020年2月12日，湖北省十堰市发出了《张湾区全域实施战时管制的紧急通告》（以下简称《战时管制通告》），让这个位于湖北省西北部、鄂豫陕三省交界的小城备受关注。

据张湾区蓝山郡社区负责人关军介绍，早在1月24日，十堰就封闭了进城、出城的公路，两天后蓝山郡小区也开始封闭。从那时起，小区内便建立起了一支将近50人的居民志愿者队伍，每天为小区内人员登记健康信息、为居民分菜送菜、在门口站岗。依靠他们，上千个家庭、近5 000名居民的日常生活才能正常运转。而"战时管制"后，志愿者们的任务更加繁重。

张湾区指挥部发布了《战时管制通告》。之后，每个楼栋外的玻璃门都被锁上了。

每天早晚的规定时间内，医护人员，医药物资从业人员，从事抗疫公务人员，以及水电油气、通信网络、粮食蔬菜等保障基本生活的从业人员（以下简称"四类人员"），可以拿着红色的通行证进出，此外任何人没有特殊情况都不能出入。

从志愿者队伍成立开始，蓝山郡就建立起了一套灵活的会议机制。每天下午四五点送完菜，大家会在小广场集合讨论一天的工作，谁遇到了什么问题，大家一起讨论解决方案，每个人都要发言。比如有人提出，电商平台尽量不要在晚上送菜，以便居民尽快取菜，当天就能吃到订购的各种食品；针对订单上用户名和电话号码不完整的情况，有人提出要和电商平台沟通，让他们提供完整信息。沟通两三次后，这个问题真的解决了。

资料来源　付子洋，梁静怡. 十堰"战时管制"：五十名志愿者与五千名居民的自助生活[EB/OL].（2020-02-18）[2023-06-30]. https://www.bjnews.com.cn/detail/158201276615647.html.

这是湖北乃至全国成千上万居委会、社区、小区在一场没有硝烟的战争中创意获胜的例子。

6.1.4　人生成长中离不开创意

个体在成长过程中，只要有意识存在，总会用创意解决生活、工作、学习中的各种难题。

人生成长有三个阶段。第一是自然的阶段，天真，幼稚，单纯。第二是学习、奋斗、建功立业的阶段。在这个阶段，培养和完善自身的素质和能力，在创造财富的同时，收获自己辛勤耕耘的成果，体验利害、宠辱与得失。这个阶段是人生的分水岭，有的人沉溺在名利和物欲的享受中，有的人超凡脱俗。第三是超凡脱俗的阶段。随着人格魅力的形成，能力、品德、胸怀、气度、修养、智慧都达到了极致，完成了量变到质变的飞跃，彻悟了人生的真谛。①

人生在学习、创业和总结归纳的阶段，可以说都受到创造性作为的指导和驱使。

孔子说："三十而立，四十而不惑，五十而知天命。"如果境界不改变，不提升，永远无法知天命。孔子的思想兼有博大与朴实、内在与超越的特点，可以为身

① 释万行. 善用其心[M]. 北京：新华出版社，2011.

在浮尘之世的人们，揭示出人生的真谛与世间万物的内在“谜底”，使其能修其内而安其外，在纷繁混乱的红尘中拥有一份真正的淡定与从容。

小案例6-4　万世师表——孔子

孔子51岁时回到鲁国做官，仅用短短数月就使鲁国内政外交等各方面均大有起色，国家实力大增，百姓安居乐业、恪守礼法。

孔子杰出的执政能力让齐国备感威胁，为了挤走孔子，齐国向鲁国送上120匹良马和80位女乐，使鲁国国君鲁定公和大臣季桓子沉溺于声色犬马之中。身系民生的孔子自然无法对此表示认同，遂携高足离鲁，开始周游列国。

他先后到过卫、曹、宋、郑、陈、蔡、楚等诸侯国，并曾在卫国、陈国停留了较长时间。然而，他始终没有得到机会参与各国的政治活动，也没有找到贤明的君主来实现自己的政治主张，一般只是被供养起来装点门面而已，并多次备受冷遇与迫害。

孔子率弟子在外游历14年，于68岁时回到鲁国，鲁国新继位的国君鲁哀公对他礼遇有加，但依旧没有重用他。此时的孔子已无心从政，只专心于教授门徒及整理文化典籍，修订“六经”。

孔子73岁时去世，众多弟子为他守孝3年甚至更长时间。在守孝期间，众弟子将孔子平时所讲的话经过讨论辩证，写成流芳百世的《论语》。

孔子在世时，是当时社会上最博学者之一；去世后，被后世尊称为至圣先师、万世师表，他的思想及学说对后世影响非常深远。

资料来源　吴定初，黄萍. 孔子：万世师表，至圣先师［M］. 成都：巴蜀书社，2012.

问问自己：是处于累积知识的阶段，还是进入了增长、发挥能力的阶段，或是达到了提升境界的阶段？是否拥有超凡脱俗的境界？内在是否散发出高贵的气质、尊贵的品质？如果哪一样都不具备，但能比别人付出更多，肯花时间下功夫，仍然可以弥补创意思维和创意成果的不足。

小案例6-5　承受了1 850次拒绝的人——史泰龙

有一个青年，满怀壮志，想要成就人生的辉煌，却穷得连一件像样的西服都买不起。即使身上穿着地摊上买来的廉价的处理品，他依然不改初衷，他想成为一名影星。当时好莱坞有500家电影公司，这使他看到了希望。他想：“只要有一家公司肯给我演戏的机会，我就成功了。”

就这样，没有任何背景，没有任何熟人与关系的他，手拿着专门为自己打造的剧本一一前去拜访那些电影公司，却遭到不约而同的拒绝。第一轮拜访失败了，500家电影公司统统拒绝了他。

他不肯放弃，随即开始了第二轮拜访。第二次，他依然全面败北，没有一家电影公司相信起用他拍的电影会赚钱。他不服气，开始了第三轮尝试。结果和前两次一样，依然是无功而返。

这时候，他已经穷得连饭都快吃不起了。家人和朋友都劝他改行，随便找份其他工作，养家糊口要紧，但他说："不，我相信有一天，所有人都会去影院看我拍的电影的。"

鼓足勇气，他开始了第四轮拜访。在拜访到第350家电影公司时，他收获了意外的惊喜，这家电影公司被他锲而不舍的精神感动，表示愿意先看看剧本。于是，他留下了剧本，回家了。

几天后，他接到了这家电影公司打来的电话，约他去公司详谈。之后，他终于获得了出演该剧男主角的机会。不久，电影《洛奇》就和大家见面了。票房大卖，这个年轻人立刻成了当红影星，拥有了无数粉丝，红得发紫。

他就是国际电影巨星史泰龙。我们不知道要多勇敢才能承受1 850次拒绝，但就是这样的勇气，最终成就了史泰龙的传奇人生。

资料来源　夏爱华. 承受了1 850次拒绝的人［N］. 大众卫生报，2018-04-24（16）.

6.2 创意无时不有

创意无处不在，无时不有。这是因为创意促进个人和社会在不断发展，社会的发展表现在时间和空间上是极其具体的存在。时间不仅记录历史，也展示未来，谁在创意中赢得了当下，也能为未来的领先打下基础。

6.2.1 有创意不在年高

本书编著者之一的魏旻宏先生，12岁刚升入初中时，教师布置作业，让同学们写一句话表达对自己和同学们的期望。他完成了如图6-2所示的这幅图，加注了这样一句话：

初一（10）班的所有同学非常团结，一环绕着一环。全体同学像一匹黑色的骏马，坚强无比，永不言败。

图6-2　初一学生以图明志的创意

粗看那稚嫩的笔触，12岁能画出正在奔驰的马，确实不简单。据了解，他从来没有专业学习过绘画，仅凭大脑中的知识储存便在课堂上画出了马，而且是匹黑马！外圈象征跑道，它在这里既是跑道，又寓意初一（10）班的同学们围成闭合的圈，内存奔跑的空间，同学团结友爱，坚强无比，就能永不言败！

从此，这张图一直压在他的书桌玻璃板下，伴着他成长、成才。他在求职时，向上海、深圳、南京的公司各投了一份应聘表，第二天就收到了深圳公司的回复，并给他在网上布置了考题。他当天完成了答题，并传给公司。下午他就获得了该公司CEO网上面试的机会。当天稍后他就收到了“后天来上班”的通知。

本书的另一编著者，大学期间和同学一起夺得了学校创意营销比赛的第一名，在出国深造读研究生时，主动创意并积极践行，先于其他同学毕业，因而在就业时占了先机，成功的机会就多了许多。在参加注册××师的国家考试中，她一次报考，连中三元。

6.2.2 时间安排的创意

怎样合理安排时间？叶武滨在《高能要事》中将宅在家里防御新冠肺炎疫情的时间分为五类，笔者认为在这五种时间里，创意都不会缺席，特介绍给读者。

1）休息时间

一天中至少有12～13个小时是我们必须花费的休息时间，这还是比较自律的人；如果是自控力不好的朋友，作息无规律，加上睡前玩手机，早上赖床，那么一天要花费15～16个小时。每天因为无序和不自律而浪费的3～4小时，就是时间的黑洞。门捷列夫的元素周期表是在睡梦中完成的。创意人的大脑不因睡眠而无所作为，在冥思苦想中会产生意想不到的创意。

2）固定日程时间

那些执行事先计划好的、拥有明确截止日期的重要事件的时段，被称为固定日程时间。例如，出创意、写稿、做课件、提前定了时间的会议、与他人的约会等。这类时间基本上属于我们一定要执行的日程。

3）弹性事件时间

完成那些在计划内但没有固定截止日期的事件的时间，即弹性事件时间。这类时间主要用于处理生活和工作中那些不太紧急的事务，处理的时间可以前后调节，但最好是提前处理。在百思不得其解时，不妨先放下，也许在“不想”中创意会猛然来袭。

4）留白时间

给那些计划外的突发状况和紧急事件预留出来的时间，为留白时间。一旦有紧急创意要做，可以在这个时间段来应对，而且不会影响原有计划的正常执行，所以它的意义就等于思维高速路上的应急车道。

5）反思时间

为了保证计划内的事件被优先执行，还需要做到每日反思，保持进步。反思过去是为了计划未来和活在当下。创意人用好每天24小时，掌控自己的一生才不是奢谈。

小案例6-6　　开放合作是世界级创新的关键

2020年1月15日，首届华为英国与爱尔兰开发者大会在英国首都伦敦举行。活动期间，华为宣布了一项价值2 000万英镑的投资计划，以鼓励英国和爱尔兰的开发者将应用程序整合进入“华为移动服务”生态系统。与此同时，美国企业特斯拉宣布，为实现由“中国制造”向“中国设计”的转变，决定在中国设立设计研发中心。

这两个看上去不相关的事件，显示出一个共同特征，即在世界创新的最前沿，只有通过开放式的全球合作才是实现进步和共赢的关键。华为和特斯拉是各自领域的领先者，它们的决策表明中国不仅是一个制造基地、一个大市场，还是一个创新中心，而这些正是全球合作的结果。

冷战期间，苏联在科技创新的道路上主要关注国防，并没有像当时的美国那样进行技术的民用商业转化，导致其在计划经济条件下丧失全球竞争力。而日本在20世纪90年代与美国打完贸易战后，在半导体、通信以及电子等领域技术上过度保守化，强调本土标准与应用，从而丧失了信息产业全球化的发展机遇。任何关起门来搞创新，又不进入国际市场竞争的行为，都会错失发展机遇。

在由新技术驱动的新一轮增长周期中，各国应该以创新合作挖掘增长动力。与此同时，各国有义务为他国企业在本国投资兴业、开展合作提供公平、公正、非歧视的营商环境。

资料来源　佚名. 开放式的全球合作是世界级创新的关键［N］. 21世纪经济报道，2020-01-17.

6.2.3　创意人的创意时间

无论是在企业事业单位，或在党委、政府机关、群众团体等任职，只要与“创”字联系在一起，如创办、创获、创见、创建、创举、创刊、创立、创设、创始、创新、创业、创造、创制、创作、创议，草创、初创、独创、开创、首创……都是创意的过程和结果。

完成这些“创”字号需要时间，创意的过程要消耗时间，在规定的时间段需要拿出创意，在测试评价创意时需要等待结果，施行创意也需要时间的支持、检验，将其总结推广到更大的空间也需要时间。

可见，创意离不开时间，没有时间就谈不上创意。

6.2.4　肩负创意任务者，无时不创意

不是所有人都能肩负创意任务，这是创意人引以为豪的。一旦进入创意的角

色，大脑中就扎下了“创意”的关键词。

有一位在大学讲授广告创意的教师，在住进医院切除胆囊后，不幸又患上了致命的胰腺炎。躺在病床上30多天后回家疗养，夫人陪同他上公园散步。在公园里看到几十组老年社会团体的文艺和体育活动后，他的思维机器又运转起来，他边走边想，回到家策划创意方案就形成了。他为当地区政府写出了一份长达20多页的富有创意的《云岩“××文化周”整合传播策划书》（被收入汕头大学出版社2005年出版的《策划书写作实案教程》）。

有位英语专业的学生在书店读书时，看到了他就读的大学的一位教师出版的一本广告写作教材，他求学心切，在校园里找到这位教师，并请求老师指导他写作策划书。这位教师与学生面对面交谈，铺开稿子为学生边说边写，两个多小时，写出了《小处着眼　大处着手——每周一款美食电视专题片策划书》（被收入东大财经大学出版社2014年出版的《策划书精选案例解读》）。人们都提倡“大处着眼，小处着手”，从大目标出发，从第一步干起，而这份策划文案却要将“小题”“大作”，把不起眼的事情做大做好，从看似平常的事情上做出一番事业来。

以上两例是创意人主动创意、干出成果的实例。

创意人肩负创意任务，无时不创意的这种品性，不是从天而降的，不是爹妈给的，而是在长期的自觉中养成的。

创意人深知“机遇只给有准备的头脑”，随时接收新信息、组织新信息、储存新信息，都是为了随时能提取这些信息，使它们在创意活动中发挥作用，正所谓“养兵千日，用在一时”。

一位有社会责任感的创意人，即便没有任务压头，他在上下班路上、读手机信息、进食堂吃饭、看电影、与人交谈、与小朋友做游戏时，都会自觉地开动思维机器，把“大数据”储存于大脑中。科学研究发现，普通人大脑的使用率只有3%～5%，千万不要说“我们脑筋不够用”这句话，充分地开发利用大脑任重而道远。

6.3 创意与运用的无缝对接

6.3.1 创意的运用时时处处都存在

2020年春，防治新冠肺炎疫情期间，一位在上海读大学四年级的年轻人，用节省下来的生活费到药厂买了五百瓶消毒酒精，捐献给以前就读的中学。捐赠仪式后，校长致辞，感动地说道：“这位同学是毕业后第一个向母校捐赠防疫用品的好青年，是毕业四年后还继续关心学弟学妹们健康的第一人，是毕业生学习的榜样，是学校思想教育成果的体现。”“我代表学校感谢你，邀请你在这一届同学的毕业典礼会上上台讲话。”校长邀请已毕业离校四年的学生返回学校到应届毕业生典礼上讲话，也是该校的第一次。这诸多的“第一”体现了创意的运用。

下面这篇文章写出了创意和运用的无缝对接。

小案例6-7　他们制造了你的复工通行证

“健康码”可能是支付宝历史上开发时间最短、上线最快的超级项目。从支持杭州余杭区开发团队推出全国首个“健康码”到浙江省版、四川省版、海南省版、重庆版……只用了七八天。

这个涉及数亿亟待复工的中国人的健康码，背后是一群戴着口罩的程序员、产品经理、运营……的默默努力。

“抗疫情最需要一个本地动态实时地图，健康、疑似、确诊，市民自己申报健康信息并实时更新，这靠纸做的路条是办不到的，得靠数字化办法。”健康码项目经理、支付宝高级项目管理专家易治说。纸路条是一个个孤岛，且只能证明你此时此刻的状态，但健康码是动态的，依据政府制定的标准，用户在健康打卡申报信息后，将各自领取到一张码，这张码随着用户自己每天的状况提交，所处区域的变化、健康状况等因素，会发生相应的变化。“这样的动态管理大大降低了政府的战疫成本。”

大量的协同需求、信息交流让“作战室”24小时充满电话会议。大家电脑右上方显示的会议时间，大多是两小时以上，因为还有上百名无法返回公司的同事在各自家中“云办公”。

2020年农历正月初四，散落在天南海北的同事们开始远程在线合作，很快搭建出一个简单的模型：电子健康卡。有了健康卡，就可以在支付宝上实现填报，不需要“人肉”线下登记。

回老家远程协作团队成员，各有各的画风。有人老家在西北山区，屋里没有信号，院里才有信号，在冰霜寒风中，为了不当冰雕，每天起来都得先劈柴，再生火，烧旺了，才开机；有人在乡下，电力供应不稳，老屋忽然停电，电脑很快没电时，硬请爷爷向邻居借来了发电机；有人家里网络不稳定，举着电脑满屋转下来，发现衣柜里信号最好，于是毫不犹豫地在衣柜里支了个电脑桌。

为了实现安全高效复工，2月11日，杭州健康码上线当天，浙江要求全省推广健康码，而且要“立刻、马上、全省都上”。

此前，最先推出的杭州余杭区健康码已经推行了几天，成功将传统的手写登记人员流动的方式换成了线上打卡，各方反响很好。

资料来源　桃子. 他们制造了你的复工通行证［EB/OL］.（2020-02-19）［2023-07-02］. https://baijiahao.baidu.com/s?id=1658971709794966422&wfr=spider&for=pc.

创意在各行各业中都能运用，都应该运用，而用得最多的行业是广告业。在广告生产过程中，文案构思及写作、图形设计和声音录制，以及影像表现，都要凭创意取胜。

在广告活动中，创意起着生死攸关的作用，甚至是广告活动的灵魂所在。因此，国内广告界有这样的提法：一项成功的广告活动，应该以市场调查为基础，以策划为中心，以创意为灵魂。

6.3.2 创意表现的事前测定

创意表现的事前测定，就是对创意表现的构思及设计方案进行检验与测定。其目的是检验创意是否符合总体策划的要求，是否具有冲击力，能否激发起消费者的购买欲望，根据测定结果选择创意方案。

创意表现的事前测定与其他内容的事前测定一样，必须选择有代表性的受众，越接近实际消费者越好。除了外在形式和内在条件相似外，还要考虑到被选择的受众的心态要与实际消费者的心态相一致，但后者往往被忽视。对创意表现进行事前测定时，还应组织有关专家参与评议。

6.3.3 广告作品的创意

贵阳市王家桥新开张一家辣子鸡餐厅。邓老板请广告公司设计门头LED灯箱，标志为“大拇哥”。灯箱安装完毕，酒店大厨师出身的老板总觉得不满意，但又说不出哪儿不对头，毕竟隔行如隔山啊。邓老板请来在大学教策划创意课程的姚尧老师重新设计了店头的标志（如图6-3所示）。邓老板最满意的是大拇指表现出的“顶好”的寓意，大拇指伸到圈外，真是道出了他想得到又说不出的想法。右手四指握拳，好似四根香蕉，色泽成熟，那是为赠送朋友特意选的那一手香蕉，是大拇哥餐厅诚恳为消费者服务的承诺。

图6-3 重新设计的更有创意的标志

对同一幅设计作品，受众由于认识、阅历、喜好、修养、当时的心境、经济情况的不同，可能产生完全不同的评价；同一个人在不同的时间、地点，对作品的评价也会发生变化。

对一幅创意作品，我们可以从“五看”来评估：一看作品对目标对象、目标市场的定位是否准确，是否符合创意策略；二看作品引起受众注意的能力；三看作品的说服力；四看作品在同类商品设计创意中的竞争能力；五看作品的独创性与完美表现力，以及对媒体特征的把握力。

大拇哥餐厅换上新设计的标志后，新顾客应接不暇。邓老板特意向几位新顾客打听，他们说："伸出了头的大拇哥，才是我们和邓老板的追求啊!"

6.3.4 全美广告公司协会的创意守则

"他山之石，可以攻玉"，全美广告公司协会（American Association of Advertising Agencies，简称"4A"）制定的创意守则可供我们参考。

(1) 广告在美国经济体系和国民生活方式中负有双重职责。对于民众，广告是大家了解自由企业的产品与服务的一个基本途径，是大家了解符合自己愿望与需求的商品与服务的基本途径。民众享有期望广告内容可靠、表现真实的权利。对于广告主，广告是他们在社会激烈竞争中劝说人们购买其产品或服务的一种基本手段。他们享有将广告作为一种促进业务、获取利润的表现手段的权利。

(2) 广告与美国民众的日常生活密不可分。它已成为广播电视节目的组成部分而进入家庭，而对个人甚至整个家庭，它在最受欢迎的报纸、杂志中亦占有一席之地，还向游客和居民展示自己。在上述种种展示中，广告都必须尊重大家的趣味与兴趣。

(3) 广告针对的人数众多，目标广泛，人人口味不同，兴趣各异。因此，如同大众事业如体育、教育等一样，广告也难以讨得每一个人的喜爱。基于此，广告人公认，他们必须在美国的传统限制下进行运作，为多数的人利益服务，同时尊重少数人的权利。

因此，我们，4A的成员们，不仅要支持和遵守有关广告的法律及规章，还要自觉地扩大我们的伦理范围，提高我们的伦理标准。特别是，我们不得故意制作含有以下内容的广告：

① 以视觉或语言的形式进行错误或误导性的说明或夸大。

② 不能反映证言人真实选择的证言。

③ 误导性的价格承诺。

④ 不正当地贬低竞争对手的产品或服务的对比。

⑤ 证据不充分的承诺，或由专业人员或科学权威人士所做的歪曲真实含义或实际应用的承诺。

⑥ 有悖于社会行为标准的说明、建议和图像。

我们公认，的确有些地区会对广告做出真实却不同的转译与判定。口味是很主观的东西，因时因人都会有很大的差异，而每个人接触广告信息的频率也大不相同。

尽管如此，我们仍一致赞成，不向广告主推荐使用低级趣味或不健康的广告，或由于内容、表现形式过分重复而令人不快的广告。

6.3.5 创意的过程

“新构想是不折不扣的老要素之新组合”，是智威汤逊广告公司的詹姆斯·韦伯·扬在1940年提出的创意的原则。创意的过程通常包括5个阶段。

第一阶段，收集原始资料。收集原始资料是一件相当烦琐的事情。这里的资料一般有两种：一种是关于广告商品的特定的资料；另一种是一般的生活资料。

第二阶段，对这些材料加以咀嚼，也就是用心智的触角去探讨这些资料。在这一过程中，会得到少数不确定的或部分不完整的创意，尽管残缺不全，但一定要记下来。不过，不久之后，你的心智中将一片混乱，甚至感到绝望。

第三阶段，你要把你的题目忘掉，去散步，或听听音乐，用顺乎自然的深思把问题置于下意识之中，让它在不知不觉中转向任何能刺激你想象力及情绪的事情。

第四阶段，创意，很可能在你并没有期望它出现的时候，突然涌现。

第五阶段，你一定要把你可爱的新生创意拿到现实世界中。它还需要你做许多耐心的工作，不要秘不示人，要把它交给深思远虑的批评者审阅并增补，共同完善。

6.3.6 创意始于收集原始资料的阶段

创意不是空穴来风、凭空创造，它一定植根于创意人大脑里的知识储存，或创意人在受命开展创意时有目的地去寻找的原始资料。

小案例6-8　　从“星巴克店里挪椅子”看南人北人

美国心理学家托马斯·塔尔汉姆曾在美国《科学》杂志上撰文，通过研究“星巴克店里挪椅子”现象分析中国南方人和北方人的心理及行为的差异。《人物》2018年第7期刊登了对其的专访文章。

托马斯·塔尔汉姆说，我在中国生活过一段时间，为什么北方人表现出更强烈的个人主义，而南方人更讲究圈子比如家人、信任的朋友？我发现这种个人主义差异的边界，很像传统种水稻和种小麦的边界。水稻需要使用灌溉系统，对人力的要求也更多，不同农民之间需要协调，他们会建立起一些互助的系统。而种小麦对于集体工作的要求稍低，所以他们的文化会相对自由，更独立一些。

我曾到中国南北好多城市，去星巴克咖啡馆折腾椅子。一到咖啡馆，我就把两把椅子偷偷挪到一起，中间留一个侧身能过的空隙。结果，水稻区的人很少挪椅子。在上海，只有2%的人挪椅子，大部分人不管多困难都侧身挤了过去。而在小麦区的北京，我当时坐在附近，挪椅子比例超过15%。

我觉得文化就是那些进入现代社会却依然存活的古老习惯。我也在香港的星巴克做过挪椅子实验。香港受过英国文化的影响，又是一个高度现代化的城市，很多人会认为香港人的行为更像西方人，但是做完研究发现，香港挪椅子的人只有5%，更接近广州、上海，更符合水稻区的文化习惯。

资料来源　李斐然. 为什么北方人倾向于改变环境，而南方人更倾向于改变自己？[J]. 人物，2018（7）.

塔尔汉姆从观察客人在餐厅中挪动椅子的细节里，看出中国南方水稻产区的人和北方小麦产区的人之间的差异。这些看起来不起眼的资料，正是创意人应吸纳的社会生活素材，它们能为不同地点的餐厅的营销创意提供基础性资料。

6.4 创意条件的创造

在前一章我们研究了创意的条件，这里我们进一步讨论怎样创造创意的条件。

其实，创意条件的创造也是无处不在、无时不有的，就看创意人怎样去抓住机会了。

小案例6-9　　优秀演员是这样诞生的

20世纪30年代末，初登越剧舞台的花旦王文娟，勤奋好学。那时，她非常喜欢越剧名角支兰芳的"四工腔"。每次演出《梁祝》，舞台上必须有一个演员扮演死了的梁山伯。为了学好支兰芳的戏，王文娟主动要求演死人。到了"英台哭灵"这场戏，她躺在台上，把支兰芳的唱功听得很仔细，做功看得很清楚。偏偏演梁家书童四九的演员喜欢开玩笑，存心捉弄她，在台上推推碰碰。她只有屏息敛气，一动不动。就这样，她躺在台上演了几天死人，把支兰芳唱腔里的每个转折、起伏、休止、延长都学会了。凭着这样的努力，2017年4月7日，王文娟荣获第27届上海白玉兰戏剧表演艺术奖终身成就奖。

从1964年到1978年，京剧武生厉慧良在狱中待了14年。这期间，他想："老是坐着，不就坐废了吗？我将来出去，还怎么唱戏？"于是，他要求干重体力活。关在一起的人都说他傻，管理人员也说他不行。他说："你没看我大枪一挑，胜百万雄兵。"

厉慧良不傻，心里有一本"变天账"：不光干重体力活，还要偷偷练功。五时收工，就猛喝水，喝到九时，晚上能多跑厕所，最多一夜起床八次，边走边练打飞脚、拧旋子、踢腿、踩泥等功夫；洗澡时，独自躲到一边，两腿劈叉，成"一字马"；搬运时，练臂力；推车时，有意识地"前弓后箭"，练腿、练腰。

出狱以后，厉慧良粉墨登台，因为10多年来在监狱里不间断地练功，本领并没有荒废。

1942年，关肃霜在武汉拜京剧名旦戴绮霞为师。当时，她和师傅都住在四楼的平台上，有时下楼拎水、买东西、端夜宵，她都跑着圆场，脚下不停地练。上楼的时候，她嘴里念着小锣"呔呔呔"，一边扭一边上。总之，她抓住一切机会，不停地练功。

有一次，关肃霜看到一个跑龙套的演员有一块破台毯，想借来练功，结果被拒绝。于是，她找到武汉郊外的马家湖坟堆，那里地处偏僻，无人打扰，十分安静。她胆子大，常一个人跑到那里，随便喊，随便练，练着练着，有些倦了，就靠着坟堆入睡。

资料来源　王向阳. 梨园趣闻录［M］. 杭州：浙江大学出版社，2014.

完成创意任务是要有条件的，最重要的条件是创意人要有“功夫”，有了平时积累、储存各种素材的功夫，关键时刻才能“召之即来、来之能战、战之必胜”。

6.4.1 不要等和靠

创意的功夫是自己艰苦练出来的，只说不练不可能出好把式。等条件自己到来，靠师傅、靠领导都无济于事，只有自己救自己。

小案例6-10　出色的领导

大卫·奥格威在给老部下的信件中写了这几个小故事：

当年在美琪饭店工作时，我亲眼看到饭店主厨开除了一个面点师，理由是那可怜的老兄做的奶油蛋卷不够整齐划一。这种毫不留情的作风让所有的厨师深刻地体会到，他们是在全世界最好的厨房里工作。

有些人擅长领导一大群人，无论是一家公司的员工，还是一个国家的人民，但同样是这些人，却常常把一个小团队管理得乱七八糟。

优秀的领导能果断决策，敢于挑战困难。有些人性格非常古怪，如赢得美国内战的格兰特将军嗜酒如命。《纽约先驱报》曾引用林肯的话：“我希望你们有人能告诉我，格兰特将军喝的是什么牌子的威士忌。我想给其他将军也送一桶。”

温斯顿·丘吉尔是另一类嗜酒的人，脾气反复无常，好耍性子，根本不体察下属，是个彻底的自大狂。他的参谋长却这么描述他：“回首与他共事的日子，那是我一生最艰难、最痛苦的时光。虽然如此，我还是要感谢上帝，让我有机会与这样一个人并肩工作，让我亲眼看到一个事实——世界上有时候的确存在这样的超人。”

生活乐趣是激情与创新的源泉。出色的领导不会让下属感到畏惧，他们能让下属在一个愉快的氛围里竭尽所能地工作。天联广告有限公司的查理·布劳尔写过：“一个人如果终其一生都在为美国国库赚钱缴税，却没有丝毫乐趣可言，那他就是一头会说话的驴，一个十足的白痴。”

当一个好下属也需要艺术。

一次大战役的前夜，马尔伯勒公爵和手下正在骑马勘察地形。忽然，马尔伯勒的手套掉了，参谋长卡都根赶紧下马捡起手套，递给公爵。其他军官只是觉得卡都根非常谦恭有礼，并没想到其他方面。深夜，马尔伯勒下达了临战前的最后一道命令：“卡都根，在我掉手套的地方布置一排大炮。”

“我已经布置了。”卡都根回答。

卡都根已经摸透了马尔伯勒的心思并贯彻了他的意图。卡都根就是那种能让领导放心的好下属。

菲尔德·马歇尔·蒙哥马利对领导艺术做过最精辟的诠释：“领导者必须具有感染他人的积极乐观的精神，以及面对困难坚持不懈的决心。即使自己心里对未来没有足够的把握，也要保持信心并鼓励下属。对领导人的最终评价，是在会议结束离开他时你的内心感受，你是否感到在他的鼓舞下，精神振作、信心十足呢？”

资料来源　奥格威．奥格威谈广告［M］．曾晶，译．北京：机械工业出版社，2013.

奥格威讲的故事，是他在退休后用信件写给奥美广告公司的在任领导人的。这些真实而生动的故事，给创意人树起了许多值得学习的楷模。

6.4.2　积极进取

既然不能等、不能靠，那只有自己积极进取才能产生创意了。

小案例6-11　　**艾伦先生的才能**

我年轻的时候是曼哈顿一家玩具公司的推销员。我的经理艾伦先生，是一个神奇的人，他只读过4年小学。10年前，他离开贫困的家乡来到这里做推销员，现在已经是这家公司的销售部经理了。我想不明白，一个小学都没有毕业的人，会有什么样的才能胜任这个职位呢？

在我进入公司的第三周，有个名叫约翰的推销员从一个巴西商人手中拉到了一大笔业务。当约翰把订单带回公司后，艾伦先生马上就把业务通知给了生产部。原本，约翰应该能享受到一大笔奖金，可还没等到那批玩具生产出来，约翰就辞职了。因为他的父亲去世了，他必须回去接管父亲留下来的农场才行。

半个月后，那批玩具生产出来了，可就在准备报关时，那个巴西商人却告诉艾伦先生说他早就已经通知取消订单了，然而约翰并没有向公司反馈这个消息。虽然他已经辞职了，但怎么能一推不管呢？这样一来，身为经理的艾伦先生恐怕要背这个黑锅了。我们都帮助艾伦先生想办法，希望能帮他把责任推到约翰身上，更何况这也是事实，那样他就能免受老板的处罚了。艾伦先生却摇摇头，他主动走到老板的办公室说明了一切，并且真诚地认错说：“这是我的责任，不过我希望老板能给我机会，让我把这批玩具卖出去。”

“其实也不能完全怪你，但不管怎么说，我很欣赏你的这个决定，这件事就交给你负责吧。”老板不仅没有批评和处罚艾伦先生，还十分赞赏他，并且拿出一些资金来帮助艾伦先生。结果只用了一个月时间，艾伦先生不仅把这批玩具成功地卖了出去，还为公司争取到了一个愿意长期合作的意大利客商。

老板也因此更加欣赏和信赖艾伦先生了。3个月后，老板将艾伦先生提拔为副总裁。在赴任的前一天，艾伦先生对我们说："一个人如果没有勇气承认错误，就不会有决心去解决错误，这样的错误就会永远都是错误；一个人只有敢于承认错误，才能有决心去解决错误。而解决错误不仅能显示你的能力，更能赢得上级或老板的信任，这样的错误就会变成一种难得的机遇。"

确实，假如艾伦先生和我们一样，把责任都往约翰的身上推，那么老板是万万不可能提拔他当副总裁的。这番话，是艾伦先生对我们的嘱咐，也是他对自己的总结，更是对我心中那个困惑的完美解答。

资料来源 李克红. 艾伦先生的才能 [J]. 思维与智慧，2018（4）。

成功是拼搏得来的。乞望天上掉馅饼的人注定会饿死。创意人是天生的"不安本分"的，要靠自己的积极进取获得创意。

6.4.3 积累

拓展阅读 6-1
陶宗仪的《南村辍耕录》

人们常说"天才在于学习，聪明在于积累"，对于创意人来说，积累特别重要。"创意是旧材料的新组合"，这些旧材料就是创意人的积累。我国元代人陶宗仪就是通过积累完成了《南村辍耕录》。

在信息化时代，我们积累"旧材料"的方法更多了，也更方便了，用十分之一的功夫可以获得比古人多百倍的积累，从"旧材料"的"新组合"中创意便可以信手拈来了。

本章小结

通过学习本章，学习者能从各种不同的空间和时间里认识和体会到创意无处不在、无时不有的道理，懂得创意在广告及策划整个活动过程中的应用及创意对于广告策划活动的重要作用，进而认识到要用积极进取的态度去创造，去实现创意的各种条件，从而进入创意的殿堂。

思考与练习

（1）试举身边的实例，说说创意无处不在、无时不有的几个小故事。

（2）在接触到的广告中，列举出5条有创意的广告表现，说说它们能抓住你的创意点是什么？

（3）创意人时时处处都在创意状态下，作为今后的创意人，你做了哪些准备？

实操项目

学习者正在逐步走向创意实际操作，通过学习本章，从认识创意、评判创意到学着产生创意。

各小组长从身边的实例说说创意无处不在、无时不有的几个小故事，从中选出10则，发给课代表。

课代表将小组长发来的30条实例转发给全班同学。

同学们选出自己最熟悉的广告创意，在微信中说说这条广告创意产生的条件、过程、表现效果，重点介绍创意人生产创意的劳动情况。

下编　创意思维法

第7章

联想和想象创意

学习目标

通过本章的学习，深刻认识到联想和想象在创意思维中的重要作用；熟悉联想和想象派生出的多种创意法；联系从上编中学到的辩证法、创意原则和应用等知识，真正懂得“创意思维无处不在、无时不有”，自觉地参与创意活动。

引例

用尊重代替施舍

马克斯·帕扎克（Max Pazak）在全球顶尖的广告公司奥美集团担任艺术总监。一个寒冬腊月，他与女文员凯丽到南非开普敦出差，看到很多穷人还穿着单薄的破衣流浪街头，便想为这些流浪者做点什么。他觉得直接筹集一批衣物分发给流浪者不太妥当，因为他曾经给一些孩子送书包，当他将一个崭新的红色书包送给一个男孩时，那男孩却说要蓝色的。凯丽也说：“上次我送一箱衣服给老家的亲戚，结果人家不买账，说大多不太合身。”马克斯感觉到，很多人捐衣物没有考虑过受捐人的感受，即便是穷人也不太愿意被动接受施舍、承受异样的目光，这样容易伤害他们的尊严。凯丽突然说：“我最快乐的是买东西的时候。有一次我就想，如果买东西不要钱就好了。”“对，我们就让他们随便挑选，但是免费。”马克斯叫了起来。凯丽不太明白，马克斯便跟她说了开一处街边公益快闪店的想法。之后他俩决定创立“The Street Store”组织，为流浪者做点实事、好事。

马克斯与当地几个社会组织联系，发现捐献淘汰下来的衣物不是问题。他们收集八成新衣物，同时贴出广告，接受任何人的自由捐赠，然后和志愿者们一起清洗、消毒和熨烫。2014年年初的一天，他们用特制的衣架陈列衣服和鞋子，摆在街头，开了一个地摊式的商店。

一个中年男性流浪者凑了过来，眼里满是羡慕：“这是卖的吗？怎么没有标价啊，不要钱吗？”马克斯说：“对，这里的商品一律免费。”“什么？免费？真的吗?”流浪者不敢相信地张大嘴，随即乐了。“你随便挑，看中什么，就可以拿走。”“这么好的东西，我真的可以拿吗?可以拿几件?”他憨憨地笑着问。“你想拿几件就拿几件。”流浪者试探性地挑了一件汗衫，才要离开，又折返回来挑了一条裤子。马克斯说：“再挑双鞋。”他有些不好意思了。“不要紧，你喜欢什么样的，自己挑。”他试了几双都不合适，像买东西一样挑剔。看得出来他很享受试穿的乐趣，一直沉浸在自主搭配的喜悦之中。他终于选中合适的鞋子，绽开了笑脸，接着却哭了：被给予几十年之后，他几乎忘记了自己还可以喜欢一样东西。

走后不久，他又带着两个同伴回来了，笑着对马克斯说：“我对他们说，我刚才选的衣物不要钱，他们还不相信，这不，我把他们带来了。另外，我还想挑几件夏天的衣物。”

好事一传十，十传百，越来越多的流浪者涌向这里。一位正需要衣服去改变生活的中年女性挑中一件心仪的衣服，喜不自胜；一位姑娘选中一双运动鞋，开心得跳起了舞；一位大叔选到衬衫后激动地唱起了歌，现场顿时成了欢乐的海洋。有位大爷平生第一次穿上西装，立刻有了精气神，他整理了一下衣服，又摸了一下头发，举手投足充满自信，走时说了句意味深长的话：“从今天起，我要打起精神来生活。”

快闪商店旁边还有一排空衣架，是专门给捐赠衣服的人提供的。有个姑娘偶然经过这里，看到此举让一个个流浪者重拾信心和尊严，传递了正能量，就把刚从商店买的一套结婚礼服捐了出来。

在这个街头商店，马克斯和凯丽消除了人们捐赠衣服的尴尬，这里没有怜悯施舍，没有强迫给予，流浪者可以放开手脚，自由挑选心仪的物品，满足对美的追求。

资料来源　苗向东. 用尊重代替施舍［J］. 思维与智慧，2019（5）.

思考：

（1）马克斯·帕扎克和凯丽“用尊重代替施舍”的做法，运用了哪些创意的方法?

（2）那位把刚从商店买到的一套结婚礼服捐出来的姑娘，为什么会这样做?

（3）在我们生活的现实环境中，有需要我们帮助的人吗?在给予帮助的过程中能采用哪些有创意的办法，使受助者更愿意接受?

7.1　联想创意

联想是由此而想到彼的一种思维方法。联想是作为高等动物的人的思维活动的特殊本领，是人类赖以生存和发展的基本技能。联想能力是判断一个人智力的砝码。人在长期的生产生活中，熟练地将接近联想、概念联想、对比联想、相似联想、因果联想等运用到创意思维中，从而取得了有趣又有实用价值的许多成果。

7.1.1　接近联想法

一般说来，我们都有这样一种无意识的思考习惯：从身边的知识和经验出发，把相互接近的东西联想到一起。比如，一提到饭碗，就联想到筷子，一说到桌子，就联想到椅子。一个人的生活经验越丰富，直接、间接的知识积累越多，他的接近联想思维就越丰富。当一个概念出现时，他能迅速地联想出比别人更多的相关联的词。在一群人进行头脑风暴时，平时积累多的人提出的创意也一定比别的与会者多。

什么是接近联想呢？接近联想是指在时间上或空间上接近的事物容易在人们的思维中形成联系，人们在思考这一事物时会联想到另一事物。

例如，在识字教学中，由学生所熟悉的一个字而启发他们联想去认识另一个字。中国的古诗中，就有许多引发人们产生接近联想的诗句，如：在空间上的接近联想，有李白的“床前明月光，疑是地上霜。举头望明月，低头思故乡”，杜牧的“远上寒山石径斜，白云生处有人家。停车坐爱枫林晚，霜叶红于二月花”。前两句是空间接近联想，后两句是时间接近联想。类似的诗句还有贺知章的“少小离家老大回，乡音无改鬓毛衰。儿童相见不相识，笑问客从何处来”，王昌龄的“秦时明月汉时关，万里长征人未还。但使龙城飞将在，不教胡马度阴山”，李白的“人攀明月不可得，月行却与人相随”“今人不见古时月，今月曾经照古人。古人今人若流水，共看明月皆如此”。这些诗句把空间、时间的接近联想都用上了。

小案例7-1　**联想解难题**

法国有位医生，名叫勒内克。在他生活的那个年代还没有听诊器，他给病人看病时，有时需要把耳朵贴在病人的胸部，听心肺活动的情况。一次，有位很害羞的年轻姑娘来看病，说什么也不肯让医生把耳朵贴在身上听心肺活动，最后站起身走了。从那天起，勒内克就想发明一种器械，让医生不用贴着病人的身体也能听清病人的心肺活动情况。

一天，勒内克看见一群孩子围着一堆木头玩耍。他们玩耍的方式让他感到新奇：在木头的一端，一个小孩用铁棍敲打木头，其他的孩子一个接一个地把耳朵贴在木头的另一端听。敲木头的孩子问：“听见没有？”听的孩子高兴地说：“听见啦，好响啊！”勒内克走过去，也把耳朵贴在木头上听，真的听到了清晰的“笃笃”声。勒内克很兴奋，他在书本上看到过，声波通过木材等固体传播时，不会扩散，损失也小。他想：如果用这个办法听病人的心肺活动情况，不也可以吗？想到这儿，他立即回家，用一根小木棍在家人身上试验，果然听到了心肺活动的声音。后来他又发现，空心木管的听诊效果要比木棍更好。经过不断摸索，勒内克终于发明了听诊器。

将某一领域的原理、方法、结构、功能移植应用到其他领域中，以获得创新成果的创造发明方法就叫接近联想法，它是一种发明创新的重要方法。

随着生活水平的提高，人们使用的家用电器越来越多，这样电线也就多了。当人们不需要使用家用电器时，就会将它们的插头从插座中拔出，但是多种电器放在一起时，连着插头的电线就容易相互缠绕，下次再使用时想要找出相应插头就比较麻烦，而且存在安全隐患。

于是，有人把卷尺的结构原理移植到家用电器的电线上，发明了“卷尺式电线”。当人们不用某种家用电器的时候，把插头从插座中拔出，由于弹簧的作用，电线能像卷尺一样收到该家用电器的电线盒子里。下次要用时，只要轻轻一拉插头，就可以抽出电线来使用。

资料来源　任新年. 张冠也可李戴［J］. 第二课堂，2019（8）：22-25.

我们从接近联想中可以看出，各种事物的表象建立起固定的联系，形成了一串只有在联想中才存在的主观形象链，我们叫它“形象链”。这是因为它并不是一个独立的思维形象，而是若干个形象的连接，是人们凭借事物表象进行联想思维的结果。在这种形象链中，产生了感知觉、表象所不能达到的东西，即关于事物关系的认识，如果不涉及事物的相互关系，也就不可能把事物两两地在思维中联系起来，形成一条长长的形象链。同时，这也是实际生活的结果，因为人们只有在实际生活中才能体验和认识到事物的关系，李白、贺知章、王昌龄、杜牧的诗句都是对实际生活的体验之得。我们说，接近联想在思维活动中虽然属于认识的低水平，但它是一种关于事物相互关系的形象思维活动，是一种开始深入事物内部的认识方法，因此，它也是人们的思维中不可忽视的一种重要方法。在人们进行各种创意，如企业形象创意、商品形象及名称创意、广告文案创意、电视广告分镜头拍摄创意等时，都要大量地用上接近联想这种思维方法。

在为商品取名时，接近联想法更是找到了用武之地。匈牙利首都布达佩斯的各家报纸曾在娱乐版登出一则电影广告：“从即日开始，各大电影院同时推出一部新片。演员阵容整齐，摄制耗资巨大，内容真实生动。”广告旁还有一行说明文字：“本片编导虽绞尽脑汁，但直到放映该片时，仍不能为影片取个好片名，请广大观众为该片取名，一经选定，即付奖金5万福林（当时的流通货币）。”这则征名广告大大激发了布达佩斯人的好奇心和跃跃欲试的心理，许多人想看看这部难以取名的影片究竟是怎么回事；冲着奖金而来的人，反复观看影片，企图从中悟出一个创意。这样，看这部片子的人非常多，买票者排着长长的队伍，各影院场场爆满，连续放映一个月，创造了史无前例的票房收入。经营者除了兑现奖金外，还赚了很大一笔钱。这里的“取名”活动，就极富创意，让观众去接近商品——影片，启发他们为“取名”而掏钱看电影。

我国的红豆集团从一个村办企业发展成一个跻身民企百强的大集团，9年产值翻了9番，其成功之处，品牌命名也是重要的一环。江苏这家制衣集团借助邻近的顾山上那棵“红豆树”及其流传着的一个动人的爱情故事，借助唐代诗人王维家喻户晓的“红豆生南国，春来发几枝。愿君多采撷，此物最相思”的著名诗篇，以“红豆”二字做品牌名，具有一种天生的吸引力。在我国，“红豆”历来就是美好情感的象征，在英语中，“红豆”被译为“爱的种子”，也深受英语地区消费者的欢迎。红豆本身小巧，色彩光亮，红黑分明，人见人爱，所以“红豆”是一个令人赏心悦目的响亮名字。加之商品质量上乘，款式多样，“红豆”衬衣很快风靡大江南北，畅销海外。

“红豆”这个名称的接近联想形象链是这样的：

王维“红豆”诗—爱情信物—馈赠佳品—品牌名—质量好—受欢迎—一路畅销

1993年11月，在一次海峡两岸广告理论研讨会上，台湾黄禾广告公司经理何清辉介绍了他的一则月饼广告文案的创意：“中国的月亮不够圆”。有一个圆圆的月饼，被掰成几块，置放在东南边的一块颇似台湾的形状，置放在南方偏东的两小块颇似香港和澳门。凡是关心中华民族统一大业的人都很清楚这句广告文案的寓意。因此，何清辉的广告创意得到了海外华人及中国消费者的认同，月饼的销路特别好。

这里他运用了一个十分清楚但又不明说的接近联想广告创意：

月饼—月亮—团圆

月亮不够圆—要团圆—祖国统一

这8个字的广告文案化作消费者思乡、渴望祖国统一的崇高意愿。

香港于1997年7月1日回归祖国，澳门于1999年12月20日回归祖国。2022年7月1日，在庆祝香港回归祖国25周年大会暨香港特别行政区第六届政府就职典礼上，中共中央总书记、国家主席、中央军委主席习近平发表重要讲话。他强调，25年来，在祖国全力支持下，在香港特别行政区政府和社会各界共同努力下，“一国两制”实践在香港取得举世公认的成功。“一国两制”是经过实践反复检验了的，符合国家、民族根本利益，符合香港、澳门根本利益，得到14亿多祖国人民鼎力支持，得到香港、澳门居民一致拥护，也得到国际社会普遍赞同。这样的好制度，没有任何理由改变，必须长期坚持。

台湾广告专家樊志育在《广播电视广告》一书中介绍了大同公司出品的一种取暖用的“电气坐垫”的电视广告创意文案：

一位作家面向书桌，正在写稿，感到写得不好，写了撕破，撕了再写，心里十分烦躁。“喵——喵——”书桌上的小猫在叫，由于心烦如煎，他又把写成的文稿撕破了。此时电话铃响了，他便站了起来去接电话，说：“现在正在写，打算在指定时间内提出……”说着就切断了电话。正想回到原来的座位时，坐垫上躺了一只猫，“哼！这家伙！”说话间他抓住小猫的后脖，小猫“喵——喵——”地叫，他把小猫抛在坐垫旁边。正想动笔写稿时，来了一位收饭钱的，等他付了钱之后，这只小猫又把他的座位占去了。他一边斥责小猫，一边抓住小猫的脖子，小猫又在“喵——喵——”地叫，这回他把小猫向坐垫旁边稍移了一下，自己则坐在垫子的另一边，抚摸着小猫的头。这位作家在微笑，坐垫的商标是“大同”……这位作家的文思有如泉涌，一支耀眼的派克笔，不停地在摇动……

在稿纸上表现电视广告的创意，要把场面、情景有声有色地描绘出来，使其影像明晰地浮在脑际，使导演、演员能从文字中体会到现场的实景和真情。对于观念上很难具体化的创意，也要极力把影像表述得具体而正确。简略地交代主题、场面、注意事项，把创意的特点表述清楚，使导演真正掌握，让演员在表演中去再创造。

这一则“电气坐垫”电视广告脚本的创意，重点在于表现这种坐垫的温暖，连小猫也恋恋不舍。其中，与小猫争坐垫的三坐二起富有生活情趣，电气坐垫“大同”的名称耐人思量，因而能给人留下很深刻的印象。

这个脚本运用了接近联想，小猫为什么总想去电气坐垫上呢？因为猫喜暖怕寒，由此联想到这坐垫一定很舒适温暖，人与小猫共享温暖不就是“大同”吗？

（执笔：王多明）

7.1.2 概念联想法

联想是由一人、一物或一个概念而想起别的人、物或概念的思维方法。在欧洲心理学史上，最先提出“联想”一词的是约翰·洛克（John Locke），其含义是“观念的联合”，即由一事物的观念想到另一事物的观念。国内思维科学研究的成果表明，联想是信息在大脑中的一种加工方式和规律，即由当前的事物所放射的信息刺激在大脑中所形成的信息组织样式（或叫“信息块”），激活其他事物在大脑神经网络中所贮存的信息组织样式；或由大脑中所贮存的某个信息组织样式的兴奋而激活其他事物在大脑网络中所贮存的信息组织样式，从而使信息组织样式之间形成一种暂时的神经联系。人脑中各种信息组织样式之间究竟产生怎样的联系，主要由它们之间的联系强度、数量，以及当时主体的需要、兴趣、情绪所决定，外部的环境因素也有一定的制约作用。大脑中这种组织样式之间的联系，正是客体事物之间某种联系形式的反映。

具有各种不同联系的事物在头脑中所形成的信息组织样式会以不同的方式形成暂时的联系，从而形成不同的联想规律。联想一般分为简单联想和复杂联想。简单联想又分为接近联想、类似联想、对比联想；复杂联想又称关系联想或意义联想，分为因果关系联想、种属（隶属）关系联想、部分与整体关系联想、作用与效应关系联想等。联想是信息提取的一种重要方式，联想的科学运用能产生创造性联想，能产生重大的技术或理论突破。

概念是反映对象的本质属性或特有属性的一种思维形式。

在客观世界中存在的形形色色的事物，都是人们认识的对象。各个对象又都有许多性质和关系，如形状、颜色、气味、好坏及在前、在后、大于、小于等，这些性质和关系，在逻辑学上称为属性。对象的属性有特有属性与非特有属性、本质属性与非本质属性之分。一类对象的特有属性，就是该类对象所具有而别的对象皆不具有的属性；一类对象的非特有属性，则是那些既可为该类对象所具有也可为其他类对象所具有的属性。比如，人特有的属性是能思维、会劳动、能制造工具，而能行走、能饮食则不是人的特有属性，只是人的非特有属性。

由以上分析可知，认识了一类对象的特有属性，也就把握了将这一类对象与其他对象区别开来的特点。

对象的本质属性是指决定该对象之所以成为该对象的那些属性。所谓非本质属性，则是对象中不具有上述性质的那些属性。我们要明白：一类对象的本质属性当然都是该类对象的特有属性，但一类对象的特有属性并不都是该类对象的本质属性。比如，两足直立行走而无羽毛，这是人的特点，但并不是人的本质。

综上所述，概念是人们在感性认识基础上，借助分析、综合、比较、抽象、概括等方法，认识了事物对象的本质属性和特有属性而形成的。所以，概念与客观对象之间的关系，是人的头脑对对象的反映和对象被头脑反映的关系。

前面我们说到，在客观世界中存在形形色色的事物，这些事物是普遍联系着的，可以说，任何事物都不能孤立存在。对象的性质，比如颜色、气味、好坏等，是跟别的事物对象相比较而存在的，对象的关系，比如在前、在后、大于、小于等，也是跟别的事物对象相联系而显现出来的。失去了与别的事物的联系，此事物就不可能存在。

所以，我们可以从此事物对象的概念，通过联想的方法，找出它与别的事物对象的概念之间的关系。

创意思维的创造性就在于，经过思维者的联想活动，把那些表面看来毫不相干、互无联系的对象的概念，顺理成章地、理所当然地联系起来，让人们从中获得一种新的认识。

概念是事物本质属性或特有属性的反映，是人们经常使用的思维单元。概念与概念之间存在的关系，反映了客观事物之间的常有的关系，这就为人们进行概念联想、使用概念联想法创造了条件。比如，要找出概念“酒”和概念“书”之间的联系，我们可以这样联想：

酒—李白喜欢喝酒—李白很有文采—李白读了很多书—书

也可以这样联想：

酒—卓文君当垆卖酒—她丈夫司马相如文章写得很好—他俩读了很多书—书

还可以这样联想：

酒—李白写了很多关于酒的诗—李白的诗被收入许多书里—书

中国古代的文人学士大多与酒相关，他们为后代留下了许多关于酒的诗、词、文—这些都收集在各种不同的书里—书

用概念联想法，比用句子联想要简捷、方便。当用概念把句子概括出来，产生联想，使相隔甚远（只是人们认识上的暂时现象，其实任何两个事物之间都有本来就存在的某种联系）的两个事物尽快地联系在一起。

如果我们要给概念联想法下一个定义的话，这样表述比较恰当：通过联想找出概念之间的关系。

在我们的日常生活、学习、工作中，运用概念联想法的时候是比较多的，在广告文案的创意中一定少不了概念联想法的参与。

生活中有这样的实例：

几位妇女进商店买衣服。出家门的时候，每人心中都有一个打算，有的要为自己买衬衣，有的要为丈夫买外套，有的干脆什么都不买，只是为女友买衣服当“参谋”，为别人讨价还价助一臂之力。这些打算是以概念形式在大脑中出现的，比如，漂亮—质好—价廉，或是帅气—名牌—时尚。那么，她们带着这些打算选择购买衣服的地方时就会发生概念联想：去服装批发市场还是百货商场。这样的联想就会带她们直奔目标，尽快实现购物想法。

有几个同学在学习中一起做思维游戏，有人出了一道题：从“天空”联系出“茶叶”，哪条路最近？有人这样联想：

天空—大地，大地—水，水—喝，喝—茶叶

天空—云彩，云彩—雷雨，雷雨—雨水，雨水—茶

天空—露天，露天—茶室，茶室—茶叶

天空—茶场，茶场—茶叶

还有人这样联想：

天空—（晒）茶叶

将看似不相干的两个概念合情合理地联系起来，这种训练，可以提高联想能力、思维能力。

在广告文案的创意中，概念联想是必不可少的思维方法。

香港特别行政区政府新闻处为呼吁人们酒后不要开车，委托香港麦肯广告公司所做的公益招贴广告，将“酒”与“废铁”两个概念联系起来：

一张左右无边的“出血”广告，背景是淡蓝色的各种压扁了的汽车和横七竖八的车轮，在背景的上方有一块如同啤酒色的深黄色，上面有一句广告语：“奇效无穷！饮用少量，足以令最安全的汽车变成废铁。”图的中央是一大杯溢出泡沫的啤酒。

通过这幅图和那使人触目惊心的广告语，“酒”与“废铁”这两个概念联系起来了，广告的创意产生了振聋发聩的效果。

同是酒的广告，英国一家广告公司代理的Smirnoff（斯米诺）伏特加的广告，在国际上被称为成功的广告，它也运用了概念联想法：把“酒”“石兽”“天使”几个不相干的概念联系在一起，产生出了新的创意。

这幅平面广告分为两部分：上面部分是并列的四尊石兽的塑像，其中三尊石兽张开大嘴，那锋利的门牙或四颗或三颗，圆睁的双眼，面目可憎，令人毛骨悚然，而另一尊石兽前面放了一瓶Smirnoff酒，透过此瓶看到的石兽的面目就没有那么可怕了，它的嘴已经闭上了，反而让人觉得可爱。下面部分是并列的几位天使的塑像。天使们肩后张开金色的双翅，其中有一位天使的位置上放了一个大酒瓶，商标是Smirnoff，透过酒瓶，看到的已不是天使，而是一位长着长须、戴眼镜的老人。

这位老人面容慈祥，衣着休闲，两手的拇指插在牛仔裤的兜里。

这幅平面广告的创意目的十分清楚，透过酒瓶，石兽和天使都变了个样儿，可见Smirnoff酒的魔力。

我们再看看《国外广告妙语大观》一书中列举的灯具广告的广告语，进一步体会概念联想法在广告创意中是怎样运用的。

太阳下山，“莱托里奥斯”该登场了。——莱托里奥灯具公司

它能在厚厚的夜幕上钻出一个三百英尺长的洞来。——纳加拉灯具公司（探照灯）

我们将黑夜变成白昼。——富尔顿灯具公司

太阳唯一的对手。——修弗格鲁灯具公司

为你驱除黑暗，却不会令你目眩。——银光灯具公司

另一个太阳。——科尔曼灯具公司

今夜“星光”灿烂，明日万事如意。——星光灯具公司

上面几条广告语引入了“太阳”“夜幕”“黑夜”“白昼”“黑暗”“星光”等，唯独没有直接写出“灯具”“××灯”，但是，这些广告语一定会让人联想到这种灯具的属性和特性：像太阳光芒四射，驱走夜幕，带来光明。

一般说来，概念联想法要求4步完成。如果一个人能通过4步将两个彼此毫不相干的概念联系起来，那就表示这个人的联想能力比较强。比如，“鱼—汽车”可以这样联想：鱼—流线型—汽车（如图7-1所示）。“鱼—灯具”可以这样联想：鱼—捕鱼—灯具。“鱼—坦克”可以这样联想：鱼—两栖坦克—坦克。

图7-1　“鱼—汽车”联想

又如，“木材—皮球”可以这样联想：木材—橡胶林—橡胶—皮球。还可以这样联想：木材—栅栏—练球—皮球。甚而还可以这样联想：木材—销售—买（皮）球。

台湾义美食品公司为了在秋天这个销售冰棒的淡季里继续保持良好的销售势

头，经过广告代理公司的策划、创意，在几种不同的杂志上做促销广告。广告文案创意人员在《天下》《新新闻》《突破》《远见》《卓越》这几种不同类别的杂志中，以“好吃得拿它没办法”作为结束语，将读者引向义美牛奶冰棒这一广告主体上。

这5则广告文案是这样进行概念联想的：

《天下》杂志上的广告：

天下没有不可能的事，
秋天吃义美牛奶冰棒。
舍不得分享，忍不住独享，
恨不得天下人都知道……
好吃得拿它没办法！

《突破》杂志上的广告：

突破季节限制，
秋天吃义美牛奶冰棒。
谁说秋天没有冰棒吃？
好吃得拿它没办法！

《新新闻》杂志上的广告：

破天荒的，
新新闻，
秋天吃义美牛奶冰棒。
秋天吃的冰棒？
先尝为快！
好吃得拿它没办法！

《远见》杂志上的广告：

秋天吃义美牛奶冰棒，真有远见，
夏天吃冰，老套！
秋天吃冰？
好吃得拿它没办法！

《卓越》杂志上的广告：

卓越感受，
硬是要得！
秋天吃义美牛奶冰棒，
无法抵挡的诱惑？
好吃得拿它没办法！

这样的效果与文案创意人员高超的联想能力与辛勤劳动是分不开的，5种杂志名自然而然地被嵌进了广告文案中，只三四句话，便把“好吃得拿它没办法”介绍给了读者。

（执笔：王多明）

7.1.3　对比联想法

对比联想是由某一事物的感受而引起与某相反事物的联想，即由正面想到反面，或由反面想到正面的联想，也称相反联想。相反特征的事物或相互对立的事物之间所形成的联想，在人们的创意思维中，运用比较广泛。例如，人们由冰天雪地而联想到炎热的夏天，由光秃秃的山谷而联想到一望无际的林海，由黑想到白，由水想到火，由小想到大，由真想到假，等等。

事物之间的关系，不仅有时空上的接近关系和本质与形式上的相似关系，还有对立统一关系，而对立统一关系是对比联想的基础。

由于对比联想有对立统一的基础，它比接近联想、类比联想在对事物关系的把握上要更为深刻。对比联想抓住了事物之间的矛盾关系、转化关系，所以具有十分鲜明的特点，更加开阔了人的视野和加深了思维深度。

对比联想反映出事物之间共性和个性的和谐统一，事物在某一种共同特性中却又显示出比较大的差异，从而形成比较强烈的对比。

从前面的介绍中我们可以看到，对比联想是一种选择性泛化，对任何事物都能找出与它相对立统一事物的联想，因此，在进行文艺创作和哲学研究时，在广告创意思维中，它都有比较重要的意义。

小案例7-2　　以“苦”教子

蒲松龄的《聊斋志异》卷七中的《细柳》是一篇写实之作，里面没有鬼狐灵异，只有一位用心良苦的母亲细柳，在丈夫故去后用尽手段矫正走歪路的继子与亲子，“卒使二子一富一贵，表表于世”，让人感慨。

夫君去世时，继子长福十岁，亲子长祜五岁。幼小的孩子没了爹，就像树苗缺少园丁的剪护，很有可能就长歪了。

长福不念书，整天嬉笑打闹。既然学习之苦不肯吃，那就提前来感受生活之苦吧。细柳让长福去放猪，每天和仆人一起吃住。没几天，长福向细柳哀求，细柳并不搭理。实在吃不了苦的长福离家出逃，细柳依然不闻不问。若长福是亲子，外人也不好多嘴，但毕竟是细柳夫君原配妻子所生，故而没几天，细柳便在乡邻当中留下恶名。数月后，在外乞讨的长福央求邻居代自己求情，被细柳原谅后，长福“勤身锐虑，大异往昔”，苦读三年考中秀才。长福再接再厉，后又接连考中举人、进士，成为家族榜样。

亲子长祜为人迟钝，不是读书的材料。细柳让他务农，闲暇之余学习经商。但是，长祜沾染上不良习气，细柳将其“杖责濒死”，直到长福长跪哀求方才作罢。作为犯错的代价，长福、长祜在家中地位有别，凡精致饮食衣物均轮不到长祜。长祜请求随商人前往洛阳做生意，细柳为其准备了三十两银子和一锭大元宝。到洛阳后，长祜住进妓院，花钱如流水，待拿出元宝使用时才发现是假银，因而遭到官差缉拿，在狱中受尽折磨，几乎丧命。原来细柳早就洞穿长祜的心思，故意拿假元宝让他吃些苦头。推算出长祜该出事了，细柳让长福去救弟弟。长祜被救出后，和当初的长福一样痛改前非，认真学习经商。后来待到长福考中进士时，长祜生意上已"货殖累巨万矣"。二子都在各自领域走向人生巅峰。

蒲松龄十分欣赏细柳，赞其是"当亦丈夫之铮铮者矣"。幼儿心灵不是白板，而是一粒种子，家长断不可只做厨师不做园丁，细柳深谙此道。细柳教子一事值得借鉴之处有很多。譬如，对待亲子和继子一视同仁，现实中很多继母便难以做到。而且，细柳对孩子只在关键处、于大方向上进行干涉，当尝尽苦头的长福、长祜痛改前非后，细柳就不再过度关注，更没要求二子达成考取进士、成为巨贾等硬性目标。她的原则只有一个：只要二子不再走弯路即可，其余顺其自然。

资料来源　刘炜. 以"苦"教子 [J]. 今晚报，2022-04-07（12）.

创意的基础和前提是调查研究，分析现实，发现事物的规律，因而唯物辩证法应指导创意的进行。对立统一、对比联想是创意获得成功的基础。

陆佩鹤编著的《广告技巧·创意·纠纷》在介绍"定位策略"时说：创意是一段心智过程，这段历程的重要一步是对产品进行定位。产品要打入市场，首先要考虑的是必须在潜在的顾客心目中创造一个位置。奥格威指出："唯有正确的位置才是有效销售最重要的步骤。"定位就是给品牌创造一定的特色，确定一个形象，有别于竞争对手，吸引公众对自己的关注。这里的"有别于竞争对手"就强调了要运用对比联想法。美国创意大师艾·里斯指出："在传播的丛林沼泽中，唯一能取得高度效果的希望，是集中火力于狭窄的目标，实施市场区隔，一言以蔽之，就是定位。"又说："你不懂又不会使用此原则，无疑会把机会让给你的竞争者。"这些大师的创意经验告诉我们，定位是创意重要的一步，定位是找好自己的位置，这个位置要有别于竞争对手，有别于竞争对手的各种问题，运用对比联想去发现，去认识和把握，才有获胜的可能。

比如，胃药的广告竞争中，胃乃安的"100%的纯中药制剂"，胃康的"双层胃片，双层效能"，三九胃泰的"三九胃泰，带你进入安全地带"等广告语，不仅家喻户晓，而且带来了较好的经济效益和社会效益。"丽珠得乐"胃药进入市场较晚，它要争得一定的市场份额，就要与上述竞争对手们不同，从对比中找到自己的定位。它最后确定的是以其先进的科学配方及有创意的广告打开市场，争取消费者购买。丽珠得乐的广告大标题是"其实，男人更需要关怀"，分别以司机、演员、教师、摄影师的形象为主角，在文案中一再强调：这是一个普通男人的生活轨迹，在许多人看来，似乎是男人就应该活得轰轰烈烈，所以在许多场合里，平凡的他常常被忽视……据医学专家研究，生活压力大、身心过度疲劳的人易患胃病，而在众多的胃病患者中，男人占大多数。——男人，更需要关怀。

这一篇有根据、有情感、有推理和结论的叙述和议论，不仅能打动男人的心——瞧，有人在为我们说话了，男人患胃病率高，也能打动女人的心——丽珠得乐提醒我关心我的男人，他可是家中的顶梁柱啊，不能让他累垮了，更不能让他病倒。胃有些不舒服，怎么办？买“丽珠得乐”吧！这一条思维轨迹多么清晰。

丽珠得乐选择了与别的胃药不同的消费者定位，用对比联想的方法将男人与女人对比，“轰轰烈烈”与“平凡的他”对比，提出“其实，男人更需要关怀”这句许多男人想说但不敢说的话，许多女人想说但没说出口的话。这种创意，可谓人人心中所有但口中所无、人人口中所有但笔下所无的平凡而富有新意的语言，很快就脍炙人口了。

（执笔：魏旻宏）

7.1.4　相似联想法

相似联想是在创意过程中，通过对事物之间相似的现象、原理、功能、结构、材料等特性的联想，寻找解决问题的方法的思考过程。善于观察、善于思考的人很容易找到事物之间的相似点。

只要你愿意寻找，就会发现很多事物之间都有相似之处。秦牧在《榕树的美髯》一文中写道：“……松树使人想起志士，芭蕉使人想起美人，修竹使人想起隐者，槐树之类的大树使人想起将军。而这些老榕树呢，它们使人想起智慧、慈祥、稳重而又历经沧桑的老人。”细细琢磨一下，松树与志士之间、芭蕉与美人之间、修竹与隐者之间、槐树与将军之间、榕树与老人之间确实有相似之处。

相似联想不仅在文学创作上很有帮助，在科学研究和发明创造领域同样发挥着不可估量的作用。相似联想是一种扩展式的思维活动，在创意活动中，要确认每一个事物都具有多种特征，都可以围绕某一特征展开联想，从而获得许多好的创意。

精神病学家阿诺德·利伯（Arnold Lieber）有一次在海边度假的时候看到了涨潮，海水波涛滚滚涌向岸边，没多久又悄然退去。他知道这是月球引力的作用，由此他联想每到月圆之夜，新入院的精神病人会增加，精神病院里的病人会变得情绪激动，病情加重。月球的引力会对病人的病情有影响吗？

为了证明这个设想，利伯进行了一系列调查研究，发现月球确实对人的生理和精神有一定的影响。人的身体也像大海一样有“潮汐”，每当月圆的时候心脏病的发病率会增加，肺病患者的咯血现象会增多，胃肠出血的病人病情也会加重，病人的死亡率会比平时上涨。

世界上很多道理都是相通的，相似联想可以让我们加深对事物的认识和了解。运用相似联想，我们可以把已知的某一领域的道理应用在我们所关注的另一领域中。

相似有质似与形似之分，所以相似联想有在事物之间性质关系上展开的，也有在事物之间形态关系上展开的。

日本有一位工程师在特种钢厂工作，他夜以继日地工作，就是轧制不出合格的钢板，因钢板在轧制过程中会开裂。他焦急万分，而又总想不出办法。有一次，他去厨房，看见妻子正在用擀面杖擀面，动作十分灵活。就在这一瞬间，工程师突然想出了轧制钢板的新技术：等向性钢板横轧装置。它的原理是把很多根类似擀面杖的工作轧辊安装在一个传动轧辊上，对金属进行轧制。轧辊上面有个相当于面板的固定盘，金属原料在轧辊和固定盘之间缓慢向前移动，这不正像无数根擀面杖擀面一样吗？擀面杖和等向性钢板横轧装置在形式上相似，这就是形似。

相似联想的研究进一步促进了逻辑思维的发展，在逻辑思维中，相似联想法被越来越广泛地使用；同时，相似联想在形象思维中也被广泛运用，并且已经产生了巨大的积极作用。这种作用不仅在文艺创作、科学创造、技术发明中广泛被承认，在广告策划、广告表现创意中更是得到了充分发挥。

《世界成功促销广告十五例》中的案例五，“西铁城的手形动物世界”广告策划和广告表现创意，就是成功运用相似联想法的一例。

市场因消费者的需求而存在，日益复杂的需求模式必然促使市场细分加剧。市场越来越小，结构越来越复杂。美国心理学家马斯洛提出的需要理论认为，人的基本需求得到满足后就会寻求更高层次的需求满足。“人是一种欲望无限上升的动物”，人的生理需求得到满足后，其欲望便向社会需求和心理需求方面转化。

在走时准确、使用耐久以及“三防”功能成为手表普遍具备的基本功能后，手表的功能也逐渐转向满足人们的期盼心理需求、审美需求和个性需求。随着生活水平的提高，人们越来越注意用外部标志来满足自尊需求，体现个人品位和追求，如设计高级服装、设计高级婴儿用品，有的人甚至连棺材也要名家设计的。日趋装饰化和时装化的手表，是这类外部标志常见的一种。纽约设计事务所副主席、西铁城业务指导B.克拉·维兹说：“人们不仅仅在基本生活用品上投资，而且把时装、套装当成时尚和个人风格的真正点缀。”

西铁城希望利用这一潮流，发展一种提高整个产品系列形象档次的战略。西铁城过去一直是世界手表市场销售廉价表的主要厂家。现在，它已不再满足薄利多销的形象了。它要通过一次成功的策划和创意将诺贝利亚（Noblia）高档表导入美国市场。

针对美国市场上西铁城缺乏出众形象这一调查结果，新投入市场的诺贝利亚手表一反过去模仿较多的姿态，将欧洲式的设计与西铁城的超薄型表体相结合，外框和表链体现欧洲趣味，实际上它们是按瑞士表型设计和制造的。过去西铁城表大部分售价不到100美元，而诺贝利亚系列表中有几款标价高达1 500美元。西铁城公司要通过诺贝利亚表的批量上市体现其地位和价值。

在市场战略确定以后，西铁城公司却没有用过多的经费来促销，也不打算依靠猛烈的媒介火力，以削弱自己其他牌子的商品为代价来取胜。它要的是任何客户都想要得到的：精美绝伦，具有突破力的广告。面对这个问题，要找到一个全新的视角、道具或环境。

文案作者M.约旦找来了一本《手型雕塑》，这本书的作者是意大利艺术家马里奥蒂，他创造了一种艺术形式，做法是在人手上涂颜色，再用手模仿某种动物，然后拍摄下来。这本书中的“手型动物”是速写式的，没有多少细节。

艺术指导B.艾伦达西觉得如果将这一构思加以完善，就能与手表的精美特质相匹配，那么“手型动物”就可能是展示诺贝利亚手表的绝好方法。为此，他们专程到动物园进一步研究造型。

在广告拍摄过程中，B.艾伦达西和创意小组请了一位日本摄影名家，进一步研究商品特征和动物特点，找到它们的相似点，将它们一一匹配。他们选了鸭子、长颈鹿和斑马等。

广告语点出了它们的相似性：

像鸭子一样防水

像天鹅一样优雅

像长颈鹿一样修长

像斑马一样粗犷

经过长时间的喷涂、化妆、摆拍，西铁城公司和设计事务所双方认为：广告是惊人的！

西铁城公司无意在零售上花费1 500万美元来促销，也不打算在一些新闻周刊上进行“地毯式轰炸”。他们认为不同的商品有不同的媒介要求，要推销诺贝利亚系列商品，就得进入一流的珠宝店。设计事务所下决心在一流杂志上做广告，如《哈泼市场》《时尚》《绅士》杂志，之后还在珠宝业的关键杂志《城市与乡村》上刊登广告，这份杂志的读者中很多是有影响力的手表零售商。

“手型动物”广告推出后，正好配合了当年下半年的旺季销售。事务所印刷了一套双页广告和一种特殊的12页插页广告，另外还预印了一些4页插页广告。为了保持较高的信息接收频率，又在男性杂志中刊登了一些单页广告。这些单页广告，是从双页广告上巧妙地剪裁下来的。

这次利用相似联想法创意设计的广告推出后，结果使事务所最乐观的人都大吃一惊，手表的销售量大大超过原先的设计。西铁城公司一时供不应求，不得不扩大生产线，开足马力生产。

相似联想在有的思维学著作中被称为类比联想。使用类比的方法是根据两个对象某些属性相同或相似的特点，而且已知其中一个对象还具有其他属性，从而推出另一个对象也同样具有其他属性的思维方法。

类比联想法在人类的远古时代就得到运用了，人类正是用这种方法由已知推测出未知，不断发现自然界和人类社会固有的规律，运用这些规律解决人类生存和发展的诸多问题。英国医生爱德华·詹纳（Edward Jenner）发现“种牛痘”可以预防天花，是受到挤牛奶的女工感染牛痘而不患天花的启示；著名地质学家李四光提出我国有石油，也是通过类比联想得出来的结论。

类比联想可以分为直接类比、拟人类比、象征类比与幻想类比等四种。

第一，直接类比。直接类比是将思考对象直接与类似的事物比较，从而产生创意、做出发明创造的思维方式。鲁班运用直接类比从有齿的草叶能把人的手划破、长有齿的蝗虫板牙能咬断青草中得到启发发明了锯子；法国医生勒内克看见小孩敲打木棍听声音的游戏，直接类比联想到做一种医疗工具，可以听到病人体内的心肺活动声音，他在1819年发表的著作《论听诊》中宣布了他的发明。

第二，拟人类比。拟人类比也称为亲身类比、自身类比、人格类比。这种类比是创意思维者使自己与思考对象的某种要素认同一致，自我进入问题“角色”，体验问题，产生共鸣，从中悟出与解决问题有关而平时又无法感知的因素，创造性地解决问题。拟人类比在广告文案中经常运用，这种文案亲切动人，让人遐想，能达到创意者的目的。早些年间山东肥城桃首次运往香港销售，广告文案就以第一人称写法“我是肥城桃”向香港人自述，获得了创意人预想不到的销售效果。

第三，象征类比。象征类比也称符号类比，是一种借助于事物形象和象征符号来比喻问题，从而间接反映事物本质的思维方法。在商标设计中运用象征类比的创意特别多，因为这样能借用简单的形象和象征符号传达商品或企业复杂的内容。德国奔驰汽车的商标是一个圆形中有三个与圆形相连接的梭镖形，整体构成了汽车的方向盘，用汽车方向盘象征汽车，这种创意简单明了，易认易记。广州白天鹅宾馆的商标是在圆形内有一只天鹅侧向一边的剪影，形象的象征意义十分明显，让人看见商标就能联想到企业。

第四，幻想类比。幻想类比也称空想类比和狂想类比，这种类比是利用幻想来解决问题的一种思维方法。在科学技术高度发展的时代，人们利用幻想来解决问题已成为现实。某年西方国家过“愚人节”，有人开心地说，把牛体内的基因移植到番茄上，结果咬一口通红的番茄，竟有香喷喷的牛肉味。猎奇的新闻媒体把这一“戏言”作为取悦人们的新闻报道出来，作为茶余饭后的笑料。谁也没想到，一些科学家却由此得到启发，认为这在理论上是说得通的，而且开始了认真的研究。加拿大生物学家丹·莱佛伯夫宣布，经过两年的努力，成功地把哺乳动物体内的基因移到植物上，跨越了动植物间基因移植的鸿沟，幻想变成了现实。

类比联想思维是人们进行创意的有力助手，经常运用类比联想可以打开思路，绕过障碍，进入一片新的天地，解决眼前看起来好似不能解决的问题。能否广泛而又恰当地运用类比联想思维，是衡量一个人创造性思维能力的标志之一。能够举一反三、触类旁通、由此及彼的思维者，往往能获得成功。

（执笔：魏旻宏）

7.1.5 因果联想法

有一部获得金球奖最佳纪录片的影片，叫《可爱的动物》，里面饶有趣味地描述了一个日常生活中怎样运用因果联想解决难题的故事。

在非洲南部高原中部的卡拉哈里盆地边缘的草原地带，每逢旱季，由于缺水，当地居民生活十分艰难，但他们发现生活在这一地区的狒狒并不缺水，生活一切正常，说明活动范围比人大的狒狒能够在附近找到水源。为了寻找水源，居民们捉到狒狒，给狒狒吃过量的盐，然后再放走它们。渴得难受极了的狒狒像脱缰的野马一样，飞奔地去找地方喝水。它们飞跑入一个山洞里，扑向奔流的泉水，拼命地喝。于是跟踪而至的人们发现了新的水源。

有因必有果，有果必有因，因果联想符合人类的认识发展过程，是一种简便的联想思维方法。因果联想法是从某一事物出现某种现象，从而联想到它与另一事物之间有着因果关系的一种思维方法。

在科学研究中，在创意中，在企业经营成败的许多现象中，我们都能用因果联想法找出其中的奥秘，从而运用因果联想法去控制事情的发展，并且运用因果联想法按照事物的发展规律把事情办得更漂亮，更有创意。

有一年的收获时节，澳大利亚甘蔗种植园里的人们发现一片甘蔗田产量意外地提高了50%，而其他地块并未增产。这是怎么回事呢？他们回想起来，在种甘蔗的一个月前，有一些水泥洒落在这片地里。这就是甘蔗增产的原因吗？经过科学研究，发现正是水泥中的硅酸钙使这片酸性土壤得到了改良，因而提高了甘蔗产量。于是，科学家们发明了“水泥肥料”用于改良酸性土壤。作为创意思维，因果联想法在这方面大有用武之地。

有一家新开业的美容院送来请柬，邀请某企业负责人去参加典礼。送一件什么礼物好呢？既要表示庆贺，又有实用价值才好。企业负责人想到去找一家咨询公司，帮助搞“送礼创意”。咨询公司经过认真研究后，建议送一部“即时显像照相机”。乍看起来，美容院和即时显像照相机是毫无关联的两件事。咨询部门从中发现了什么因果联系了呢？他们从各种可能中终于找出，如果理完发的顾客一走了之，对再次光顾和宣传这家美容院都毫无补益。如果顾客做了美容美发之后比较满意，征得顾客同意，就用这台即时显像照相机为顾客当场拍两张照片，一张送给顾客，另一张作为顾客在美容院的名片存档。在送顾客的那张照片的正面打印上美容院的名称、地址、电话，顾客拿给他们的同事、朋友、亲人们看时，照片就是一种最好的广告宣传。这位顾客再次光临时，可以带来照片或查阅美容院的存档，指定他比较满意的发型，他的同事、朋友、亲人也会因他的推荐来这里美容、理发。这位企业负责人明白咨询公司的“送礼创意”后，当然十二分满意。

这里几个方面的情况，都可以以前一项为“因”，后一项为“果”而出现。说到即时显像照相机，它的发明也充满创意。

20世纪60年代，善于进行创意思维的埃德温·兰德发现，美国的家庭小汽车和电视机等普及率很高，却不一定都有照相机，即使有照相机也不常使用。原因是多方面的。

照相机不像汽车能一开就走，也不如电视机一开就能看到想看的节目。现代照相机不仅要给被摄物留下影像，还要洗印照片。如果能够不经冲洗，顷刻间就能看到照片正片就好了。

带着这种想法，埃德温经过努力，终于发明了能在一分钟以内获得照片正片的照相机——即时显像照相机。

为了把这种商品介绍给消费者，埃德温思考出一种新的创意推销方法。

一天，风和日丽，游人众多，在一个开放式游泳池边，人们看见碧波中的游泳者和池边身着泳装的男男女女，真是心旷神怡，格外舒坦。这时游泳池里发生事故了。

“有人溺水了!”

救生员跳下水去，把溺水者救起。围观的人群把抢救者和溺水者团团围住，这位溺水者是一位妙龄少女……人们正看得入神时，埃德温按下即时显像照相机的快门，把这个场景拍下来了。随后，他从相机里取出照片正片，送给参加抢救的人和其中一些围观者。人们拿着这张从来没见过的照片大吃一惊，埃德温趁机宣传这种新式照相机。当即就有许多人向他订货，甚至有几人要出高价买走他手中的这部照相机。

这种有意识地创造机会让人们接触商品的方式，是一种不花钱的广告。埃德温巧妙地运用了因果联想法思维进行推销创意，取得了良好的效果。

揭示因果联系的链条是客观存在的，只要我们认真去思索，发现其中的关系，就能掌握事物的本质联系，产生创意思维的理想结果。任何事物的产生，都是由其他事物引起的，任何事物的消失，都会转化为其他事物，任何原因必然导致一定的结果，一定的结果必然有一定的原因作前导。事物的发展就是一系列因果联系的链条。我们揭开了事物因果联系链条的秘密，也就抓住了事物的本质联系。

（执笔：魏旻宏）

7.1.6 强制联想法

强制联想法是一种创造性解题方法，指解题者的思维被强硬地限制在一定范围之内，即除问题本身的约束条件之外，在解题中另外再附加强制性约束条件。强制联想法在总体范围上是被动的、被限制死的，但在思维过程中、在具体联想时则应是灵活的、自由的，是总体范围的限制和具体方向的灵活的辩证统一。它是从被强制的条件内产生奇妙新颖的联想，从而促进问题的解决。强制的范围可以是一个，也可以是几个，依需要而定。单一限制条件是常见的，这就是一对一联想法。例如，开发设计新椅子时，可任取一物为联想的参照对象，比如指定的是“花”，那么强制联想可以按如下方式展开：花—色彩鲜艳—色彩鲜艳的椅子；花—花形各异—形状奇特的椅子；花—花香—带香味的椅子等。强制联想法还包括焦点法、目录法、范围思考法等。

强制联想与强迫性思考是两种不同的情况。强制联想是创意人员自觉的行为，而强迫性思考是一种非正常的行为。

强制联想法就是把乍看起来本无关联的事物强制结合在一起，从中找到转换想法的机遇，从而获得意想不到的成功的一种创意思维方法。

小案例 7-3　　如何把剃须刀卖给关公

某著名的互联网巨头公司出过一道奇葩面试题：“如何把剃须刀卖给关公?”据说，这道题成为淘汰率最高的面试题。历史上被称作美髯公的人不多，关云长算一位。把刮胡刀卖给关公，你真不怕美髯公用青龙偃月刀劈了你吗?

第一位是90后男生，面试屡屡失败，一听这种刁钻的题就奓毛：“有人说过，凡是把梳子卖给和尚、把鞋子卖给渔民的行为，都不是营销，而是忽悠。真正的推销，就是把客户真正需要的好产品推销给他。关羽是史上最有名的美髯公，也是最强悍‘大刀王’，我应该向他推销多功能刀鞘，而不是刮胡刀。对不起，向他推销刮胡刀，我做不到，也不会去做。”

第二位是90后男生，思维活跃，头脑灵光，不假思索地回答：“关羽号称美髯公，我去推销刮胡刀？实在难以想象关公光着下巴的形象，还怎么摆在商店门口？所谓推销，卖的不是产品，而是服务。我运用互联网思维，进行组合销售。首先给关羽免费提供一次胡子滋养护理，再送一套胡子养生套装，其中刮胡刀不叫刮胡刀，改名美髯刀，用于修理胡须，并设计成青龙偃月刀形状，一定深得关公喜欢。”

第三位是90后女生，已经有几年销售经验了，她侃侃而谈：“三国时期，胡子就是男人的生命，曹操就曾割须代首。如果拿着刮胡刀向关公推销，真有可能被他就地砍头。优秀的销售，要抓住客户需求痛点。关羽义薄云天，痛点是败走麦城、痛失荆州，最对不起刘备，最恨的就是孙权。我对关羽说，你今天买一把刮胡刀，有朝一日生擒孙权时，就用它剃光孙权的毛。凭关公的性格，定会批量采购，配备到军中，也许能卖出十万套刮胡刀。”

第一位男生显然是深受面试失败的刺激，处世小心谨慎，尊崇实用主义，他搬出他人的理论作为心理支撑，其实还是骨子里缺乏自信的表现。他最后的结论是“不推销刮胡刀而推销刀鞘”，乍一听似乎新鲜，可细想之下经不起推敲：关公的青龙偃月刀重达82斤，平时都是由周仓扛着，用得着加个笨重的刀鞘吗？不敢想那是种什么画面，真让人忍俊不禁。再者，我们卖的是剃须刀不是刀鞘，从根本上脱离了主题。

第二位男生，思维不可谓不活跃，他想到关公无论如何不会剃光胡须破坏自己形象，进而想到给关公提供胡子养生护理，而刮胡刀只是其中一样护理工具，美其名曰“美髯刀”。这种顺势而为的思维在销售行业十分流行，想用户之所想，急用户之所需。较之第一位男生，他可谓前进了一大步。

第三位女生，脑洞大开，天马行空的思维让人始料未及，她竟然利用传统价值观念和整个时代特征做文章，别出心裁地想到用刮胡刀作为攻击对方的有力武器！这样一来，一件普通的民用品就变成了军需品，成了部队的制式装备。据说，听完这位90后女生的回答，满座皆惊。主持面试的老板尽管已经预测了许多种答案，但这个回答出乎意料，不禁脱口而出：“你有销售总监素质，聘你为总监。能卖一把刮胡刀的，那是售货员；能卖出一火车的，这是销售总监啊！”

资料来源　职场火锅．如何把剃须刀卖给关公［J］．演讲与口才，2018（9）：49.

所谓强制联想，重在“强制”，强别人之想不到，制别人之不可为，道理可行，实际能动，创意思维便成功了。

（执笔：魏旻宏）

7.1.7 焦点联想法

焦点联想法是运用一些事物的特性去和一个目标焦点联想，从而创造性地开发出这个目标焦点的广阔前景的思维方法。这种思维方法也是一种用于训练思维者不断扩大联想思维的好方法。图7-2就是焦点联想法的基本框架。

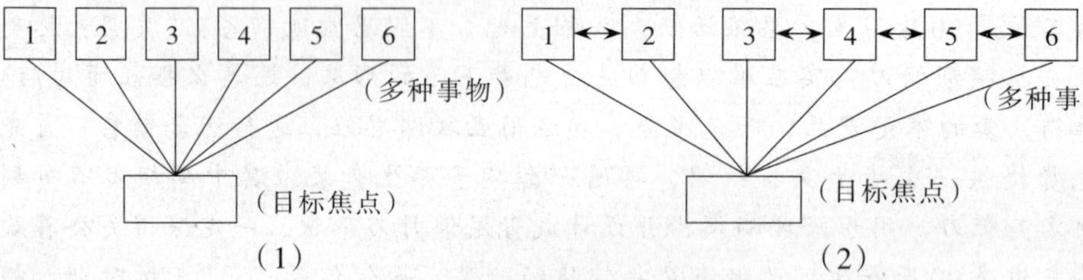

图7-2 焦点联想法的基本框架

在图7-2（1）中的多种事物的方框中，可以填入任意的物品，在目标焦点的方框中，也可以填入任意的物品。我们所要做的，是将从1至6的这些物品与目标焦点联系起来思考，找出它们有联系的地方，然后将1至6的物品中与目标焦点有联系的进行横向的思考（如图7-2（2）所示）。

在广告策划中，这种思维方法是必用的方法，也只有用这种方法才能使广告策划产生诸多正确的内容。

在广告策划创意中，采用目标焦点联想法既能使以消费者为中心（目标焦点）的各种策划内容与目标焦点产生联系，又能使各种策划内容之间相互联系。广告目标一经确定，消费者为目标焦点的地位就定下来了。围绕目标焦点进行的联想是多方位的。如图7-3所示，“主题策划”不仅要与“策略策划”“效果策划”发生联系，还要与其他5个策划内容发生联系。比如，要同“文案策划”发生联系，因为广告文案离不开广告主题，广告主题也需要用广告文案来表现。“主题策划”与“地域策划”也有密切的关系，因为不同的地域应该有不同的主题，比如同一商品面对不同地区的消费者，其诉求主题应该有区别，而不同地域的策划也要为表现广告主题而展开，不能与广告主题相违背。所以，在广告总体策划中，焦点联想法是必不可少的思维方法。

图7-3 广告策划要面对的八大问题

小案例7-4　　我卖的是味道

众所周知，“老干妈”的包装一直没有什么变化，延续了近20年的广口瓶型，瓶贴一直是陶华碧的肖像，两边的文字框大部分采用尊贵的黄色，显得质朴端庄。就是这样一个普通的包装，在日新月异的今天，陶华碧从来没想过要更换。有人建议她，既然“老干妈”走出国门了，你应该换一个比较洋气的包装。她却说：“不换，我卖的是味道，不是包装。”

实际上，给“老干妈”提出重新修改设计方案的，不止一人。在20世纪初，“老干妈”最初打入市场的时候，在南方走得比较顺畅，销量以每个月20%的幅度递增，可是在北方市场销售并不理想。陶华碧询问过公司决策人以及策划机构，她说：“为什么我这个‘老干妈’雷声大雨点小呢？北方人人都知道我‘老干妈’，可是市场就是打不开，这是为什么呢？”

“老干妈”在河南等地知名度很高，但是没有多少销量。“老干妈”摆进了大卖场，在沃尔玛、家乐福等超市都能看到它的身影，可是销售额就是很难得到改善。“老干妈”的团队经过卧底调查这些超市发现，原来是没有促销员引起的。

陶华碧召开了部门会议。负责销售的各个部门主管在会议上各抒己见。除了对“老干妈”的营销做出改进，还特意指出了自家的辣酱包装问题。

第一条改进意见为“改进包装”。

陶华碧一听就提出了反对意见。她说：“换包装是不是就得涨价？现在的包装土？换个上档次的，肯定会增加成本，成本一提高价格就得涨，这办法行不得。”

部门主管一看老板陶华碧不同意，就想别的招。于是第二条意见出来了：“要不我们也上促销员？”

陶华碧又否定了。她说：“不行不行，羊毛出在羊身上，上了促销员，一个月的工资都得从消费者身上提出来，这样一来务必要涨价。我的辣椒100%都是真料，每一块牛肉，每一条鸡肉，都是指定供货商提供的，绝对没有一丝杂质，每瓶辣酱我就赚几毛钱。促销员一上，我不涨价就得亏本，涨价了其实还是那瓶辣酱，对消费者利益是一种损害，我不能伤害消费者，他们我的衣食父母。”

这一下“老干妈”的团队面面相觑。既不想多花成本，又想增加销量，空手套白狼，陶华碧这不是难为自己的下属吗？

陶华碧也陷入了深思：“我卖的是味道，不是包装，如果改换豪华包装，上促销员固然能增加一定的销量，可是消费者并没有得到应有的实惠，多付款只是得到一个好看的包装。酒香不怕巷子深，只要我的辣酱好吃，总有一天消费者会认可我的。”

陶华碧主意已定，她说：“老干妈奉行的是好吃又便宜的原则，我们不能为了漂亮的外表自己砸了自己的牌子，既然人家说我们的包装土气，我们就拿土气当特点卖。”以后的日子，陶华碧坚持自己的老主意，不搞促销不换包装，力求便宜实惠，又增加了几个延续产品，在此基础上，她通过媒体对外呼吁："我的包装只花3毛钱！"

此后，"老干妈"并没有因为包装土气而失去市场，反而因为它的"土气"形成了自己的特色，让人们认识到了它土气后面的实惠，于是销量大增，北方市场终于被打开。

资料来源 张立娜. 我卖的是味道 [J]. 读书文摘·经典，2018 (10).

谁都知道，食品的焦点是味道，文化程度不高的陶华碧深深懂得此理。经营中的所有问题都要围绕"味道"做文章，纲举才能目张。

（执笔：魏旻宏）

7.2 想象创意

想，是一种心理活动，有多个义项：开动脑筋，思索；推测，认为；希望，打算；怀念，想念等。想象在心理学上指在知觉材料的基础上，经过新的配合而创造出的新形象的心理过程；或者说对于不在眼前的事物想出它的具体形象，比如设想。想象和联想一样在创意思维法中也被广泛采用。

人的想象力是没有边界的，上天可以揽月，下海可以捉鳖，宇宙空间任驰骋，人间诸事任我想，因而，想象在创意活动中经常出现。正是人们有想象力，社会才不断地在进步。

7.2.1 假说想象法

假说，也叫假想、猜测。假说创意法，不是无中生有地胡思乱想，它是创意思维者在头脑中做出的关于自己对未知的事物的一种猜想。假说是依据已知的科学原理和事实材料，运用有关的思考方法，对未知现象及其规律所做的推断和解释。假说的前提是创意人已经知道的事实材料和有关的科学原理，其本身是对事物产生的原因和发展规律做出假定性的说明。因而，假说也是创意人探寻真理产生创意的一种思维方式。

恩格斯指出："只要自然科学在思维着，它的发展形式就是假说。一个新的事实被观察到了，它使得过去用来说明和它同类的事实的方式不中用了。从这一瞬间起，就需要新的说明方式了，它最初仅以有限数量的事实和观察为基础。新增的观察材料会使这些假说纯化，取消一些，修正一些，直到最后纯粹地构成定律。如果要等待构成定律的材料纯粹化起来，那么这就是在此以前要把运用思维的研究停下来，而定律也就永远不会出现。"

恩格斯还说："对各种相互联系作系统了解的需要，总是一再迫使我们不得不在最后的终极真理的周围造成茂密的假说之林。"

恩格斯的论断是十分精辟的。在大多数情况下，创造都是以科学假设为先导的。科学创造不是一个瞬间的行动，而是一个过程。如果要求创意思维者等候把全部所需资料收集齐后再去发现，这是不切实际的。他们需要不断地提出假设，去指导下一步的工作，来加速发现的过程。诺贝尔在研究炸药的过程中，采用了多种假设，经过多次失败，否定了许多假说，才证实其正确的假说。

有这样一个比喻，它非常生动和具体：在陌生大地上旅行的人，不是等待有关这里的信息全部收齐后再迈步，他们设想走某一条路可能会到达目的地，然后边走边观察，逐步校正自己的方向和道路。他们否定了一部分假设，又用行动证实了另一部分假设是正确的，正是这些被证实是正确的假设，使他们到达了目的地。

除了自然科学的发展离不开假说，科学唯物史观这样的社会科学也是离不开假说这个阶段的。列宁曾说："社会科学中这种唯物主义思想本身已经是天才的思想。当然，这在那时暂且还只是一个假说，但它是一个第一次使人们有可能极科学地对待历史问题和社会问题的假说。"接着，列宁又说："现在，自从《资本论》问世以来，唯物主义历史观已经不再是假说而是科学地证明了的原理。"

假说能创造奇迹，使一个人的目标能够实现。这里有一个王永庆成功的故事。

小案例7-5　　二十秒成交一张保单

"忙里偷闲最爽快，别人放弃的时间，就是我充分利用的时间。"这句话一向是我的座右铭，就连等电梯的时间也不例外。有一次，我在公司所在大楼的电梯里，遇到也在这栋大楼工作的一位上班族。

他一走进电梯，我就习惯性地先观察了一下，然后很客气地递出一张名片给他。他在这栋大楼的工程公司担任经理，和任职于国泰人寿的我是楼上楼下的关系，假如我们讲起话来就成交一张保单的机会是有的。

我先向他简单介绍自己，表示自己就在楼上服务，认识他们公司已经很多年了。

"你看起来很年轻，请问你是几年次（台湾地区问年龄的通用方式，即哪个年龄段）的？我们公司最近有一个医疗规划的产品，很不错。"我向他介绍公司最近推出的终身医疗保险，保费非常便宜，也很有保障。

因为是邻居关系，他没有立刻拒绝。也许因为在同一栋大楼的关系，过去见过国泰人寿的产品宣传简介，他对我们公司的产品多少有些印象；也许他正好有这样的需求，只是没有人找他谈。在十二楼通往一楼的电梯里，我简单而迅速地跟他介绍内容。到了一楼，电梯门开了，我拿出一张要保书（投保单），请他在上面签名，就这样又签下一张保单。

在我的经验中，切入陌生市场有两种方法：一种是有规划、有安排地深入，就像我面对大部分企业家时所做的那样；另一种是直冲，就是"直捣黄龙"，把握每一个机会，见到人就递上名片自我介绍：“您好，我是国泰人寿蔡合城，不知道是不是有机会为您服务？”就像我在电梯里对这位经理所做的那样。

从十二楼到一楼，二十秒的时间成交一张保单，对公司同仁而言，算是相当震撼的一个个案。也许是那天在电梯里的距离刚刚好，感觉刚刚好，加上他本身可能就有这个需求，费用又不太高，所以才能成交。你也许觉得太过传奇而不敢相信，因为在陌生市场中，十次有九次是被拒绝的，但如果你能坚持下去，第十次也许就能成功。而电梯里的那一次，正好是那个天时地利的第十次。

资料来源　蔡合城．王永庆的球童［M］．海口：南方出版社，2010.

我们在进行创造性劳动如广告创意时，假说能帮我们解决许多问题。假说的基本特征是：科学性与假定性的统一、方法与理论的统一、实践与逻辑的统一。

第一，科学性与假定性的统一表现在假说不仅要以一定的经验事实和实验材料为基础，还要以一定的科学原理为依据。它不同于富有浪漫色彩的幻想，也不同于主观随意的荒诞瞎说，它具有一定的科学性。但是，假说还不是科学真理，是否真实，有待实践检验。它具有一定的推测性或假定性，是一种思维中的设想，是对未知现象的猜测和推断。科学假说正是这种科学性和假定性的辩证统一。

第二，假说加工感性材料，以便从理性上把握事物本质和规律，这是人们认识世界的一种必要形式，是实现预定目标的一种方法。科学假说不仅具有自身的方法形态，也具有一定的理论形态，表现为对事物及其规律的新认识、新见解，是一种思维加工推断的成果。

第三，假说要以一定的实践为基础，要经受实践的检验，这是假说科学性的前提，关系到假说能否转化为科学理论的前途。同时，作为一种假说，它又要以一定的理性认识为条件，需要借助理性的逻辑加工，需要运用归纳和演绎、分析和综合等逻辑方法；否则，假说就不能体现它自身的价值。

假说想象法创意思维是怎样进行的呢？一般说来，任何假说都要经历3个基本阶段：第一，提出假说；第二，形成假说；第三，验证假说。

第一阶段：提出假说。人们在社会实践的基础上遇到了新情况、新问题，于是，便依据事实材料和科学原理，运用想象、推理，做出初步假说。

在提出假说阶段，要求对所考察的对象通过广泛深入的调查、多方面的仔细观察，以及进行一些可能的实验，搜集、积累尽可能多的事实材料；运用有关的科学知识和已有的经验，对已经占有的各种事实材料进行科学分析，提出初步假定。这时，特别重要的是注意不要被传统的观念束缚，要勇于突破思维定式、习惯思维的藩篱。

这里提出的假说、假定，具有明显的尝试性和暂时性，不但是未展开的简单观念，而且思维者往往同时从不同的角度出发，提出好几个假定以供选择。思维者要经过反复考察，才决定取舍。

第二阶段：形成假说。这是以假说为前提推出新结论的阶段。它从已确定的初步假说出发，经过事实材料和科学原理的广泛论证和充实，成为一个结构稳定的系统，这是假说形成较完整形式的阶段。

在这一阶段，一方面要用初步完成的假说来圆满地解释有关的事实，能解释的事实越多，论据就越有力，也就越接近客观真理；另一方面，在解释、推断事实的过程中，必须联系多方面的知识，充实理论内容，剔除掺杂着的许多无关材料，不断修正谬误，补充缺陷和不足，完善对观点的表述，最后才能发展成为一个完整系统的学说。

假说的形成阶段具有高度的创造性和复杂性，它没有什么固定的格式、定律、公式和规则，需要的是对旧传统的突破，敢于向"经典理论"挑战。

第三个阶段：验证假说。假说形成后必须经过客观事实的验证，以证明该假说的真理性。这种真理性不依赖于人们的主观信仰或社会公认，也不依赖它能否作为某种方便手段或所谓"言之成理"，而在于它是否符合客观实际。

在假说的具体验证中，要经历这样几个步骤：

第一步，从假说的基本观念出发，通过适当的逻辑推演，获得有关对象的可供观测和实践考察的推测和预见。这种推测和预见一直被证实，而且能重复进行，就可以进入第二步。

第二步，对假说进行多种途径的实际验证。实际验证有直接验证、间接验证、局部验证、反面验证、阶段验证、系统验证等方法，如果验证通过了，可以进入第三步。

第三步，对假说的验证结果进行全面的辩证的分析，从多种验证结果中得出科学的判断，使这种假说上升为理论，成为原理、定律。

假说想象法作为一种思维方法，无论是在自然科学、社会科学中，还是在市场营销、策划创意中，或是在日常生活里都被广泛运用。

发挥假说的作用，使之成为科学发展的方式，还必须遵循这几个原则：

第一是理性原则。假说应符合正确的世界观，不搞邪说，不依迷信。

第二是可检验原则。假说中关于未知事实的推断，要能检验，否则不能称为科学假说。

第三是简单原则。这是一条最重要的科学臻美原则，它要求以尽可能少的、包含检验蕴涵的假说来解释一定领域内所有的已知事实，假说想象的内容结构应该严谨而简明。爱因斯坦认为，科学的目标就是寻求一个能把观察到的事实联系在一起的思维体系，它将具有最大的简单性。

（执笔：魏旻宏）

7.2.2　想象设计法

日本的一幅沃尔沃（VOLVO）汽车广告（如图7-4所示）曾获得法国戛纳国际广告节金棕榈奖。这幅广告设计的创意，是从日常生活中极平凡的物件和极平凡的事中去创造不平凡，制作不平凡。

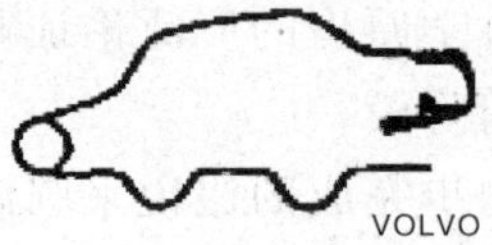

图7-4　VOLVO汽车广告

整幅画呈现在宁静的白底画纸上，一支弯曲成汽车轮廓的安全别针，居于视觉中央。画面右下角印有“VOLVO”字样。这幅广告画的创意在于：以最简练的构图达到最强的影射力，以最直观的形象启发受众的想象，从而传播出这种车是最安全的轿车的信息。

奔驰汽车的招贴画印刷广告也曾获得法国戛纳国际广告节的最高荣誉。如图7-5所示，画面是一条无人的公路，路边停了许多汽车，视觉流程的起点是一部安静地放出耀眼白色漆光的奔驰牌敞篷轿车，那车头上的标志格外引人注目。正是这引人注目的奔驰车，使许多迎面驶来的汽车不得不来个“急刹车”，要在这条静静的公路上一睹奔驰车的风采。由于来车不约而同用“急刹”的方式骤然停在奔驰车前，所以公路上留下了重叠的“刹车痕”。在整幅“刹车痕”广告画面中没有留下一个字，只靠画面的创意便征服了受众，获得了评委们的全票通过。

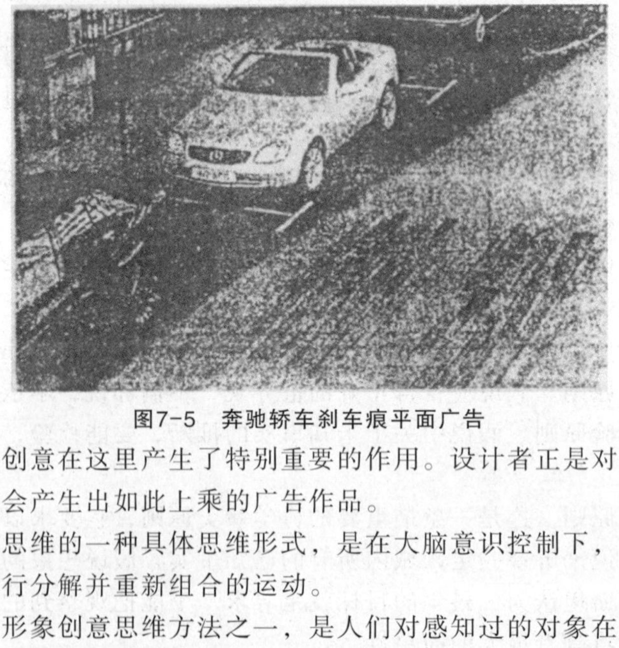

图7-5　奔驰轿车刹车痕平面广告

想象设计法创意在这里产生了特别重要的作用。设计者正是对想象思维予以创造性的运用，才会产生出如此上乘的广告作品。

想象是形象思维的一种具体思维形式，是在大脑意识控制下，对感官感知所储存的形象信息进行分解并重新组合的运动。

想象方法是形象创意思维方法之一，是人们对感知过的对象在头脑里进行改造加工，揭示对象的本质与规律，从而创造新形象的方法。想象属于第二信号系统，是用形象进行思考的。形象贯穿于人的思维活动的全过程，运用想象方法的结果就是产生新的形象，故可以说想象方法归属于形象思维。

想象是每一个正常人所具有的能力，人类对想象问题的探讨已有长久的历史，许多美学家、文艺理论家和心理学家都对想象做过不同的解释。

古希腊哲学家亚里士多德从朴素的唯物主义观点出发，指出“想象就是萎褪了的感觉”，他认为，想象活动并不是凭空的胡思乱想，而是同人们日常的形象感受分不开的。

爱因斯坦说：“想象力比知识更重要，因为知识是有限的，而想象力概括着世界的一切，推动着进步，并且是知识的源泉，严格地说，想象力是科学研究中的实在因素。”由此可见，想象是创造发明活动，是广告创意思维所不可缺少的一种思维形式。

现代心理学认为，想象是在已有的感性经验基础上进行创造性活动的一种心理形式。

想象活动可以分为再造想象与创造想象、回忆想象与前景想象、静态想象与动态想象等很多种类。前文提到的VOLVO汽车广告就是创造想象，将安全别针折弯成汽车轮廓，就是原有的形象与现在的安全别针的新组合。奔驰汽车刹车痕广告是再造想象，设计者也许真的遇见了对面迎来的车在奔驰车前刹车的情景，这种机会也许只有一次，而设计者将其想象成许多车，创造出广告画面中的诸多刹车痕。

人的大脑右半球具有形象思维的功能，要提高想象能力，关键是使大脑的两半球协同动作，两半球都处于兴奋状态，激活了整个大脑神经系统，想象思维就能产生最佳的效果。

这里介绍几种提高想象能力的技巧：

（1）分想：有意识地将大脑中贮存的各种经验分离出一种或若干种，再在这一种或若干种当中发挥想象、引申，使本来的形象放大、延展。比如，王多明曾经为老来福药业公司“得尔”感冒药创意的广告语“得尔——驾，祝您一路平安！”就源自赶车人扬起鞭子大喊一声的分想。在冯巩和牛群合演的小品《坐享其成》中，冯巩拉着人力车，牛群坐在车上大喊一声“得尔——驾！”那得意的劲头，抖出了笑料。在策划创意中，对调查得来的材料越熟悉也就越容易产生“分想”，从“分想”中将各种想象串起来，再产生完整的想象。

（2）联想：如前文所述，任何两个词语都可以在经过四五个步骤的联想、想象以后建立起联系，而每次联想可以有多次机会，充分扩大和发展想象思维的领域和作用。

（3）串想：按一定的思路将若干片段串联组合形成有层次的、动态的想象过程。在进行创意思维时，我们往往会把企业目标、信息个性、消费心理三者串起来思考，先将企业目标、营销目标、广告目标串起来，再将信息个性——特色（竞争对手的特“短”，自己的特长）放大、显露，让受众能看个明白，最好是看后忘不了，然后找准主体的目标消费者，分析他们的偏好、主体能为他们解决什么难题、他们为什么需要这种主体。这样一步一步地想象，严谨而强烈地按一定的逻辑关系递进发展，使想象逐层深化，一点点地接近本质内核。

分想、联想、串想是想象思维的“三部曲”。

实施想象思维进行创意时，要注意以下几点，使想象力更加丰富，想象的成果更加卓著：

第一，进行想象创意思维时，身体要放松，心要放宽，可以静静地躺在床上，闭目，然后尽情想象。这种想象最好顺着分想、联想、串想的路子进行，不要盲目地想，既让思想放开，又能遵循一定的路子，从而达到一定的目的。

第二，因为想象设计法是对过去的经验的重新组合和发挥，所以进行想象前应该有足够多的知识准备，平时的知识积累越丰富，产生想象新成果的机会就越多。如果只等到需要创意时才“现蒸热卖”，那一定不可能获得良好的新成果。

第三，在平时学习时，不仅要对文字的资料感兴趣，还要尽可能多地在记忆中留下许多图画、照片、关系图、现场形象等各种图形。在想象时将这些图形组合、拼装、楔入，都可能产生新的创意设计成果。

（执笔：魏旻宏）

7.2.3 借势想象法

这里的借势指借物造势以求达到有力、高大、强壮等效果的创意方法。对于广告文案、设计创意来说，就是怎样把各类文字、人物、事件、实物道具等因素，根据广告目标，运用各种手段，合理、巧妙地利用起来实现广告创意意图的方法。

在广告活动中运用借势想象法巧借事件、人物、道具的事例举不胜举，比比皆是。例如，皮炎平软膏的“不求人”篇广告，借“痒痒挠儿”（俗称“不求人”“老头乐”）这一传统的挠痒道具之势巧妙地表现出广告的创意，为皮炎平简易好用“站台”，从而使得皮炎平很快便家喻户晓，妇孺皆知。该广告通过对实物的拟人化的巧妙借用，极大地得到提高了广告的感染力、影响力。其巧妙之处在于抓住“痒痒挠儿”与“皮炎平”都具有祛痒这一共同点，把两者结合起来，极为有力地表现出广告的创意感染力。

在广告活动中，对事件的巧妙借用也是极有影响力和号召力的。借用巧妙的事件在广告营销活动中可称为“活动营销”，又称为“事件营销”或“盛典营销”（event marketing，EM），是一种利用话题迅速以想象造势从而达到某种营销目的的有力武器。活动营销通常借助话题甚至制造话题吸引众多的参与者，调动受众的想象，引发媒体的争相报道和大众的口耳相传，在短时间内炒热某一事件，实现高效传播和迅速提升知名度的目的。这一工具由以往单纯仰赖广告的卓越创意而构筑的“单一诉求”，变为综合运用公关（PR）、促销（SP）、新闻等营销推广工具，形成“双向”的营销沟通。活动营销是最贴近消费者的沟通方式，也是当今国际营销沟通的一种趋势。

以下是采用借势想象法实现营销的经典之作。

美国联合碳化钙公司一幢新造的总部大楼竣工后，正为找不到窍门打响开张第一炮而犯愁，突然一大群鸽子飞进了这幢大楼的一间空房，鸽粪、羽毛，一片狼藉。公司的公关顾问得知此事后顿生灵感，下令关闭门窗，不让一只鸽子飞走，并立刻打电话通知动物保护委员会请求立即派员前来救助。

与此同时，公关人员又电告新闻机构：在联合碳化钙公司总部大楼发生一桩既有趣又富有意义的保护鸽子“事件”。新闻界被惊动了，电视台、广播电台、报社等纷纷派记者到现场采访，从小心翼翼捕捉到第一只鸽子起，到最后一只鸽子受到保护为止，前后花了三天时间。三天里，新闻媒介对保护鸽子所采取的行动进行了绘声绘色的报道，摄影与文章齐飞，称赞和美誉双至。

此则案例抓住当今世界推崇环保意识的主题，倡导爱护动物，巧借鸽子“乔迁新居”这一意外事件，大做文章。新闻界对此美德也不甘落后，投以极大热情推波助澜，使得联合碳化钙公司不花一分钱广告费，就树立起了关心公共利益的良好形象和保护动物的美誉度，这真是“鸽赐良机”千载难逢。

借物造势的关键就是如何将被借物巧妙地运用到创意中去。借物能够巧用那是妙不可言，功成名就；有物不能巧用，则是坐失良机，失不再来。

借物的目的是造势，要让想象成为造势的思想基础，应充分注意如下四点：

第一，借势时要充分理解、分析出被借之物与将要创意的品牌之间是否有相关联的地方，也就是共同点或卖点。

第二，借势运用时，应使被借物与品牌之间两者完美地、巧妙地结合起来，尽量避免“生拉活扯”弄巧成拙。

第三，借势时应考虑到创意的艺术性。创意艺术是从现代艺术中分离出来的一种独特形式，是属于实用艺术类的范畴和领域。它几乎涉及现代所有艺术领域，包括摄影、语言、文学、音乐、雕塑、表演等多种艺术门类，因此我们在借物时应考虑尽量充分利用这些艺术手段。

第四，借势时更应考虑到法规、传统文化、民间习俗、宗教信仰、地域、国民素养等社会文化因素。

小案例7-6　**“裸装”商店**

梅赛德斯是一位环保志愿者，她在奥地利布尔根兰州首府艾森施塔特的市中心开了一家自选超市。店内琳琅满目的商品整齐地排列在货架上，加之色彩鲜艳的外包装，令人赏心悦目。丰富的商品，轻松的购物环境，每到节假日，周边的居民都会到超市选购食物和日用品。

梅赛德斯事先会准备好厚厚几沓塑料购物袋，以便顾客把商品装袋带回家。有时，顾客买了很多商品，即便塑料袋装了一包又一包，遇到包装豪华的商品还是会携带不方便。为此，有些顾客只能拆掉商品外面的塑料袋、纸箱等包装物，将其留在收银台。一天营业下来，超市的入口处与收银区堆满了商品的包装盒，有时甚至连门都关不上。每次看到堆积如山的包装物，梅赛德斯的心情就会变得烦躁而又愧疚，觉得过度包装造成了很大的浪费而且很不环保。

有一次，梅赛德斯在网上看到有位环保达人半年总共只产生一罐垃圾的报道后，就萌生了把超市改装成无包装商店的想法。当她把想法告诉家人、朋友时，他们不约而同地表示反对："食品安全管得这么严，商品没有包装不安全，靠你一人也不可能彻底解决环保问题。"梅赛德斯觉得大家的劝说都是为她好，而且也有道理，但经过再三考虑后，她还是决定把超市改成只售卖无包装的商品。

接下来，梅赛德斯奔走于各政府部门间协调关系，随后又重新装修店面、接洽供应商，经过几个月的努力，一家"无包装"的商店终于开业了。

店内商品有四百多种，种类涵盖食品、家庭日用品和化妆品等，和一般超市无异，唯一不同之处在于这些商品都不带包装。

店内的陈设古朴优雅，木质货架上配有十多个不同尺寸的抽屉，大抽屉里是散装糖果，小抽屉里是胡椒粉、丁香、茴香、八角、桂皮等香辛料，或是黄豆、玉米、红豆、绿豆、燕麦等粗粮。货架上的大玻璃罐里装满食用油、葡萄酒、啤酒、可乐、雪碧等液态商品。日用品货架上的玻璃罐里装有块状固体清洁剂和洗发剂，桌面上摆放着切得方方正正的植物香皂。不管是面包、面条、鸡蛋、蔬果、白酒、红酒，还是洗发水、清洁剂，都甩掉了华丽的外包装，赤裸裸地呈现原貌，回归散卖状态。而且，这些储藏罐都采用底部开口的封闭式储物桶，不管是面条、杂粮还是糖果，只要打开下方的小闸门，顾客就可以按需取用，需要多少取多少，不影响余货的卫生。虽然这些商品都没有了外包装，但是产品的生产日期、营养成分、生产地等信息都在标签上明确标示了出来。

顾客选购商品时需自带容器，可以预先将容器称重贴标签，最后结账时再将其重量扣除。店里也提供玻璃瓶、纸袋、纸桶、不锈钢盒等包装用具，用于盛放不同形态和质地的商品。刚开始，顾客觉得这样的购物方式很不方便，而且所需时间要比平时多。为此，店内的服务员反复宣传、耐心解释。渐渐地，顾客们习惯了这样的购物方式，还以自己的消费行为为荣。他们纷纷在店内拍照留念并把照片上传到"零浪费"环保主题网站上，鼓励更多人尝试和实践"无包装"与"零浪费"的生活方式。

在当地媒体的大力宣传下，这家没有包装的超市受到人们的热烈追捧。原先的两人组店铺，如今已开了分店。

在接受《标准报》采访时，谈起经营"无包装"商店的经历，梅赛德斯感慨万千："参与环保事业并不一定要投入大量的资金，有时一次小小的思维转变，就有可能使环保意识深入人心，还能让人们的生活变得更加环保美好。"

资料来源　计玉兰."裸装"商店［J］.思维与智慧，2021（28）：24-25.

梅赛德斯的环保意识鼓励她经营"无包装"商店，顾客们在他的影响下逐渐习惯了这样的购物方式，还以自己的消费行为为荣。"无包装"与"零浪费"的生活方式得到了社会的好评。

（执笔：魏旻宏）

7.2.4　敢为人先法

做前人未曾做过的事，在想象中产生创意，一是要从解决现实的难题中找出立项的项目，这个项目是存在的，经过正确的思维和实践是可以解决的，二是要得到周围人士的理解和支持，三是要有一种不怕挫折的决心，四是在新出现的困难面前要有解决的办法。

有一位“骑着自行车洗衣服”的英国小伙子理查德·休伊特在平凡的工作中，就做了一件敢为人先的事。

小案例7-7　　一边骑着自行车，一边就把衣服洗干净了

理查德从谢菲尔德哈勒姆大学毕业后，到非洲布隆迪的一家孤儿院做志愿者，他的工作之一就是帮孩子们洗衣服。他身强体壮，可几桶衣服洗下来他也熬不住了。

“洗衣服真是一项繁重的工作，既消耗体力又浪费时间。”理查德明白，大部分非洲人平时用电困难，且经济条件都不是很好，根本买不起洗衣机。是否可以用一种更简单的方法来洗衣服？比如，发明一种简单便捷且不用电的洗衣装置。

理查德考察了一段时间，发现多数人家里虽然用不上电，但都有一辆自行车。他将“自行车”和“滚筒洗衣机”这两个关键词放在一起，做了一个大胆的假设：是否可以借助自行车的脚踏作用带动滚筒的转动，来达到洗净衣服的目的？

理查德很快就设计出一款由带有滚筒的架子和自行车组合而成的洗衣装置，取名“滚筒车”。滚筒内部配有一个帮助搅动、清洗衣物的桨，操作性非常强：只要把脏衣服丢进滚筒，加入适量洗涤剂和水，然后踩动自行车脚踏板，10分钟就可完成清洁程序；排出桶内脏水后装入清水，再踩脚踏板10分钟，漂洗程序即告完成；衣物洗净后，还可以通过同样的方式甩干。

因为只靠脚力带动滚筒转动，所以滚筒车完全不用电。滚筒车还有多个挡位可供选择，男女老少都能用，不但能将衣物洗净，还可锻炼身体。最关键的是，其制造成本低，售价也低，折合100元人民币就能买到一辆。

滚筒车一经推出，马上受到布隆迪人民的欢迎。凭借这项发明，理查德得到了母校谢菲尔德哈勒姆大学的嘉奖。不过，他并不满足于此。理查德说：“目前，滚筒车只能像健身房里的自行车一样，固定在一个位置去洗衣。未来，我希望把洗衣装置安装到能正常骑行的自行车后面，到那时，当你准备骑车出门逛一圈，你的家人就有可能抱着一堆脏衣服喊住你：‘你要不要带它一起走，直到洗干净了再回来？’”

资料来源　流念珠．一边骑着自行车，一边就把衣服洗干净了［J］．辽宁青年，2018（11）．

罗振宇曾经在“罗辑思维”的微信公众号中讲了“管理的作用”这个故事：有

一个餐饮集团的老板对我说，他非常注重后厨的清洁。他把后厨管理到什么程度？地上不能有一滴水的程度。这很奇怪啊。吃饭的人只在乎你食品干净不干净，你把后厨的地面管得那么好，有啥用啊？他说，用处很大。这是为了防止大厨被挖走。你想，习惯了在干净环境里工作的厨师，就算被对手用高薪挖走，很快他就会忍受不了其他家的脏乱差的环境。而保持后厨干净，却不是一个人的习惯能决定的，这是一个系统工程。所以，这家餐馆对大厨就有系统的绑定能力。这就是塑造体验的作用。体验一旦好了，就不容易下得来。

敢为人先，就要打破固定观念以获得新思想，重要的是养成抛弃迄今的境界而步入新境界的“怪癖”。如何才能获得敢为人先的创意呢？一是不必过分计较东西的外形和用法等；二是努力做到不断地改换方式观察事物，诸如上下、左右、宏观、微观等。

做别人做不到的事，勇立潮头，就是好创意。

（执笔：魏旻宏）

7.2.5 中间置换法

如图7-6所示，中间置换法强调在头、尾元素不变或互变的时候，通过置换中间几个元素而使事情的结果发生变化，产生新的情况或得到新的创意的方法。

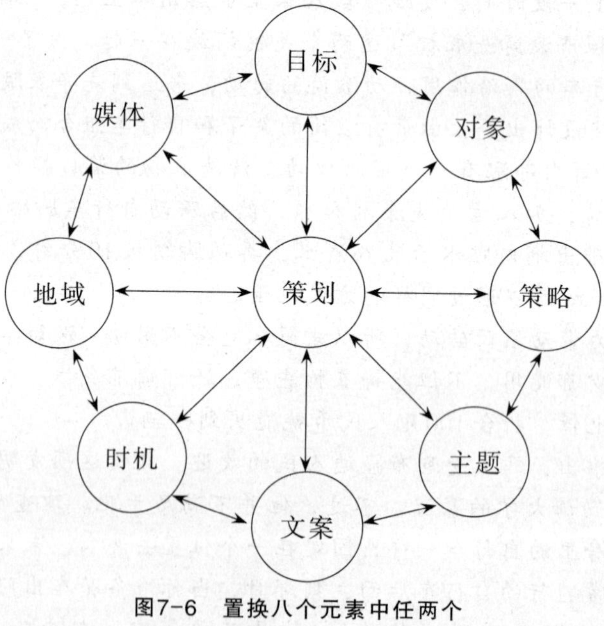

图7-6 置换八个元素中任两个

在策划创意中，有8个主要元素要认真策划：策划目标（A）→策划对象（B）→策划策略（C）→策划主题（D）→策划文案（E）→策划时机（F）→策划地域（G）→策划媒体（H）。如果策划目标（A）和策划媒体（H）一经确定，只要通过变化中间6个元素使策划整体符合实际情况，就能产生出新的创意。比如处于第7位的策划地域，按照常规要在别的策划内容进行之后，再开展地域策划。

但是，面对一个新的环境，策划地域会发生很大的变化，比如从国内转向国外，从欧洲转到非洲，从国内的北方转到南方，从沿海转到内陆，在进行整体策划时，地域的策划往往在策划目标确定以后被提升到尽量靠前的位置。这时的排列顺序则变成策划目标（A）→策划地域（G）→策划对象（B）→策划策略（C）→策划主题（D）→策划文案（E）→策划时机（F）→策划媒体（H）了。

如果策划主的策划时机已经确定，那策划八要素的顺序又会变成策划目标（A）→策划时机（F）→策划地域（G）→策划对象（B）→策划策略（C）→策划主题（D）→策划文案（E）→策划媒体（H）。

一般来说，策划目标确定了，把策划地域的问题弄清楚了，才能明确此地域中的策划对象，以及针对这些对象将采用什么策略，提炼出什么样的主题，使用哪种方式，诉求怎么表达，在这些对象能看到创意的时段、时点发布在什么媒体上。这个新的地域的策划就成了其他策划的基础，成了产生其他策划方案的前提，也成了产生新的创意的条件。

策划要以实际情况决定整个工作，其中一个问题出现新情况，都要用中间置换法思维使原来的顺序发生有益于适应新情况的变化。

这种思维方式在文学作品的创作中也常常用到，传统的小说和剧本靠情节吸引读者和观众。这里面的情节，包括故事的开端（A）、发展（B）、高潮（C）、结局（D）等，即ABCD这种排列方法。我们可以使其中的C和B换位置，也可以在中间加进E或F元素。在文学创作中，先出现高潮，再倒叙事件的发展，或在中间加进情节、背景，“节外生枝”，使矛盾更加错综复杂，情节更加吸引人，正所谓“文似看山不喜平”。有情节的小说、戏剧等更要靠中间置换法思维，使其内容更加丰富，更加耐人寻味。

世界名著《十日谈》和《一千零一夜》，在中间置换这一点上是十分相似的。《十日谈》是意大利薄伽丘的力作，讲述10名男女每人每天讲一个故事，10天共讲了100个故事。在讲述第一天的第一个故事时，作者首先对10名男女聚在一起讲故事的缘由作了说明。那是1348年，繁华的佛罗伦萨暴发了可怕的瘟疫，死去的人不计其数，只留下7名年轻妇女和3名男青年。他们来到小山上的一座别墅，每天每人轮流讲一个故事作为消遣。这100个故事各自独立成篇，有自己的人物和情节。这部小说“中间填充”了100个故事。而《一千零一夜》中的134个故事，各自成篇，有各自着意刻画的人物和完整的情节。《一千零一夜》里的故事是怎样组合在这本书里的呢？书中的第一篇故事讲的是古阿拉伯国王喜欢外出打猎。他回宫时发现王后和宫女、奴仆饮酒作乐，他十分气恼，把这些人全杀了。从此，他每夜娶一位妻子，过夜后就把她杀掉。宰相的聪明的女儿为拯救其他女子，自愿嫁给国王。她每晚讲一个有趣的故事给国王听，每当天亮，讲的故事到了最精彩之处便留下伏笔，使国王非听下去不可。国王为继续听她讲故事，拖延了杀她的日期。故事一个接一个讲下去，一直讲了一千零一夜。最后，这位聪明的女子感动了国王，国王免了她的“死刑”，并和她白头偕老。

这两本世界名著在开头处都有相似的地方，而中间的故事从内容到形式都不相同，却产生了中间置换法创意的异曲同工之妙。

许多悬念广告就是采用中间置换思维而产生的作品。这些作品启发受众也开展中间置换思维，让他们积极参与广告创作活动，让广告的传播效果比一般正面传达、按部就班的广告要好得多。

中间置换法还能引发我们产生许多新的创意方法："置换位子法"即调换各元素的组合位置，得出新的组合结果；"首尾倒置法"即由首尾的变化得出新的阵形的创意，这在中外兵家的实战中经常出现；"中间填充法"即从根本上改变内部结构，从而改变物质和事物的性质，这些是创意人举一反三、触类旁通得到的新成果。

在广告文案的创意中，还有一种"不完全广告语"的做法：在长期刊播某一商品的广告后，由于这些广告口号、广告语言已经脍炙人口了，在以后的刊播中便有意识地将其截断，只说出上半句，让受众自己去完成后面的内容，动员受众参加广告的创作，让他们饶有兴趣地主动与广告传播者一起做思维运动，不再是广告的局外人。

以下这些广告语，很多读者都能把它们填出来：

联想电脑：人类失去联想，……

双星运动鞋：穿上双星鞋，……

王老吉凉茶：怕上火，……

万家乐：万家乐，……

戴比尔斯钻石：钻石恒久远，……

麦氏咖啡：滴滴香浓，……

人头马XO：人头马一开，……

在广告创意中使用中间置换法思维，要注意以下几个问题：

第一，要注意事物内部的逻辑顺序。任何客观存在的事物，都有自己的内部逻辑关系，我们在使用中间置换法前，首先要摸清这种关系。从认识规律到遵循规律，在规律允许范围内，"换一种方式思考""换一种方法操作"。

第二，要敢于打破事物的表现顺序。在不伤及事物本质内核的情况下，为了更好地表现事物，用中间置换法使事物的本质内核得到最充分的表现，使人们对事物的认识有一个新的视角，有一个不同寻常的认识侧面，将有利于对事物产生充分的认识。

第三，中间填充进去的元素本来就是事物的一部分，并不是硬塞进去的外来物。填充进去的元素是能使事物有机体更完备的元素，所以填充进去后，事物完整、充实，不是"节外生枝"，不会产生排他性，犹如动物肢体的再植，植物的嫁接，能使血脉相通，肢体成活，使新老元素成为一个新的整体。

（执笔：魏旻宏）

7.2.6　后发优势法

“落后是要挨打的”这句话已深入人心，但是“后发赶超”又常常出现在很多组织的文件中和先进典型的经验总结材料里。

任何有人群的地方都有前中后、左中右的区分，任何比赛总有最后一名。落后是常态，为落后者做创意就会成为常规的工作。如何将后进变为先进？那位“我们出卖的就是荒凉”的作家张贤亮，就给我们做出了可以效仿的榜样。

在进行后发优势创意时，创意人要做好这些工作：

第一，做好调查研究，找到落后的原因。首先要发现自己的“后”在哪里？只有正确认识别人、正确认识自己才能发现自己的“后”之所在，为自己的“发”找准目标，找准方向。

“后”在什么地方，“发”往哪里？一切结论都在调查的末尾。不能自以为是，想当然地列出几条杠杠；更不能人云亦云，跟随前人或众人的意见，轻易下结论。

发挥后发优势好比医生看病，摸脉看舌苔，测体温听心跳，抽血化验，照X光或CT……这些调查手段，与创意人为发现“后”的原因所采用的方法何其相似。

第二，相信事物是对立统一的，落后中也有先进的地方。唯物辩证法告诉我们，任何单位都不是绝对落后的，先进单位有“阴”面，落后单位也有“阳”面。有了这种基本观点，在进行后发优势创意时，还得尽可能“发”现自己的长处和优点。在很多人都认为大西北荒凉、无所作为的时候，张贤亮向若干编剧、导演、演员卖出了稀缺资源——荒凉。

中国的电影电视拍摄基地有横店、涿州等人造外景地，在这些地方拍电影电视成本较高，而且可能无法满足剧情的需要，《大刀王五》《龙门客栈》《牧马人》等要到广袤、古朴、粗犷的荒凉之地拍外景，只能到大西北去。久藏深闺人未识，谓之“后”，一朝嫁到人面前，才有“发”的一天。

第三，针对落后的原因，用头脑风暴法等找出改变的办法。后发优势法，关键点是“发”。这个发在第一点中是“发现”的“发”，在第二点中是“发展”的“发”。落后之人，后进之事，必须加快自身的发展，不能等候“柳到春来自‘发’芽”。图思变才能图发展，要靠人的主观能动作用，任何成功都是等不来的。

在调查研究中找准发展的方向、时机，赋予正确的方法，发展就会有成果。

第四，从若干办法中依据轻重缓急列出主要矛盾，找出主要矛盾的主要方面，在行动上变法，改弦更张，奋发图强。发展是要讲方法和策略的，可以用“借船出海”“抱团翻身”“丢车保帅”“忍痛疗伤”“刮骨疗毒”“截肢救命”等方法和策略。关键是找准主要矛盾的主要方面“对症下药”。

对积重难返的“后”事，不能急于求成。既然已经垫底了，不能“病急乱投医”，冷静地分析，认真地比较，总能找到自己的阳光面。

本书主编之一的王多明曾经在“多彩贵州比什么、怎么比的策划创意”活动中提供了“多彩贵州——家乡美”大赛的创意方案，经贵州省委宣传部部长会议评选，获得了全省最高奖——最佳创意奖。拓展阅读 7-1 节选了该策划创意案中的一小部分，以此说明后发优势法的具体运用。当时的贵州欠发达欠开发，经济文化双落后，要实现后发赶超，后发优势法就能用上了。

拓展阅读 7-1

“多彩贵州——家乡美”大赛方案内容节选

第五，总结出适合今后发展的路径，再在新的起点上继续做好后发赶超。

美籍华人李政道教授在一次座谈会上说：“你们想在研究工作中赶上、超过人家吗？你一定要摸清楚在别人的工作里，哪些地方是他们的弱项，看准了这一点，钻下去，一旦有所突破，你就能超过人家，跑到前头去了。”他说：“上次我来中国时，还不知道有一门叫弧子的数学。回美国后在一次欢送韦斯柯夫教授退休的聚会上，我听了伍拉的演讲，才知道在非线性方程的领域里有一种叫孤子的解，它有很多有趣的性质，这件事引起了我的兴趣。会后，我对伍拉讲：能否把你所有有关弧子的材料借我用一下，我一定尽快阅完还你。伍拉答应了。他很守信用，不久我便收到了伍拉寄来的一只大盒子，里面塞满了有关孤子的文献。我关起门来，用一星期的时间把它翻了一遍。我并不纠缠于内中的一些数学的细节，而是专门挑剔别人工作中有哪些不足。果然，我发现他们都是研究一维空间中的孤子。但是，在物理学中有广泛意义的是三维空间，这显然是一个漏洞。看准这个弱点，我研究了几个月。找到了一种新的弧子理论，用它来处理三维空间的某些亚原子过程，得到许多新的结果，于是在这个研究领域里，我从一无所知一下子赶到人家前面去了。”

用后发优势法的例子真是举不胜举。喝汤的时候，往往会发生这样的事情：当你把汤勺放在碗边时，汤勺常滑到碗里去。为了使顾客满意，中国一家汤面馆的老板设计了一种不会滑到汤碗里的汤勺：把勺把的上部弯曲成钩形，用这个钩把汤勺挂在碗的边缘上。之后，到店就餐的人多了，他的生意火起来了。

以前的打火机防风性能很差，为了克服这一缺点，有创意头脑的人设计出一种安装有防风罩的打火机。这种打火机克服了易被风吹灭火焰的缺点，火焰稳定，使用方便，销量自然就上去了。

（执笔：王多明）

7.2.7　拾遗补阙法

创意人的拾遗补阙法有三个层面上的作为：上谋为从策划项目上的拾遗补阙，中谋为项目定位上的拾遗补阙，下谋为用头脑风暴法讨论创意时的拾遗补阙。

创意人应时时想到，任何时间、任何地点，人们的创意是不会穷尽的，人家的好创意发表出来，可以令自己的创意开窍，一瞬间就产生一种新的创意。

面对突然暴发的新冠肺炎疫情，印度的一位卖快餐的经营者拾遗补阙研究自制的口罩形煎饼，不仅渡过了难关，还获得了意想不到的销售效果。

小案例7-8　　口罩煎饼

2020年是极不平常的一年。新冠肺炎疫情横扫了全球，给世界经济带来了极大的困扰。

在印度的泰米尔纳德邦有一家名为“马杜来”的餐厅，主要经营能打包的快餐。由于受新冠肺炎疫情的影响，餐厅的营业额锐减。同时，当地政府规定，凡进店买食品者必须戴口罩，否则一律不准进店，若发现有不戴口罩进店买食品的，将对餐厅重罚。可是，餐厅的顾客都是附近的居民，他们来买食品都没有戴口罩的习惯，并且好容易盼来了顾客，哪有往外推的道理？这可难坏了老板米哈尔。若想不出好的办法，只能等待餐厅关门了。

一天，米哈尔一边工作，一边想着怎样劝说顾客戴上口罩。突然，一个灵感出现，既然不能口头拒绝没有戴口罩的顾客进店，那么，为何不把煎饼做成口罩形，以此来提醒人们戴口罩呢？这样又不会得罪顾客。想到这里，米哈尔兴奋不已。

经过一番准备，米哈尔马上着手制作口罩形面饼。他花费了好几个小时才制作出一张口罩形的面饼，连忙放入蒸锅里。按时出锅后发现口罩形煎饼中间折叠的那部分不易熟透，如果等到折叠的那部分都熟透了，没有折叠的面皮又开始糊了。若做薄一点，中间厚的问题解决了，而未折叠的面皮用手去拿又极易损坏。怎么办？米哈尔并没有放弃。他整天反复地试验怎样才能使口罩形煎饼像正常煎饼一样又香又脆。经过不停地试验，三天后，米哈尔终于摸索出了一个不错的方法：把揉面时间延长，以增加面团的韧性，然后把面皮擀得更薄一些，这样，折叠部分就不厚了，未折叠部分又不易破损。因为人工成本增加了，米哈尔在煎饼原来售价的基础上增加了10卢比（约合人民币0.92元）。

第一锅口罩形煎饼出锅后，很快被顾客抢购一空。他们在这个敏感时期对口罩这件东西太看重了，所以就连吃口罩形煎饼仿佛也变成了疫情防控的有效措施一样。

让米哈尔特别高兴的是，他把店铺招牌换成“口罩煎饼”后，所有进店的顾客都开始自觉戴上口罩了，不再让店主逐一去劝解了。现在米哈尔的煎饼比以前还热销，特别是孩子们对口罩形煎饼更感兴趣。

米哈尔兴奋地说：“当时只想提醒顾客进店戴口罩，并未想到这款口罩形煎饼能这么热销！看来，有时候事情发展遇到困难时，不妨动动脑子，改变一下发展思路，说不定就会有意想不到的收获。”

资料来源　李同勇．口罩煎饼［J］．思维与智慧，2021（1）：25.

在使用拾遗补阙法时要注意以下几点：

第一，创意人的创意思维机器就像随时都可以发动的机器，就像已经启航的轮船，随时可以驶往任何目的地，在接受创意的任务后，绞尽脑汁，挖空心思，力争做出自己的贡献。

第二，创意人要会分析判断已经提出来的诸多创意，可行性、功利性都要做出自己的判断，在深思熟虑的多人参加的创意活动中知无不言，言无不尽。

第三，在创意活动的研究讨论中，要允许别人说错话，也相信大家允许自己说错话，因而实现言者无罪，鼓励大家出“歪”点子、“烂”点子，允许痴人说梦。其实，许多有效的有影响力的好创意正是在拾遗补阙中找出来的。

（执笔：王多明）

本章小结

通过本章的学习，学习者初步建立了学习创意和创意思维法的兴趣；懂得了接近联想、概念联想、对比联想、相似联想、因果联想、强制联想及焦点头联想的概念和在具体运作中的操作，在七种想象创意思维中学习了相关概念和具体的运用；有创意基础的部分学习者还能运用联想和想象思维创意实现举一反三、触类旁通的效果。

思考与练习

（1）用自己的理解，回答联想是什么，想象是什么，它们对创意思维有什么作用。

（2）教材中对联想和想象各介绍了7种创意思维法，你还能再列举几种方法吗?

（3）在联想思维创意的7种方法中，请你指出你最熟悉的一两种，并回答你为什么会熟悉它们。

（4）在想象思维创意的7种方法中，请你指出你最熟悉的一两种，并回答你为什么会熟悉它们。

（5）当你有难题需要用创意思维法来解决的时候，你会用上本章中的方法吗?

实操项目

将全班同学分成两个大组，分别对联想和想象进行扩展性、延伸性思考，各组在规定时间内分别写出联想和想象创意思维的题目，先进行数量比赛，后进行质量比赛。

任课教师充当资料员，收集所有的新联想和新想象的题目。

任课教师充当把关人，对收集到的新联想和新想象的题目进行筛选。

任课教师从筛选出的好题目中挑出4条，由原来编成的4组中，每个组派一位同学对本组的题目进行有关“定义、性质、意义及操作法”的说明。

有条件的班级对4位同学的发言进行录音，将各组对“定义、性质、意义及操作法”的说明整理成文字，并发到同学微信群中。

第8章

基本思维形式的创意

学习目标

通过本章的学习，懂得三种基本的思维方式，以及每种基本方式中都有若干创意的方法；学会一些基本的思维通路，为今后在生活、学习及工作中自觉地运用创意思维解决难题打下基础。

引例

从三则小故事中学创意

西汉时期，一个农夫撞倒了卖馓子的小贩，馓子掉在地上全摔碎了。农夫愿意赔偿50个馓子的价钱，但是小贩坚持说他有300个馓子，二人僵持不下。这时，担任京兆尹的孙宝路过，他让人把地上的碎馓子收集起来称出重量，然后买来一个馓子并称出这个馓子的重量，两数相除计算出馓子的个数。农夫和小贩都心服口服，农夫按照馓子的数目赔偿了小贩。

伽利略是一位擅长形象思考的科学家，可以说他就是凭借着形象思考使科学实现了革命性的突破。他在用数学方法分析科学问题的同时，还用图像、图形和表格使自己的思想形象化。和所有取得大成就的科学家一样，他也擅长类似白日梦的幻想和想象，并通过这种方式取得了很大的成就。有一次，他在无聊的时候观察比萨大教堂里来回摆动的吊灯，忽然间意识到，不管吊灯的摆动幅度有多大，完成每一次摆动所需要的时间都是相同的。他对这个问题进一步研究，发明了“钟摆原理”，并把它应用在计时和钟表的制作工艺上。

马尔柯姆本来只是一个普通的卡车司机。有一次，他把货车开到一个港口之后，不耐烦地等着卸货装船。在等待的过程中，忽然灵感来了：为什么不想办法把货车开到船上呢？这样既省时又省力。他抓住了这一灵感并付诸实践，经过不断地设计和改进终于发明了集装箱。后来，他成立了第一个集装箱装卸队。

思考：

（1）孙宝运用判断、推理的办法，解决了卖馓子的与碰倒馓子的人的赔偿难题，这说明逻辑思维能解难题是不言而喻的，对吗？

（2）伽利略发明的“钟摆原理”是从现实的形象思维中产生的。关于伽利略的创意思维的故事，你还能列举一二吗？

（3）普通的卡车司机马尔柯姆能在工作实践中突发奇想“把货车开到船上”，你在生活和学习中也做过突发奇想的事吗？

8.1 逻辑思维创意

逻辑思维亦称“抽象思维”，是运用概念、判断、推理反映现实的过程，是人的认识的高级阶段，即理性认识阶段。和形象思维不同，它以抽象性为其特征，撇开事物的具体形象，抽取事物的本质属性。逻辑思维不等于合乎逻辑的思维，它可以是合乎逻辑的、科学的，也可以是违反逻辑的、不科学的。

逻辑思维、形象思维、灵感思维是人们最主要的三种思维形式。逻辑思维与抽象思维接近但有区别，形象思维与直感思维接近但不等同，顿发思维的外延大于灵感思维。

逻辑思维派生出的许多逻辑思维创意法，帮助人们进行创意时运用概念、判断、推理揭示事物的本质属性及矛盾所在，从而在创意中找到解决难题的办法。

8.1.1 逻辑推理法

“逻辑”源于希腊文logos，其原义为言语、思想、概念、理性等。作为一个哲学术语，它最早出现于古希腊哲学家赫拉克利特的著作中，指世界的普遍规律。

逻辑来源于自然实践，它是一门自然科学与社会科学相结合的学问。“出发点”和“目的”是逻辑推理思维的两个基本要素。在逻辑推理前首先要明确这两点，然后才进行思维，思维要有起点和终点。只有确定了“出发点”，逻辑推理才能得以展开；只有确定了“目的”，逻辑推理才会有正确的方向。例如，“临渊羡鱼，不如退而结网”是古人在实践中总结出来的理论。它的起点和终点是“鱼”和“得到鱼”，在“鱼”和“得到鱼”之间的思维即逻辑推理。

1）关于逻辑推理

逻辑推理思维贯穿于人们生活的始终，有思考就有逻辑推理。逻辑推理法与因果关系思维法的区别在于前者具有整体性，后者是前者的一部分。逻辑推理的整体性是指在推理过程中遵循自然规律、有道理、能说服人。因果关系思维法的重点是“结果”，注重的是得到了什么样的结果，而不太强调这一结果是通过什么渠道得到的。

逻辑推理反映了思维的多侧面和全过程，用逻辑推理分析和解决问题，能得出正确的结论。逻辑推理也具有一定的分析规律，用逻辑推理分析问题时可以遵循以下的思维顺序：出发点→定位→过程→目的。

（1）出发点。在逻辑推理前，要找准分析问题的一个“点”，以便引导思维展开。

（2）定位。定位也就是把握思维的方向，综合已知条件启发思维。值得注意的是，方向的正确性有时是不可预料的。例如，火药是炼丹者在炼制一种“长生不老”的仙丹妙药的过程中偶然得到的，没有预料到后来的结果。

（3）过程。过程就是逻辑推理，指的是具体的逻辑推理的行动方法，是为了达到解决问题的目的，在分析问题时人们头脑中形成的那些想法。过程的严密性即逻辑。

（4）目的。目的就是结果，反映了逻辑推理的效果。

2）逻辑推理的案例解析

孟子小的时候，有一天放学回家，他的母亲正在织布。母亲（见他回来）问道：“学习怎么样了？”孟子（漫不经心地）说：“跟过去一样。”孟母（见他无所谓的样子，十分恼火，）用剪刀剪断织好的布。孟子害怕极了，就问他母亲这样做的原因。孟母说：“你荒废学业，如同我剪断这布一样。有德行的人学习是为了树立名声，多问才能增长知识。所以平时能安宁，做起事来就可以避免祸害。现在荒废了学业，就不免于做劳役，而且难于避免祸患。这和依靠织布为生有什么不一样呢？假如中途废弃而不做，哪能使她的丈夫和儿子有衣服穿并且长期不缺乏粮食呢？如果女人荒废了生产家里需要的生活必需品，男人放松了自己的修养和德行，那么一家人不做强盗小偷就只能做奴隶劳役了！”孟子吓了一跳，自此，从早到晚勤奋学习不休息，终于成了天下有大学问的人。有德行的人认为孟母懂得做母亲的法则。①

这则故事哲理深刻，逻辑严密，明理的母亲首先明确了以儿子为“出发点”，使儿子成大器为最终“目的”，然后从实际出发思考问题。我们可以用逻辑推理法得出这份关系图：出发点：发现儿子想放弃→定位：学业，重新给其定位，使其成才→过程：整个故事→目的：儿子成大器。

有科学家对猩猩做了这样的实验：把猩猩关在一间空房内，空中挂着香蕉，四个角落放有几个箱子，一整天都不给猩猩进食。猩猩饿了，看到悬挂的香蕉，开始努力往上跳，想把香蕉弄到手，但无论它怎么跳也无法摘到。后来它发现了木箱，就把木箱堆起来，便轻而易举地吃到了香蕉。

实验证明猩猩也有逻辑推理思维，它知道它跳起来够不着香蕉，它也知道把木箱堆起来再爬到木箱上有可能拿到香蕉。虽然有的方法不一定能达到目的，但是逻辑的推理是正确的，只是条件没有达到。猩猩为了吃到香蕉想出了两套方案：①饿了→吃到香蕉→跳起来→不能得到预料的结果；②饿了→吃到香蕉→用木箱垫高→得到预料的结果。

---

① 翻译自（西汉）刘向《列女传》.

3）逻辑推理法在设计创作中的运作

逻辑推理法被广泛地运用于广告创意中。设计创意的原则之一是“旧元素的新组合”。在元素组合中需要逻辑推理，很多成功的设计案例都用到了逻辑推理法。

由于人们的思维过程本身具有逻辑性，因此将逻辑推理运用于设计创意中较容易产生效果。比如，在人们的印象中核桃是非常坚固的，于是有人利用核桃来表现诉求产品的坚固性，使受众一看就能知道该产品具有坚固的特征。

在设计创作中，如何运用逻辑推理？下面举一例说明：假如要为一种运动产品做设计，我们首先要明确设计的目的是树立品牌还是促销；如果是为了树立品牌，我们应该如何着手；如果是为了促销，我们又应该如何做。综合考虑这些问题，自然就会形成一条明确的思维路线，这条路线即逻辑推理。我们还要考虑我们的消费者：如果面对广大的老年人做广告，即把目标受众定位为老年人，则我们应如何选择传播媒介；如果我们的目标受众为在校大学生，我们又将如何去选择媒介。我们在做广告之前就应当考虑清楚这些问题，这一过程就是一个逻辑推理的过程。逻辑推理法只是广告创意思维方法中的一种，一般来说，逻辑推理过程比较复杂，要求掌握的知识比较全面，在创作中善于利用逻辑推理法往往能产生特效。

（执笔：姚金沅）

8.1.2 借风行船法

所谓借风行船法，说通俗一点是“第二”策略。也就是，自己的实力没有其他企业强大，要在激烈的市场竞争中占有一席之地，就要寻找一个被市场上公认的最强大的企业作为自己“依附”的对象，借对方的知名度、美誉度来提高自己的市场地位，等到自己发展壮大可以超越对手时真正成为业内的老大。

实力相对较弱的企业，为了尽快赶上领先的企业，经常采取“跟随战略”，即选择一个跟随对象，然后在产品、定价、包装等方面模仿领先企业。这是弱势企业避免被领先企业甩开的好战略。蒙牛在起步初期就是用借风行船法迅速缩短了与伊利的差距，在之后的十多年中又逐步实现超越。

小案例8-1　蒙牛成立初期的跟随战略

1999年初，蒙牛刚成立，力量非常弱小，资金只有1 000多万元，这在乳品行业实在是微不足道，面对恶劣的生存环境，蒙牛采取了以下策略：

（1）放低姿态：避免直接冲突。为了减少冲突和避免麻烦，为了不抢夺竞争对手的奶源，同时保护自己，蒙牛制定了三个“凡是”政策：第一，凡是伊利等大企业有奶站的地方蒙牛不建奶站；第二，凡是非蒙牛奶站的牛奶，蒙牛不收；第三，凡是跟伊利收购标准、价格不一致的事，蒙牛不干。这些措施，把蒙牛和伊利的利益区隔开，从而避免了直接冲突。

（2）暗度陈仓：宣称要做内蒙古乳业第二品牌。忍耐只是防守性的行为，更聪明的是化被动为主动。聪明人善于把坏事变为好事，把危机转化为机遇。在2000年前后，蒙牛提出了“创内蒙古乳业第二品牌”的创意。当时内蒙古乳品市场的第一品牌当然是伊利，蒙牛还名不见经传，连前五名都进不去，但是蒙牛的聪明也就表现在这里，蒙牛通过把伊利定为标杆，使消费者通过伊利知道了蒙牛，而且留下的印象是：蒙牛似乎也很强大。

蒙牛首先把这个创意用在户外广告上，地点就选在呼和浩特。2000年，蒙牛用300万元的低价格买下了当时在呼和浩特还很少有人重视的户外广告牌。一夜之间，呼和浩特市区道路两旁冒出一排排的红色路牌广告，上面写着：“蒙牛乳业，创内蒙古乳业第二品牌”，“向伊利学习，为民族工业争气，争创内蒙古乳业第二品牌！”这让很多人记住了蒙牛，记住了蒙牛是内蒙古乳业的第二品牌。蒙牛还在冰淇淋的包装上打出“为民族工业争气，向伊利学习”的字样；有的广告牌上写着“千里草原腾起伊利、兴发、蒙牛乳业”。蒙牛表面上似乎为伊利和兴发免费做了广告，实际上是为自己做广告，默默无闻的蒙牛正好借这两个内蒙古无人不知的大企业的“势”，出了自己的“名”。这种策略还有一个额外的好处，就是在一定程度上减少了伊利的“敌意”，这对初生的蒙牛来说非常重要。

（3）并驾齐驱：创造“乳都”的概念。在蒙牛的业绩突飞猛进、蒙牛真的成为内蒙古乳业的第二品牌之后，“创内蒙古乳业第二品牌”的创意就很少使用了。这个时候再使用这个创意，不仅不能借伊利的“势”，还会平白地灭了自己的“名”。成长到一定程度后，蒙牛及时修正了跟随战略，逐渐和伊利并驾齐驱，并开始放眼全国，提出了“中国乳都”的宣传口号，而且在很长时间内使用。

从2000年9月至2001年12月，蒙牛推出了公益广告——《为内蒙古喝彩！中国乳都》。在所投放的300多幅灯箱广告中，首次推出“我们共同的品牌——中国乳都！呼和浩特”。

“乳都”的概念是一个创新，这不仅有利于蒙牛和伊利，而且对内蒙古的区域经济战略也是一个很好的提升和宣传，蒙牛把自己的命运同整个内蒙古经济的腾飞牢牢维系在一起。同时，在国内其他区域市场，“乳都”的定位也能凸显蒙牛奶源的正宗，从而把自己和光明、三元等品牌区别开，给了消费者一个很好的想象空间。“乳都”概念的提出，突出了内蒙古乳业品牌在全国的地位，而蒙牛作为内蒙古最好的乳品企业之一，又是“乳都”概念的创造者、宣传者，自然而然就给人留下了深刻印象：蒙牛是“乳都”企业群中的第一品牌（虽然此时的蒙牛与伊利还有差距）。

（4）挑战第一：力争做行业老大。很多跟随战略的实施者最终是为了实现反超。与伊利相比，蒙牛的发展思路与战略操作也有许多惊人之举。在蒙牛提出“乳都”概念的同一时期，蒙牛依靠从摩根士丹利等知名投资机构得到的巨额投资，为超常规发展奠定了基础。2003年以后，蒙牛再也没有在宣传中把自己和伊利相提并论，而是开始主动出击，此时的蒙牛已经羽翼丰满。2004年，蒙牛成功在香港上市，力争成为中国乳品行业的第一。

2005年初，蒙牛斥资3亿元、日产量为100吨的通州工厂落成，它是亚洲规模最大的酸奶研发生产基地。酸奶是一种发展潜力巨大的产品，蒙牛之所以要斥资建设这个基地，而不是采取虚拟经营的方式，就是因为蒙牛要依托这个基地为自己的赶超战略奠定基础。

2005年，蒙牛又成功赞助《超级女声》，在乳品行业独领风骚。2005年1—6月，蒙牛酸酸乳在全国的销售额比2004年同期增长了2.7倍，很多销售终端出现了供不应求的现象。

从回避与伊利的冲突、到亦步亦趋地跟随伊利，蒙牛在创业之后几年内借风行船，很好地采取了跟随战略，从而快速塑造了自己的品牌，具备一定实力之后，又及时改变跟随战略，在产品结构方面有所侧重，与伊利有所区别，从而在某些方面超过了伊利。如，在冰淇淋市场，伊利第一，蒙牛第二，但是在液态奶市场，蒙牛高居第一。到2004年，蒙牛已经是全国乳业的第二品牌，而且发展势头很猛，大有超越第一品牌之势。在2022年度最具价值中国品牌100强榜单上，蒙牛以品牌价值100.02亿元排在第26位。

资料来源　佚名. 品牌策略：蒙牛VS伊利的成功战略剖析［EB/OL］.［2023-09-07］. https://cj.sina.com.cn/articles/view/1722714342/66ae88e600100rrh0.

在消费心理定位理论中，消费者的大脑处理信息的能力是有限的，消费者自动将商品分类，每一类只记住一到两个品牌，最多也只能记住六七个，因而会将其余的品牌过滤掉。定位理论把这个称为“心智阶梯”。当然，诸多研究机构都在不遗余力地研究消费者是如何排序的，即按照什么样的标准记住品牌的。但是，可以肯定的是，消费者绝大部分会受宣传的影响，不论是正面的商业广告，还是侧面的公益事业宣传、企业新闻报道，以及口碑效应等，只需要正确把握宣传核心点，达到目的并不是一件很困难的事！换句话说，想通过宣传争取市场份额，并不一定要用大规模广告轰炸这一手段；面对满是荆棘的征程，何必丢弃前人所开之路不走，而一定要选择壮士断腕、披荆斩棘呢？

根据“任何市场都是两匹马的竞赛”的市场营销二元法则来看，跟随战略的精髓并不是让企业从心态到行动都甘心做市场第二，而是去面对市场，“第一个”喊出“我就是老二”，并且第一个告知消费者我就是市场上的另外一匹马！

你不需要在充满大品牌的市场里成为第一，只要能在特定的“目标市场”中抢下第一的位置，或以独一无二的方法率先在消费者心中刻下令人难忘的印象，照样能攻城略地，壮大自身，达到目的。在新市场区域里，将看似无奇的产品或服务赋予新的创意，也能在消费者心中创造第一；或在既有的产品类别中为消费者提供新的选择，一样能打下一片天。

小案例8-2　**你降价我提价**

奔驰公司自创立以来就以高质量、高性能的汽车产品闻名，一直被认为是世界上最成功的高档汽车品牌之一。20世纪80年代初，日本丰田汽车公司嗅到了豪华车的商机，于是致力于打造一款高档车品牌，希望它能跟奔驰、宝马、林肯等这些豪华品牌一决雌雄。丰田汽车公司的工程师经过6年时间的潜心研究，终于打造出了一款性能好、外形独特的高档汽车的品牌——雷克萨斯。

雷克萨斯汽车被推向市场后得到了广泛好评，丰田汽车公司迅速打开了其在欧美的市场。不过，在进军美国市场时，他们遇到了前所未有的阻碍——此时奔驰的高档形象已经在美国人心中根深蒂固，雷克萨斯根本挤不进去。丰田汽车公司的总裁丰田章一郎想出了一个好办法：让广告公司在美国宣传时将雷克萨斯的图片和奔驰的图片并列放在一起，并用大标题在旁边备注："用36 000美元就可以买到价值73 000美元的汽车，这在历史上还是第一次！"

此外，雷克萨斯的宣传团队还在美国列出了潜在的顾客名单，他们不仅给这些顾客送去演示雷克萨斯汽车性能的录像带，还有精美的礼盒。录像带中有这样一段内容：一位工程师分别将两杯水放在奔驰和雷克萨斯的发动机盖上，当汽车发动时，奔驰车上的水晃动起来，而雷克萨斯车上的水却没动，这说明雷克萨斯的发动机在行驶时更平稳。

面对突如其来的挑战，奔驰公司不得不重新考虑定价策略。不过，出乎所有人的意料，此时担任公司副总裁的赫尔米特·沃纳作出了一个惊人的决定：提高奔驰汽车的价格！

奔驰公司这种应对价格战的态度引起了轩然大波。很多记者跑去采访，想一探究竟。赫尔米特·沃纳大气地说："奔驰是富裕家庭的车，和雷克萨斯不在同一档次。如果我们降价，就等于我们承认了自己定价过高，这样虽然可以争取到一定的市场份额，但会失去我们的市场忠诚度，导致消费者转向定价更低的公司；如果我们保持价格不变，销售额也会不断下降。所以，我们只有提高价格。不过请大家放心，我们提高价格的同时会增加更多的保证和服务，比如，免费维修期限增加到6年。相信我们的重新定价会得到广大消费者的认可。"

赫尔米特·沃纳的提价策略提出之后，果然得到了奔驰老主顾们的一致支持。奔驰公司的汽车销量不仅没有下滑，反而出现增长的趋势。与之相反，丰田汽车公司的雷克萨斯在美国的销售量一直提不上去，最后不得不放弃这个市场，宣告败阵。

立足商场，遭遇价格战在所难免。在这样的情况下，一般企业会选择一再降低自己的商品价格，奔驰公司却反其道而行之，化被动为主动，不仅摆脱了竞争对手的挑战，而且保住了市场，提升了品牌形象。所以，在面对难以解开的局面时，借风行船、打破常规也是让企业获得新商机的好办法。

资料来源　睿雪．你降价我提价［J］．领导文萃，2019（10）：107-108.

（执笔：包兴恋）

8.1.3 起点终点法

时至今日，笔者的脑海中依然清晰地记得初中数学老师教我们如何不用辅助工具就能画出直线的简单方法。

首先，将笔尖放在起点；然后，眼睛盯住终点；最后，用较快的速度将笔由起点移动到终点。利用这种方法，只需稍加练习，就能很快地掌握徒手画直线的要领。

仔细想想，这难道不是获取成功的捷径吗？“笔尖放在起点”，是在给自己定位。“眼睛盯住终点”，是在找准目标。“以较快的速度将笔由起点移动到终点”，是在通往成功的道路上努力排除干扰，以最快的速度抵达成功。

此法看起来再简单不过了，当你看到成功人士的成功事例时，归纳起来也无非就这么三点。找不好定位或目标，画出来的直线不够直，这就像你获得的成功并非你想要的，而这样的成功的意义又有多大呢？若不快速移动笔，则很容易把直线画成曲线，这就好比在成功的道路上走了弯路，耗费了精力和青春。

朋友，你从起点走向成功，能画出直线吗？

小案例8-3　洛克菲勒写给儿子的信

在多数情况下，父母的位置决定了孩子的人生起点，但这并不意味着，每个人的起点不同其人生结果也不同。

我小的时候，家境贫寒，刚上中学时所用的书本都是好心的邻居为我买的，我的人生开始时也只是一个周薪只有5元钱的簿记员，但我却建立了一个令人艳羡的石油王国。

在他人眼里这似乎是个传奇，我却认为这是对我持之以恒、积极奋斗的回报。

约翰，机会永远都会不平等，但结果却可能平等。在历史上，白手起家的事例俯拾皆是，然而，也充斥着富家子弟拥有所有优势却走向失败的事例。马萨诸塞州的一项统计数字说，17个有钱人的孩子里面，竟然没有一个在离开这个世界时还是富翁。

家族的荣耀与成功的历史，不能保证其子孙后代的未来美好。所以，在你和你的姐姐们很小的时候，我向你们灌输最多的是诸如节俭、个人奋斗等价值观念，因为我知道给人带来伤害最快捷的途径就是给钱。我不能用财富埋葬我心爱的孩子，愚蠢地让你们成为不思进取、只知依赖父母的果实的无能者。

约翰，你需要强化这样的信念：起点可能影响结果，但不会决定结果。能力、态度、性格、抱负、手段、经验和运气之类的因素，在人生和商业世界里扮演着极为重要的角色。只有决心做好准备的人才会赢得胜利。

我的儿子，享有特权而无力量的人是废物，受过教育而无影响的人是一堆一文不值的垃圾。找到自己的路，上天就会帮你！

资料来源　洛克菲勒. 洛克菲勒留给儿子的38封信［M］. 海兰，编译. 北京：九州出版社，2012.

在接受广告主的委托，为其创意策划时，王多明教授总结出了屡试不爽的“三点一线创意法”。

创意策划的前提是定位。定位的内容：第一是创意主的目标定位；第二是创意主体的闪光点定位；第三是创意受众的关心点定位。这三点是产生创意主题必须特别关照的“三要素”。创意主题和创意定位有助于确定创意方向，能决定创意的要素。

创意的“三点一线”如同用枪瞄准射击，靶心似创意主的目标，即创意主要达到的目的；枪口上面的“准星”则是创意主体的闪光点、卖点、独特的销售主张；枪身上的“缺口”应该是受众的需求点、关心点，也就是他们花钱要获得的东西。射击者将准星置于缺口中央，对准目标，在这“三点成一线”的瞬间扣动“扳机”，射出的子弹就能打中目标（如图8-1所示）。创意的目标点、闪光点、关心点三点成一线，及时击发，就能产生有实效的创意。人人都知道现在的“百度”“腾讯”，而不熟悉它们“起点的那一笔”，不知道它们是如何立足、开步、行进、克服困难，一路走来的。

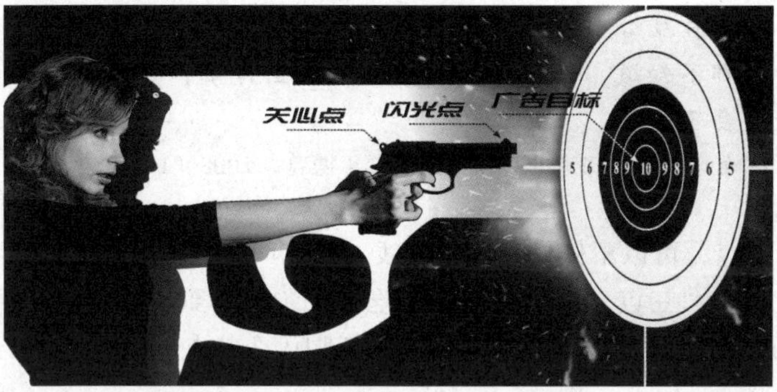

图8-1　广告创意的“三点一线”

以百度为例，以下这些情况，鲜有人知。

小案例8-4　　你不知道的“百度”

1998年12月，百度由李彦宏用100万美元风险投资创办，“百度”取自“众里寻他千百度”之意。

百度最初的办公室是一家招待所的两个廉价的房间，因为这两个房间长期无人问津，一间是1414号，一间是1417号，其谐音是“要死要死”“要死要气”。

百度开始只有李彦宏一个光杆司令，他到处招聘员工，但被人不屑一顾。他天天在北大和清华贴小广告，才勉强招来5名员工。

百度在创办第一年，因为无人知晓，无法盈利，每天平均要白白花掉3000美元。

在没有任何盈利的情况下，100万美元的风险投资打水漂了。李彦宏又引进300万美元，可依然颗粒无收。

李彦宏在欠下400万美元巨额债务后，经历了巨大的迷茫和煎熬，然后他继续前进，又引进风险投资1 000万美元。

就在新的资金到账后，百度依然以每天3 000美元的速度消耗掉这些资金。此时，李彦宏和他的同事们已经没有退路了。

促使李彦宏改变观念的是街头小店前的一个购物队伍。既然大家都在排队，何不把搜索引擎的用户也排一个队呢？谁给的钱多，谁就排前面。

当李彦宏开始进行“竞价排名”时，曾引起公司所有人的反对，大家一致认为这是一着险棋，拍桌子、摔椅子，激烈、决绝、大嗓门，李彦宏坚持如此。

李彦宏抛出“竞价排名”后，在各大门户网站和广大中小商业网站中引起强烈反响，李彦宏提出，排在搜索最前面的网站，每被点击一次，都要向百度交纳5美元。

在竞价排名后的第一年，金钱滚滚涌向百度，百度盈利1 000万美元。

百度上市后，3小时之内，股价涨到122美元，涨幅达到353%，打破了美国股市有史以来的纪录。

一夜之间，李彦宏身价超过了9亿美元，当年他第一批招来的5名员工都拥有上亿美元。另外，百度公司由此诞生了300多位百万美元富翁。

不知道，谁都不知道，但是，只要你努力和坚持了，对准目标，找准需求，选准方法，结局便会不一样。

资料来源 薛峰. 你所不知道的百度 [J]. 青年博览，2008（17）：27.

从起点到终点，可以不依仗直尺画直线，但在两点之间的经历，不是画直线那样简单，经历太多次“三点一线”的创意，吃够了预料不到的苦头，走到了“阶段性”的“终点”，在胜利的彼岸歇歇脚，还要继续把脚放在起点上，向下一个目标跋涉。

（执笔：王泽苑）

8.1.4 舍先得后法

下面几个小故事对创意思维很有启发意义。

威廉·里格利在芝加哥开了一家生产苏打粉的小公司。开始，里格利通过派发烹饪书籍和卫生用品来促销他的产品。后来，他跟当地一家口香糖制造商达成交易，每卖一份苏打粉，就搭配两支口香糖。当人们给他写信要求购买口香糖的时候，这位超凡的企业家认识到，机会正在向他叩响致富的大门。

他不仅继续出售苏打粉，还给那些向他大量订购口香糖的商店馈赠值钱的物品：免费的收银机、咖啡壶、精美摆设等。里格利的打算当然是用大量的赠品来激励商店的店主们继续推销他的口香糖，战胜其他的品牌。

里格利还是直接营销术的坚定信奉者。1915年，他汇集了美国所有的电话簿，给上面每一位用户（150万人）寄去了四支口香糖。到1919年，当他“故伎重施”时，电话簿上的用户已经达到700万之众了。

里格利这一免费推介为他带来了数不清的财富，同时，他也缔造了一个企业王国，而这个王国至今繁荣依旧，它就是美国箭牌糖果有限公司。

20世纪初，金·吉列发明了一种安全剃须刀，他希望借此发明实现当一名社会改革家的梦想。他在1903年做了第一笔买卖，卖出了51把剃须刀和168片刀片。这些数字没能改写任何纪录。于是，他开始在价格和市场定位上做起文章来。

吉列天才营销的点睛之笔，是伴随着第一次世界大战而出现的。在1914年至1918年这一时期，当士兵们收拾起行囊准备登船奔赴“远方”的战场时，吉列给每个人塞了一支安全剃刀，以便他们的“老式工具包”能腾出更多的地方，为此美国政府欣然签单，买下了大量的刀片。

战争结束后，士兵们回家了，他们继续使用安全可靠的吉列安全剃须刀，这些剃须刀伴随着他们钻过一道又一道战壕，跑遍了大半个世界，又被他们带回家了。

20世纪20年代，吉列进一步深化战略性的馈赠概念，在数不清的促销活动中，免费送出了难以计数的剃须刀，以推广可替换刀片。一次又一次，吉列将收回的利润又投入到业务中，将它的尖端营销概念扩展到世界各地。

当吉列1931年去世的时候，其资产达到了6 000万美元。在当时，这可是一笔不可思议的巨款。他掀起的男人剃须革命，是一项神奇的创举，它影响了这个星球上将近一半人的日常生活。

舍是为了得，成功例子数不胜数。“买一赠一”的促销活动曾经风行一时，后来又发展到买一赠二、赠三赠四……但是有的商家并没有收到预期的效果。例如，就在20多年前，许多照相馆打出“买6个柯达胶卷送柯达相机一架”的广告。即使这样，买胶卷的人还是很少。原因很简单，已经有不少摄影者在使用数码相机了，胶卷已经过时了。即便是免费得到了柯达相机，拍照要用胶卷，照相后冲洗胶卷还要花钱，而且使用老式相机拍照难以同“只要你轻轻一按，其他的事全由我解决”的数码相机相比。再如，卖高档葡萄酒的商家许诺，买一瓶葡萄酒赠一个价值15元的开瓶器，起初确实吸引了不少顾客，但是人们在买了一瓶葡萄酒之后，就失去了购买第二瓶的欲望，原因非常简单，他们并不需要两个开瓶器。这些商家失败的原因在于他们考虑的仅仅是通过“赠予”把那个“一”卖出去，而没有考虑赠予之后怎么办，说白了，就是没有长远的眼光。

赠予之后怎么办呢，这里面还真要有大智慧。

小案例8-5　父亲告诫儿子“先舍而后得”

一个年轻人，准备在他家所在的那条街上开商店，他向他的父亲征求意见：“我想在咱们这条街上开店赚钱，得先准备些什么呢？”

他父亲想了想说：“咱们这条街上商店已经不算少了，但门面房还有的是，你如果不想多赚钱，现在就可以租两间门面，摆上货柜，进些货物开张营业。如果你想多赚钱的话，就先得准备为这条街上的街坊邻居们做些什么。”

年轻人问："我先做些什么呢？"

父亲说："要做的事很多，比如，街上的落叶很少有人打扫，你每天清晨可以将街上的落叶扫一扫。还有，邮差每天送信，有许多信件很难找到收信人，你也可以帮忙找一找，然后将信及时送给收信人。另外，还有许多家庭需要得到一些一伸手即可做到的小帮助，你可以顺便帮他们一把……"

年轻人不解地问："可这些跟我开商店有什么关系呢？"他的父亲笑笑说："如果你想把自己的生意做好，这一切都会对你有帮助，如果你不希望把生意做好，那么这一切也许对你没有多大的作用。"

年轻人虽然半信半疑，但还是按他父亲说的去做了，他不声不响地每天打扫街道，帮邮差送信，给几家老人挑水劈柴，谁遇到困难需要帮助年轻人听说后都会去尽力帮助。不久，这条街上的人们都知道了这个年轻人。

半年后，年轻人的商店挂牌营业了，让他惊奇的是，来的客户非常多，一条街上的街坊邻居几乎都成了他的客户，甚至街那边的一些老人，舍弃距他们较近的门店，拄着拐杖，走很远到他的商店里来买东西。他很惊讶，问他们："你家的门口就有商店，怎么要舍近求远呢？"

他们笑笑说："我们都知道你是个好人，来你的店里买东西，我们特别放心。"后来，他送货上门，遇到一些暂时有困难的人家，他总是先让他们取走需要的货物，等什么时候人家有钱了再来还上；知道有人遭遇了不幸，他会主动登门慷慨相助。

几个月后，邻街上的许多人也纷纷到他的店里来买东西，又过了一年多，全城人都知道了他和他的小店，于是他在另外一些街道上开起了分店、连锁店，生意越做越大，仅仅几年的时间，他就从一个不名一文的年轻人变成了一个拥有庞大资产的企业家。

资料来源　张宁．人生要学会舍得［M］．沈阳：沈阳出版社，2012.

（执笔：王泽苑）

8.2 形象思维创意

形象思维创意是通过视觉形象、听觉形象、语言形象等来进行思维的创意方法。

8.2.1 形象思考法

形象思考法是用直观形象和表象解决问题，以反映事物的形象为主要特征的思考方法。这是一种本能的思维方式，幼儿都是通过形象来思考和记忆的，在不断成熟的过程中，思维方式由形象思维向抽象思维逐渐过渡。形象思维并不比抽象思维低级，形象思维在思维过程中发挥着不可或缺的作用。形象思考是引起联想和想象、激发灵感的重要诱因，也是构思新理论、带来新设想的不可缺少的思考方法。

形象思考是艺术家们进行创作的主要思考方式，可以说文学、艺术作品纯粹是形象思维的杰作：在生活实践的基础上发挥想象力，描绘出生动的意象，甚至构思出现实中不存在的事物。

人们习惯认为艺术创作需要形象思考，科学研究需要抽象思考，事实上，这是一种误解。

形象思维对艺术创作确实很重要，在科学领域形象思维同样发挥着不可忽视的作用。在科学研究、技术应用、发明创造等领域同样需要形象思维，列宁曾说："有人认为只有诗人才需要幻想，这是没有理由的。这是愚蠢的偏见！甚至在数学上也是需要幻想的，甚至没有它就不可能发明微积分。"

爱因斯坦在给朋友的一封信中解释说，他很难把他的科学哲学表述出来，因为他并不以那样的方式思考问题，而是以形象和图表的形式进行思考。广义相对论的创立实际上就是起源于这样的自由想象。有一天，爱因斯坦正坐在椅子上发呆，他突然想到，如果一个人自由下落，他是感觉不到自己的体重的。爱因斯坦说，这个简单的理想实验"对我影响至深，竟把我引向引力理论"。

伽利略是一位擅长形象思考的科学家，可以说他就是凭借着形象思考使科学实现了革命性的突破。他在用数学方法分析科学问题的同时，还用图像和表格使自己的思想形象化。和所有取得伟大成就的科学家一样，他也擅长类似白日梦的幻想和想象，并通过这种方式取得了成就。

形象思考的作用主要体现在以下几个方面：

首先，形象思考可以给我们带来发明创造。很多发明创造都是人们在某件事物的原型基础上发挥想象和联想，进而设计制作出来的。比如以飞鸟为原型发明了飞机，以在水中游弋的鱼为原型而发明了船……

其次，形象思考可以补充抽象思维的不足。抽象思维在思维过程中起着很重要的作用，但是，如果片面地依赖抽象思维而忽略形象思维，就会走极端，不利于开发思维潜能。这里涉及左右脑的问题，左脑掌管逻辑和数字，右脑掌管形象和直觉。如果只用一种思维方法就会大大限制大脑的思考能力，只有左右脑并用才能最大限度地开发大脑的创造力。

最后，形象思考可以帮助我们建立理想模型。无论是文学艺术领域还是科学研究领域，都需要建立模型，要想建立理想的模型就要运用形象思考。比如，小说中的人物形象就是运用形象思考法塑造的。这种模型可以有一定的现实基础，也可以是纯粹的幻想，但是都需要发挥想象。科学研究中需要用到模型的地方也有很多，比如霍金对宇宙形态的设想实际上就是用形象思考法塑造的宇宙模型。即使在太空中我们也无法看到宇宙的全貌，所以只能在已知理论的基础上进行想象。想象的模型或实验往往能带来重大的理论发现。

对同一个概念，当用不同的思维方式向别人传递信息时，会有截然不同的表述。对区块链的介绍就是一个例证。

2019年10月24日下午，中共中央政治局就区块链技术发展现状和趋势进行第十八次集体学习。习近平总书记在学习时强调，“把区块链作为核心技术自主创新重要突破口”.“加快推动区块链技术和产业创新发展”。最高层的前瞻判断，让“区块链”走进大众视野，成为金融资本、实体经济和社会舆论共同关注的焦点。

那什么是“区块链”?

形象思维是这样介绍区块链的：

比萨店的电话铃响了。客服拿起电话：

客服：您好!请问有什么需要我为您服务?

顾客：你好！我想要一份……

客服：先生，请先把您的会员卡号告诉我，好吗?

顾客：16846146***。

客服：陈先生，您好！您住在泉州路一号12楼1205室。您家电话是2646****，您公司电话是4666****，您的手机是1391234****。请问您想用哪一个电话付费?

顾客：你为什么知道我所有的电话号码?

客服：陈先生，因为我们联机CRM系统。

顾客：我想要一个海鲜比萨……

客服：陈先生，海鲜比萨不适合您。

顾客：为什么?

客服：根据您的医疗记录，你的血压和胆固醇都偏高。

顾客：那你有什么可以推荐的?

客服：您可以试试我们的低脂健康比萨。

顾客：你怎么知道我会喜欢这种的?

客服：您上星期一在国家图书馆借了一本《低脂健康食谱》。

顾客：好。那我要一个家庭大号比萨。

客服：陈先生，大号的不够吃。

顾客：为什么?

客服：因为您家一共有6口人。来个特大号的，怎么样?

顾客：要付多少钱?

客服：99元。这个足够您一家6口吃了。但您母亲应该少吃，她上个月刚刚做了心脏搭桥手术，还处在恢复期。

顾客：那可以刷信用卡吗?

客服：陈先生，对不起。请您付现金。

顾客：你们不是可以刷信用卡的吗?

客服：一般是可以的，但是您的信用卡已经刷爆了，您现在还欠银行4 807元，这还不包括您的房贷和利息。

顾客：那我先去附近的提款机提款。

客服：陈先生，根据您的记录，您已经超过今日提款限额了。

顾客：算了，你们直接把比萨送我家吧，家里有现金。你们多久会送到？

客服：大约30分钟。如果您不想等，可以自己骑摩托车来取。

顾客：为什么？

客服：根据我们CRM全球定位系统车辆行驶自动跟踪记录，您登记的一辆车号为SB-****的摩托车，目前正在解放路东段华联商场右侧行驶，离我们店只有50米。

顾客：好吧。(头开始晕)

客服：陈先生，建议您再带一小份海鲜比萨。

顾客：为什么？你不是说我不能吃吗？

客服：根据我们CRM通信系统分析，今天您与一位女性通话频率高、时间长，今天又是2月14日，我们分析对方应该是您的爱人，而这位手机用户近来一直买的是海鲜比萨，她应该喜欢这种口味。

顾客：……

客服：您最好现在就送回家，否则您就不方便出来了。

顾客：为什么？

客服：根据我们的定位系统，您的爱人大约30分钟后到家。

顾客：我为什么要出来？

客服：您已在汇峰酒店定了今晚的房间，估计您是与爱人约会吧？

顾客：当即晕倒……

这就是区块链！

总结：每个人在区块链的面前没有任何隐私可言。未来，所有进入区块链管理的人都将守规则，社会秩序会越来越好，因为在区块链面前，遵守规则才是正路，否则，你将没路可走！[①]

逻辑思维是这样介绍区块链的：

为了理解区块链如何创造信任与合作机制，深入到具体的应用场景，就能够看得更加清楚。

（1）存证

区块链“不可篡改”的特点，为经济社会发展中的“存证”难题提供了解决方案。只要能够确保上链信息和数据的真实性，那么区块链就可以解决信息的“存”和“证”难题。比如，在版权领域，区块链可以用于电子证据存证，可以保证不被篡改，并通过分布式账本链接原创平台、版权局、司法机关等各方主体，可以大大提高处理侵权行为的效率。

（2）共享

区块链“分布式”的特点，可以打通部门间的“数据壁垒”，实现信息和数据共享。在公共服务领域，区块链能够实现政务数据跨部门、跨区域共同维护和利

① 侯宁．什么叫区块链？[EB/OL]．[2023-09-12]．https：//weibo.com/1483330984/IdSwvr1Hg？type=comment#_rnd1592811011096.

用，为人民群众带来更好的政务服务体验。目前已经有一些地方探索将房地产数据上链，在买房的时候，老百姓只需要到银行跑一次就可以实现产权过户。可以预见，随着“区块链+政务”的落地，跨部门的业务协同办理将成为常态，以后再也不需要“证明我妈是我妈”了。

（3）信任

区块链形成“共识机制”，能够解决信息不对称问题，真正实现从“信息互联网”到“信任互联网”的转变。

（4）协作

拓展阅读 8-1
区块链的用处

区块链通过“智能合约”，能够实现多个主体之间的协作信任，从而大大拓展了人类相互合作的范围和深度。[①]

形象思维和逻辑思维分别介绍了区块链，其中形象思维式的介绍让人能更容易了解什么是区块链。

（执笔：王多明）

8.2.2 形象思维法

1）形象思维的内涵

形象思维又称直感思维，是指以具体的形象或图像为思维内容的思维形态，是人的一种本能思维，人一出生就会无师自通地以形象思维方式考虑问题。

在思维中，事物形象的产生首先是通过感知、表象实现的，表象是形象思维的原材料，形象思维是通过对表象的形象加工来反映事物的。形象思维具体有两种方法：一种是不破坏原来的表象形象而通过形象关系把握对象；另一种是把各种表象形象加以分解，重新组成新的复合形象。前者是联想的方法，后者是想象的方法。

马未都把男人女人的婚姻形象地比作一个球。

小案例8-6　　半球理论

任何一个男人或女人在婚姻社会上只是个半球，必须捏合在一起才能滚动。问题是男女之间的直径不一，很难保持一致。如果直径差距不大，完全可以磕磕绊绊地往前滚，滚着滚着棱角就磨平了，滚起来就舒服一些；如果直径相差过大，无论初始力有多大，滚着滚着就滚不动了，只好一拍两散，另觅新人。两人直径完全一致极为罕见，据说天下有一见钟情，一生没有拌过嘴，同日拉手升天者，此乃神仙。

爱情直径不是一种科学数据，无法测量，它是个文学表述，构成极为复杂，甚至随时可变。它由家庭背景、文化教育、个人性格、人生经历乃至癖好等多重因素组成，甚至外力的出现都可能临时或永久改变其直径。一个人的直径是否坚强，实际上也有赖于个人的修养及对方的帮助，所以两个人能不能很好地“滚球”，实际

---

① 李拯．区块链难懂？评论员讲给你听［N］．人民日报，2019-10-28.

上是一场人生修炼。

人生“滚球”如路途平坦还比较容易长久，但一遇坎坷，捏起来的“球”的黏合力就会受到考验，途中还有大量的半球诱惑，往往这半球磁性还大，大部分的球都是在坎坷和诱惑中裂开的，怎样保持男女双方的直径尽可能地统一是爱情马拉松的课题。

爱是抽象的，情是具象的；爱情是自然的，婚姻是非自然的；在法律框架下经营爱情，是人类自己为自己出的难题。知道自己是一个半球，知道自己还有“直径”这样一个局限，就应知道怎么应对对应半球的直径，把科学改造成为美学。

资料来源　马未都．半球理论［J］．思维与智慧，2021（30）：17.

形象思维方法直接将眼睛看到的图画、耳朵听到的声音、鼻子嗅到的气味、舌头品到的口味、皮肤碰到的触觉这些感知形象记忆在头脑中，人们不但记忆了一个个的感知形象，还记忆了感知形象出现的先后顺序。

形象思维内在的逻辑机制是形象观念间的类属关系。抽象思维是以一般的属性表现个别的事物，而形象思维则要通过独具个性的特殊形象来表现事物的本质。因此说，形象观念作为形象思维逻辑的起点，其内涵就是蕴含在具体形象中的某类事物的本质。

形象思维是反映和认识世界的重要思维形式，是培养人、教育人的有力工具，在科学研究中，科学家除了使用抽象思维以外，也经常使用形象思维。

在企业经营中，高度发达的形象思维是企业家在激烈而又复杂的市场竞争中取胜不可缺少的重要条件。高层管理者离开了形象信息，离开了形象思维，他所得到的信息就可能是间接的、过时的甚至不确切的，因此也就难以做出正确的决策。

2）形象思维的基本特点

（1）形象性。形象性是形象思维最基本的特点。形象思维所反映的对象是事物的形象，思维形式是意象、直感、想象等形象性的观念，其表达的工具和手段是能为感官所感知的图形、图像、图式和形象性的符号。形象思维的形象性使它具有生动性、直观性和整体性的优点。

（2）非逻辑性。形象思维不像抽象（逻辑）思维那样，对信息的加工一步一步、首尾相接、线性地进行，而是可以调用许多形象性材料，一下子合在一起形成新的形象，或由一个形象跳跃到另一个形象。它对信息的加工过程不是系列加工，而是平行加工，是平面性的或立体性的。它可以使思维主体迅速从整体上把握住问题。形象思维是或然性或似真性的思维，思维的结果有待于逻辑的证明或实践的检验。

（3）粗略性。形象思维对问题的反映是粗线条的，对问题的把握是大体上的，对问题的分析是定性的或半定量的。形象思维通常用于问题的定性分析，抽象思维可以给出精确的数量关系，所以，在实际的思维活动中，往往需要将抽象思维与形象思维巧妙结合，协同使用。

（4）想象性。想象是思维主体运用已有的形象形成新形象的过程。形象思维并不满足于对已有形象的再现，它更致力于追求对已有形象的加工，进而获得新形象。所以，形象性使形象思维具有创造性的优点。这也说明了一个道理：富有创造力的人通常都具有极强的想象力。

3）进行形象思维的几种方法

（1）模仿法：以某种模仿原型为参照，在此基础之上加以变化产生新事物的方法。很多发明创造都建立在对前人或自然界的模仿的基础上，如模仿鸟发明了飞机，模仿鱼发明了潜水艇，模仿蝙蝠发明了雷达。

（2）想象法：在脑中抛开某事物的实际情况，而构成深刻反映该事物本质的简单化、理想化的形象。直接想象是现代科学研究中广泛运用的进行思想实验的主要手段。

（3）组合法：从两种或两种以上事物或产品中抽取合适的要素重新组合，构成新的事物或新的产品的创造技法。常见的组合法有同物组合、异物组合、主体附加组合、重组组合四种。

（4）移植法：将一个领域中的原理、方法、结构、材料、用途等移植到另一个领域中去，从而产生新事物的方法，主要有原理移植、方法移植、功能移植、结构移植等类型。

4）形象思维在商业包装设计中的作用

在现代商业设计中，任何形式的设计都离不开形象思维。商业包装设计是为了保护商品（功能）和促进销售（目的），其设计行为和过程离不开形象思维。商业包装设计是一种创造性的形象思维的组合活动。无论是食品、化妆品还是洗涤用品，商业包装设计都是一种以形象为设计的思维活动。商业包装设计从草案阶段到正稿确立都是以形象思维为主体的视觉化表现活动。每一个具体包装商品的视觉元素形态，其最后完成都要经过思维加工组合，有的甚至要经过多次反复的思维加工和组合才能得到完美的形象。所以，在商业包装设计过程中，离开了形象思维活动也就谈不上商业包装设计组合过程。

商业包装设计过程中无论是市场调查、收集材料和利用资料，还是设计草图方案、修改及完成，始终贯穿着紧张而复杂的思维。逻辑思维虽然是其中最基本的思维方式，但是在整个包装设计过程中形象思维所起的重要作用是不可缺少的，它具有想象和扩展思维的作用。

在商业包装设计活动中，选择是关键性的问题。逻辑思维往往难以实现创造性的功能，从思维心理和思维过程的本质上看，一般不产生新的质，从思维结果上看乃是人们正常思维的再现和重复。而形象思维具有跳跃性、联想性和想象性，可以突破思维常规，摆脱传统思维定式的束缚，从而形成超常的新发现、新突破。

在商业包装设计发展过程中利用联想和想象的例子屡见不鲜，如我国传统包裹形式中，用竹叶包裹粽子，用贝壳盛蛤蜊油，用竹子编制箧筐等，所有这些早已显示联想和想象在形象思维活动中的威力。

形象思维是灵活多变的联想和想象，给商业包装设计思路带来了无限的契机。运用联想和想象使头脑中原有信息之间可以产生联系、外部新的信息与头脑中原有的贮存信息更可以形成对比。接近的形象、相似的形象、对立的形象能否联系在一起，是形象思维过程中要考虑的关键因素。例如，人们常用的形象思维模式是：观察—类比—想象—模拟。形象思维的具体模式对商业包装设计很有帮助。商业包装具有展示商品形象的价值，商业包装研究的对象往往是有具体形象的客观实体，是对形象的感受、贮存、识别、展示过程。

设计商业包装时，往往需要对商品的外部形态和内在属性进行形象的描述。这是形成科学概念、理论体系的重要依据。商品性能、质量，与同类商品的区别，商品的作用、功能、价值，都离不开形象的展示作用。例如，世界品牌“可口可乐”和“百事可乐”的饮料包装同是以品牌为主体的形象思维设计，在包装的设计思维中都是围绕包装造型来实现各自功能的，给消费者的形象感受是“玻璃瓶”和“大塑瓶”的区别，记忆点是标志和色彩的区别。

5）形象思维与符号在商业包装中的应用

商业包装是通过图形符号系统中的造型、结构、图文、颜色来直观表现商品的设计形式，其中实物图、照片、示意图中要描绘或拍摄有形的可观察的商品形态。实物图生动、细腻，具有真实感，能够较好地展示商品包装的性能，给人留下清晰的印象。

在包装中不管是应用图示还是照片，主要是为商品提供真实的依据，较客观地再现商品的形态和属性。同美术创作一样，商业包装的形象化表现不能离开作者头脑中的表象运动，也离不开形象思维活动。

另外，在商业设计中被广泛采用的点、线、面、几何形状和一些特殊示意图，主要是通过抽象的图形表现变化的趋势、规律或者某些因素的相互关系，比如曲线形象可以增强画面活力，块面形象可以加强画面力度，点可以点缀主题，示意图能达到分解作用，使消费者在使用的过程中得到引导指示。通过直观形象的图形能够启发对事物的思考和研究。抽象图形具有高度概括的理性意义，因为有些商品不可能用纯客观的图形表达出本身的属性，而往往需要用象征手法。

在商业包装设计中，不管是运用具象图形还是抽象图形，都脱离不了形象思维的联想，甚至越是抽象的事物越是需要借助形象思维，在形象的感知与实践中进行把握。

在图形符号形象思维应用活动中，可以把符号的应用概括为以下几种形式：

（1）图形符号的记认性：主要用摄影照片来表现商品真实感，易于使消费者对商品形成直接认知。

（2）图形符号的指意性：对形象的选择、变化、夸张表现，能起到引导消费的作用。

（3）图形符号的象征性：用抽象图形来表达和暗示产品特征，使消费者产生联想。

（4）图形符号的鲜明性：对企业品牌形象的应用，使消费者对商品包装产生直接认知。

（5）图形符号及产品特性：利用包装外形特征来表现产品的历史及现代消费的时尚性。

所以，在商业包装设计中，主要是如何对商品特性做有趣的表现，应用形象思维方法处理好符号元素与商品品质之间的关联，这样才可能达到促销目的，才能够使商业包装设计满足消费者的诉求。

（执笔：魏旻宏）

8.2.3 形象描摹法

形象描摹法用形象思维去解决创意的问题，在完成创意的艰巨任务中，创意人要用语言、文字、图画、表格或其他能表现他的思维成果的手法，向其他人描述、摹写他的思维过程或成果。

这里的“形象”有自然形象和人造形象之分。自然形象如秋霜冬雪、春风夏雨、奇山异峰、小溪洪流等，人造形象如农田水库、亭台楼阁、电影电视、路牌广告、人造卫星等。

形象还有艺术形象和科学形象之分。艺术形象是文学艺术家通过创造性劳动生产出来的，如“杨子荣”“阿庆嫂”、山水鱼虫画等。科学形象是科学家创造出来的形象，如航天飞机、机器人、化学元素周期表等。

形象是通过人的感觉器官感受的，所以形象还分为视觉形象、听觉形象、语言形象等。例如，田园风光、小桥流水、画中美景是视觉形象；风声、蝉鸣、音乐是听觉形象；语言形象是用语言、文字、图表所描述的形象，文学作品中的各种人物形象就是语言形象。

形象描摹法，要点在“描摹”，通过视觉、听觉、语言等描摹的形象，与自然表现的形象相比，更能感化人、启迪人，带领受众进入一个新领域。在田园风光、小桥流水中生活的农家，对眼前的美景习以为常，熟视无睹，这样的美景经过画家、摄影家的艺术描摹再创造，能产生价值连城的艺术品；风声、蝉鸣等自然之声太平常了，经过音乐家的形象描摹后，产生的艺术作品能让无数人陶醉；我们每天用语言交流沟通，用手机发微信，表达自己的意愿和要求，但是，当我们读到作家们写的诗歌、散文、小说后，获得的感受会大不相同，他们描摹的艺术形象来源于生活却高于生活，耐人寻味，久久留在我们的脑海里。

钱学森在《关于思维科学》中说：“思维科学的基础是研究人的有意识思维规律的科学”“有意识的思维，除抽象（逻辑）思维之外，还有形象（直感）思维和灵感（顿悟）思维”。

王南在《论形象思维的普遍性》一文中说：“他（指钱学森）还明确指出，形象思维学应是思维科学中三大基础科学之一。”对形象思维的研究表明，人们进行形象思维这种重要的思维活动要早于别的思维方式，它在“人类的幼年”和人们成长的幼年时首先出现。

关于形象描摹所使用的材料的主要特点，王南概括为形象性、创造性、感情性。

第一，形象性。离开形象，形象描摹法就不存在。设计创意人员为商品设计形象时，心中早已有了这个具体的商品的形、色、质等方面的元素；策划创意人员策划活动时，他的头脑中已经想好了活动的内容、形式、可能产生的效果等方面的样式、图形、画面、场景、表达方式、语言设计等，然后才能诉诸文字和口头表达。文案创意人员撰写文稿时，要用形象来表达诉求；撰写电视脚本或分镜头剧本的创作人员早在动笔之前，头脑中就已经一幕一幕地出现了画面、语言、音乐、音响、镜头景别、拍摄技巧等，其中蕴含的深意要通过这些表现出来，或让观众在观看时去领悟、体会。这些都要运用形象思维来完成。

第二，创造性。设计师进行创意时，要调动他大脑中原来储存的诸多形象，将这些形象进行分化、组合、变异、创新，产生一个目前尚无但已存在他大脑中的形象，这个形象具有创造性。形象描摹使用多种手段和多个过程对原有的形象进行筛选、提炼、加工，使新形象不同于旧形象，这就是形象描摹法的创造性。

第三，感情性。形象思维总是带着感情出现在人们的面前。对于自然的形象，人们把它们当成有血有肉有情感的“人”来描摹，如安徽的旅游广告语：“美好安徽，迎客天下”。至于人造形象，那更是要紧紧抓住感情大做文章。如：“维维豆奶，欢乐开怀；海尔电器，真诚到永远；农夫山泉，有点甜；保护嗓子，请用金嗓子喉宝”等，看到听到这些情感至深的广告语，受众怎能不被打动呢？

在艺术形象的描摹中，感情是必不可少的，文学作品中“生死”“爱恋”是永恒的主题。作者把感情倾注于形象描摹之中，爱人物之所爱，悲人物之所悲。读者在阅读作品时，也将自己的感情与作品中的人物联系在一起，为人物的喜而喜，为人物的悲而悲。科学形象如机器人也能为其主人尽忠献身。

在一个完整的形象描摹过程中，形象感受—形象储存—形象判断—形象创造—形象描摹这5个环节环环相扣，前后联系，但各个阶段又各有独立性。

第一，形象感受。形象感受是形象思维的基础，也是其他思维活动的基础。广告策划者在对广告主及其商品进行认真的调查后，有了丰富的感受，才能在这个基础上产生形象思维。一个对商品毫无了解的策划者，绝对不可能提出切合实际的策划意见。

第二，形象储存。形象储存即形象记忆，我们感受形象，获得、记住这些形象，头脑中就不会空空如也。当我们进行形象思维时，会把大脑中的形象记忆“翻”出来，与其他形象联系在一起思索，也会将其与现实中看到、听到的形象做对比。

比如，要为甲种酒做广告创意时，创意人员大脑中要有乙种酒、丙种酒、丁种酒，甚至更多有关酒的知识和形象记忆，没有这个条件，他将无法进行创意思维。

鲁迅在写《阿Q正传》时想多写一些阿Q在监狱里的生活，为此，他想去坐一次牢，好好体验一下监狱生活，但最终没有去成，所以他只得轻描淡写地介绍了一下阿Q在监狱的情形。

第三，形象判断。形象判断即形象识别。通过生活感受和体验，我们获得了知识和经验，丰富了大脑的储存，这一大堆原始储存材料并不是杂乱无章地放在一起的。对其进行筛选，将那些有用的、感兴趣的、同过去的感受有某种联系的、周围的人也十分关注的，放在大脑记忆的重要位置，以便随时可以“提取”——回忆起来。对这些感受，进行形象思维的人会让它们在大脑中多次出现，反复强调，当作自我传播，提示自己要记住它们。

形象判断是一种自觉的行为，是由有意注意开始的，将感受器官传向大脑的信息迅速进行整理，将主要的、次要的，集中的、分散的，清晰的、模糊的，熟悉的、生疏的，感兴趣的、暂时不感兴趣的进行辨别、分类，为下一环节要进行的形象创意做准备。

第四，形象创造。形象创造是形象思维的最重要的阶段，是创意升华的阶段。在这个阶段，并不是具有同样的形象感受、形象储存、形象判断的人，都能产生出形象创造的火花，或者都能产生出同样的创造性形象。因此，这个阶段应该是我们研究的重点，也是我们进行形象思维训练的难点。

形象创造在我们的大脑中，要通过想象、联想、组合、排列、模拟、模仿、测算、触类旁通、探幽发微等，让那些记忆牢固的、感兴趣的、闪光的、能与形象创造思路发生联系的形象站队、集合，组成新的有意义的创意形象——创造出典型艺术形象或科学形象或广告活动中新的“主意”和奇特的“点子”。

第五，形象描摹。形象描摹是形象思维过程中的最后一个环节。从广告的角度看，仅是广而告之的开始，从传播学的角度看，仅是信源发出了信息，拉开了此次传播活动的序幕。

经过了形象思维活动的前四个阶段，思维者的形象创造需要通过一定的描摹手段，如语言、文字、线条、色彩、手势、音响、旋律、体态、眼神等，把它表现出来，输出脑外和体外，使受众能明白思维者的创意成果，使信宿能接收信源传播出来的信息，使电视、电影作品的观众可以感受到创作者的形象创造成果，使小说的读者能被作品中的人物和情节触动，使绘画的欣赏者为精彩的创意叫绝。因而，形象描摹也是形象思维过程重要的一环。可以说，人人都在进行最普遍的形象思维，但真正能留下有创意的成果并经得起历史的大浪淘沙的，并不算多。

形象思维的五个过程之间并没有分明的界限，而是能相互交融的。这五个阶段有时是同时进行的，比如在形象感受的同时调动了形象储存，立即做出形象判断，瞬间便产生了形象创造，并很快用语言表达出来。

形象思维过程并不排斥抽象思维，还得借助抽象思维常用的概念、判断、推理、证明等环节。在一个具体的思维过程中，形象思维和抽象思维始终交织在一起，难分难解，相互影响，相互促进，共同为人们完成认识和创造服务。例如，记者采访时主要运用逻辑（抽象）思维、形象思维和灵感思维。记者站在新闻事实和读者中间，要用大脑客观地反映耳闻目睹的事实的本质和规律，在运用思维时，既要有科学家的逻辑推理判断能力和数学家的精细准确的概括能力，又要有文学家善于用形象表现自己的思想的能力，记者的劳动是一种特殊的创造性劳动，在进行采访时，它必然要使用灵感思维。

在我国的绘画史上，许多脍炙人口的创意佳话与形象描摹法有极其密切的关系。下面几个作品足以说明中国绘画讲究“意”的提炼，令人惊叹。

其一，清人沈宗骞的《芥舟学画编》中记载了南宋画家李唐的一则故事：宋代画院有一次以“竹锁桥边卖酒家”为题，叫画家们创作。许多人都考虑如何表现酒家，在画面上出现楼阁、人物、疏竹、大桥、酒肆，显得热热闹闹。这些内容虽然是对形象储存的大量提取和使用，但没有对题目的“诗意”做深刻的理解，算不上上乘的形象思维。唯独李唐的画，根本没有酒家，也无人物出现在画面上。他画出桥头密密的竹丛中挑出一个“酒”字布帘广告，把诗句中的“竹锁”二字做了最准确的形象描摹。在评议中，李唐的创意显然比其他人更胜一筹。这种以简胜繁、以拙藏巧的手法，被沈宗骞评论为“露其要处而隐其全”。

这种创意思维的技巧，在广告设计创意中被高明的设计者娴熟地运用，产生了“伟大的简单”这样一种创意原则。台湾黄禾广告公司的总经理何清辉的许多广告设计创意，就得益于“露其要处而隐其全”的创意原则。

其二，宋徽宗时朝廷设立了画院，每年考画录取新生。有一年主考官以“深山藏古寺”为题，命考生们作画。结果，有的画面上有高山峻岭，山下一座古庙；有的画面上是苍山幽径，丛林中闪现出一古庙的塔顶；还有一幅画，既没有古庙，也没有能显示古庙的任何一种建筑物，而是在云雾缭绕的大山小溪旁，画有一个汲水的老和尚。主考官对画一一点评，认为第一类画山寺俱在，构思平淡，技法一般，没有创意；第二类画以塔顶点出古寺，“藏”的含意有所表现，技法比第一类略高一筹，但创意不够新奇；唯有那一张老和尚下山汲水的画暗示出山中有古庙，深藏其间而不可见，创意奇特，构思奇巧，落笔不凡，这座庙年岁久远，多年未有小和尚入寺出家，只好由老年和尚自己来汲水。这幅画的考生当然被录取了。

创意讲究新、奇、怪，但又在情理之中，让人在看后细细品味，方觉“妙”。

许多路牌广告一块挨一块地立在路边，这也是一个个设计者如考生一般交出的答卷，而主考官则是受众和消费者们。那些与众不同又深得其“妙”的创意设计，一定能获得路人的驻足观看，也会让人记住广告诉求，为销售商品准确地传达出有效的信息。

其三，宋徽宗时期，有一年，朝廷决定举行一次绘画比赛，全国的画家云集京城。到考试那一天，主考挥笔写下“踏花归去马蹄香”七个字，让画家们就题作画。很显然，这句诗的重点是“花香”。而绘画本是诉之于视觉形象的艺术，要把看不见摸不着的花香通过画面表现出来，这是很难的事。因此，画家们面面相觑，一筹莫展。有的画家绞尽脑汁，画了鲜花花瓣，在“花”上下功夫；有的煞费苦心，画了跃马扬鞭的骑手，在“马”上打主意；有的画出达官显贵、文人仕女骑马在花丛中穿行。主考担心这次比赛选不出一张名画来。正在此时，有一画家画了一匹回城的奔马，几只蝴蝶绕着马蹄在翩翩飞舞，他没画马蹄下的花，也不去刻意画人，“踏花归去马蹄香”的意境却跃然纸上。

这种使视觉形象化并让人感到嗅觉也参与其中的形象创意，确实很高明。中国菜讲究“色”“香”“味”俱全，把“色”放在首位，就是体现先看到、后闻到、再尝到的顺序，当食客们看到菜的诱人之“色”时，便会产生食欲。电视广告演员为表现“香”而让鼻翼微微地一动，脸上愉悦的表情可以告诉观众，这种商品真“香”。

其四，齐白石91岁高龄的时候，有一天，作家老舍来拜访他。谈话间他们说到清人查慎行的一句诗“蛙声十里出山泉”，老舍提出请白石老人以诗作画。这句诗虽然明白晓畅，但含意极其丰富：不仅规定了环境和季节，还录入了蛙声，要表现“山泉”的背景，要在尺幅纸上表现出“十里”的巨大空间，还要用视觉艺术绘出能让观众感受到的“蛙声”。齐白石答应作画。几天后，白石老人匠心独运地创作了一幅杰作，向老舍交卷。

这是一幅四尺长的立轴。画面上一片急流从长满青苔的乱石中泻出，几只逗人喜爱的小蝌蚪在流水中嬉戏，摇曳着小尾巴顺流而下，高处抹上了几笔远山。这远山、乱石、流水、蝌蚪，蕴含着画家多么巧妙和深湛的创意啊！画面上虽然没有半只青蛙，但人们从这些生机勃勃的蝌蚪想象得出，蛙声正伴着泉声奏出了迷人的交响乐。这沛然而下的山泉，蜿蜒流转，流到哪里就把蛙声带到哪里，这岂止是“十里蛙声”，人们完全可以想到二十里、三十里……

老舍看了，深深叹服齐白石艺术构思的神妙：“真不愧为当代画坛的大手笔”。

其五，晚清时，有一位和尚画家，法名竹禅。他善画道释人物，花卉兰竹，画风奇特，别具一格，也就是说，他善于进行形象创意思维。有一次他云游京城，被召到宫里作画。那时宫里画师众多，各有所长。一天，一位宦官向画家们宣布：“这里有一张五尺宣纸，慈禧太后要画一幅九尺高的观世音菩萨像，谁来接旨应命？”画家堆里，没有一人敢出来接旨。竹禅想了想，说：“我来接！”他磨墨展纸，一挥而就，大家一看，无不惊奇叹绝，心悦诚服。

原来，竹禅画的观音和大家常画的并无多大差异，只是观音正在弯腰拾净水瓶中的柳枝，如果观音直起腰来则正合九尺。这张画传到了慈禧手中，她连连称善。

五尺宣纸要画出九尺高的观音菩萨站像，这要求画家发挥聪明才智，有新的创意才能完成。我们的创意人要打破时空限制，创作出人们想象中的空间和时间，就要认真提高自己的形象描摹能力。

怎样培养和提高形象描摹能力呢？

第一，深入生活，细心体察，增强对形象的感受能力。深入生活是提高形象思维能力的基础。形象在生活之中，只有深入生活才能提高对形象的感受、储存、判断的能力。要完成形象创意思维，必须做大量的调查，包括企业调查、商品调查、消费者调查、市场容量调查、竞争对手调查等。没有这些来自生活的形象感受和储存，再高明的“点子大师”也不能产生有用的创意。

第二，选择典型，认真比较，提高形象判断能力。典型形象是充分表现作者创作意图的形象，抓住了典型形象的描摹，创意思维就有了根本。在上文列举的五则绘画创意中，创作者抓住了根本，巧妙地把意境表现出来，使作品让人叫绝。宋徽宗曾给画师们出了一个“万绿丛中一点红”的题目，让大家以画来表现。画师们纷纷调动他们的形象储存，有人画出在绿树丛中有一位抹口红的女子；有人画出青山绿水间有一朱红的亭子；有人画出碧绿的树中间一株杜鹃花开得正红；有人画出一只丹顶鹤在绿波荡漾的湖中低飞；有人画出碧波万顷的海面上正升起一轮红日……这些画师可谓拿出了看家本领。但是，宋徽宗只看中了两幅画：其一是碧波万顷中的红日。这幅画寓意深刻，歌颂了皇家如朝阳升起，表现了皇恩浩荡如东海、普天之下尽皇恩的意境。其二是丹顶鹤在碧绿湖水上低飞。象征长寿、高贵的丹顶鹤本来就被宋徽宗时常绘入画里，在此画中，他又见到丹顶鹤，能不高兴吗？同样，在点题绘画“野渡无人舟自横”的创意中，多数人画小河、芦苇、横着的孤舟，画面虽然美丽，也未出现人物，但终觉不够“味”。其中有一幅画也画了小河、流水、芦苇、横着的小船，但是在船的小橹上画了两只小鸟。这两只鸟真是“点睛”之笔，把一个“无人”展示得淋漓尽致。这种形象描摹创意思维抓住了最典型的特色，因而受到了众人的赞叹。

要培养和训练形象描摹的能力，就应该练习如何才能抓住和选择典型形象，并有效地描摹出来。

第三，刻苦训练，反复实践，在具体操作中接受检验。美国葛瑞广告公司有26条信条，其中第20条和21条分别说：“确确实实地训练自己。在你的顾客的周围一定有很多的人能影响商品推销，你要彻底去追寻最有影响力的这些人，而一个一个去了解。”“要完全了解自己公司的市场运营的程序，这样才能打下推销成功的基础。了解商品特性固然是不可缺少的，但是，若能更进一步去了解价格的确定，包装、广告、销售渠道的选择，以及商品到达消费者手里的各个阶段，则会更为有益。”一个不喜欢广告工作，不愿意为之多花气力的广告人，是不会产生优秀的广告创意的。

第四，开发右脑，刺激大脑发展，促成左右脑协调思维。一个人创意思维能力的高低，与他的大脑潜能的开发利用程度密切相关。大脑左右半球的和谐发展和协同运作，是创意思维得以正常进行的前提。脑科学家奥恩斯坦经过研究发现，如果对两个半球中的‘弱者’（指右半球）予以刺激，鼓励它去同强的一半积极配合，结果将使大脑的总的能力和效率大大提高，产生1+1等于5或者更大的效应。

脑科学研究发现，人的左侧大脑半球的功能主要是语言、逻辑、数学、分析、判断和其他科学活动，侧重于抽象思维；人的右侧大脑半球掌管空间关系、艺术和直觉活动，侧重于形象思维。由此可知，形象思维是每一个正常人本来就具备的思维能力。现实生活中，大部分人侧重对语言、逻辑、数学的训练，而忽视了左手、左脚的开发和空间关系以及对直觉活动的训练，没有充分开发右脑半球潜在的能力。殊不知，兴趣广泛、求知欲强、敢于幻想、大胆探险，正是创意思维良好的基础品质。

怎样开发右脑?

首先，开发右脑要从儿童抓起，学校、家庭都要抓。既要培养儿童的观察力、记忆力、抽象逻辑思维的能力，又要重视培养儿童的想象力、形象思维的能力、直觉思维的能力、发散思维的能力，增加动手机会，保证右脑有足够的接受刺激、健全功能的机会。

其次，要培养兴趣，多参加绘画、音乐等活动。绘画过程离不开丰富的想象、空间关系组合和形象思维等。音乐欣赏与创作也需要依赖右脑的节奏感和对曲调的感受功能。

再次，运用肢体要左右开弓，有意识多用左手、左脚。

最后，采用多种特殊方法训练左手、左脚和右脑。如把一幅画颠倒过来临摹，专门练左手写字和绘画，经常梳刺右边头皮，按住左鼻孔用右鼻孔做一阵深呼吸等，都有利于开发右脑的思维功能。

（执笔：王多明）

8.2.4 全蛋思维法

全蛋思维法是一种形象的说法，意即我们在思考问题时要从事物的整体出发，从全局上把握事物的发展和变化。

全蛋思维法是美国著名学者D. E. 舒尔茨在《整合营销传播》一书中提出的一种思维方式。舒尔茨认为，企业的所有营销活动都要用“同一种声音说话”，意即企业的各种营销活动，诸如广告、公关、直销、促销、形象识别（CI）等活动都要围绕一个主题来进行，传达同一种信息。企业的各种活动都要从整体上去运作，力求达到共振效应。在《整合营销传播》中，全蛋思维即整体思维或立体思维。

整体思维就是根据事物的普遍联系，着眼于事物的整体、全局，进行多侧面、多层次、全方位的思考的一种思维方式。整体思维较多地运用于商战策划、广告策划、CI战略中。“碧桂园神话”的策划者王志刚有一个重要的策划思想：“从整体上把握，全方位地考察事物之间的联系，才能得出有效结论。”在进行策划时，思路决定出路，只有从思想上把握了事物的整体联系，才能寻找到解决问题的出路。在担任顺德碧桂园烂尾项目的总策划时，他指出：钢筋加水泥不等于房地产，名牌的背后是文化。只有用丰厚的文化来支撑的企业才具有生命力。他对碧桂园的策划自始至终都从战略的高度来把握，不只推出房地产，而是“三位一体”（指碧桂园贵族学校、碧桂园国际俱乐部、碧桂园生活方式——给你一个五星级的家），从整体上把握。前两位（学校、俱乐部）是战术，诱之以利，是保本战略，后一位（给你一个五星级的家）才是此策划的主题。

《兵经百篇·谋字》中说，在筹划战争，制定谋略时，要根据情况的发展和时局的变化，寻其良机，谋其善局，使计划达到最完美为止。只有问题考虑得周全细密，才能取得最佳效果；只有计谋筹措得尽善尽美，才能称得上最佳方案。对复杂多变的战争形式有深谋远虑，这样无论遇到什么样的困难和危险，也会度难为易，化险为夷；相反，再简单的事情，如果缺乏深谋远虑，只要某一方面出现失误，都会招致惨重的失败。企业的竞争同军事战争、政治斗争一样，对复杂多变的形势，要进行周密细致的分析考虑，认识和掌握事物发展变化的可能趋势以及事物之间的联系。知人所不知，见人所不见，事先采取相应的措施和办法，才能化弱为强，转危为安，反败为胜。

整体思维，必须考虑长远利益和局部利益。古人云："不谋万世者，不足谋一时；不谋全局者，不足谋一域。"1910年，日本人丰田佐吉在国外第一次见到汽车时，就断言："此物推动工业文明。"回国后，他毅然抛弃自己刚发明不久，且颇有效益的自动纺织机，专门从事汽车的研制工作。经过艰苦的努力，丰田汽车终于风行全球。"车到山前必有路，有路必有丰田车"，这是丰田佐吉成功的实证。丰田佐吉的成功在于他对事物的发展进行整体构思，不为眼前利益而放弃长远利益。他看到了事物发展的趋势和前景，并全力以赴实现其长远目标。

在商业竞争中，整体思维还体现在人们始料不及的地方——"设置闲兵"，然后在关键的时候异军突起、出奇制胜。《兵经百篇·闲字》中有这样一段精彩的论述：高明的棋手，在与人对弈中，常常在不吃紧的地方布设一局，闲置一子，当时看来没有用，但后来恰恰用上，使得满盘皆活。其反意是"一招不慎，满盘皆输"。用兵打仗也是如此：真正的军事谋略家、指挥家在用兵时总是留有后手和绝招，从而在战争的关键时刻排难解危，出奇制胜。

整体思维运用于商业营销中，经典案例之一是日本的角川春树的电影、音乐、书籍三位一体销售法。当时的市场调查资料显示，日本年轻人最欢迎的东西是巨人棒球队、麦当劳快餐、角川文库。

角川文库是角川书店所出版的系列丛书，造成角川文库大受欢迎的原因是灵魂人物——角川书店的负责人角川春树。角川春树在接下父亲手中的书店后，放弃了父亲稳健保守的经营方式，而是运用整体思维，根据事物之间的联系，大胆采用电影、书籍、音乐三位一体的经营思想。当时，由影帝达斯汀·霍夫曼主演的《毕业生》一片轰动全日本。由于电影卖座，原著译本（书籍）与电影主题歌曲的唱片（音乐）销售量均达10万本（张）以上。角川春树从《毕业生》中获得启示，只要把电影、书籍、音乐三者结合起来，再配合大众媒体大造声势，必能获得惊人的业绩 。于是他以电影、书籍、音乐三位一体的创新思想，投入巨资，推出《大神家的一族》《人间的证明》等影片，不但创造了惊人的利润，而且捧红了作家森村诚一与影星乐师丸。角川春树的成功，在于他看到了事物之间的联系，运用了整体思维。"整体思维是商战、策划、CI运作中的灵魂，是一种全局性战略。

（执笔：熊鑫华）

8.2.5 悬念制胜法

悬念制胜法的悬念方法大概有如下几种类型：

其一是遮蔽悬念法：遮蔽事物整体或发展中的局部、阶段或关系，在受众心中形成“什么”“怎么回事”“为什么”等悬念。如：

999感冒灵广告：画面正中，一块布蒙着一个方形物体，金鱼从其前面游过。小鸡在其前面觅食。企鹅从其前面走过。几只小虫从其上面和侧面爬过。其中，一只虫子咬住布的一角爬去，布被拉开。出现999感冒灵，悬念被解开。

其二是预兆悬念法：预先告知人们某种出人意料的事情，引起人们对事情结果或结论的一种期待，以及“他想干什么？……‘他将怎么办？’”的疑问，让人们在等着“看热闹”的好奇心支配下，注意力被吸引，从而达到广告的目的。也就是，利用人们“探究反射”心理，达到增强广告吸引力的效果。

这种方法并不新鲜，早在初唐时就被诗人陈子昂成功地使用了。

小案例8-7　陈子昂用悬念为自己的作品做广告

陈子昂，唐初著名诗人。他出身于一个富有的地主家庭，自幼聪明伶俐，才智过人，十七八岁时才立志专心读书，24岁时中了进士。他一生为改革唐初梁、陈颓靡诗风而奔走呼号，自觉倡导诗风革新，在理论与实践上都身体力行，为唐初文坛开了一代诗风。《登幽州台歌》便是他最脍炙人口的诗篇。他不仅诗文作得好，而且在作“广告”上也颇具心计，为后人所称道。

据史书记载，陈子昂初到京师时，虽才华横溢，佳作迭出，却鲜为人知。有一次，他在街上看到有人卖胡琴，竟索价百万。市人皆惊其昂贵，无人敢于问津。独有陈子昂不动声色，上前按价买下这把胡琴，并声称自己如何善用，邀请大家次日到此听其演奏。众人见其如此举动，猜其技艺必不同凡响，于是一传十，十传百，满城风闻。翌日清晨，人们如期而往，倾城出动，里三层外三层把他围个水泄不通。只见陈子昂不慌不忙，手拿胡琴，向众人致辞：“蜀人陈子昂，初到京师，有文百轴，驰走京师，碌碌尘土，不为人知。此乐，贱工之役，岂宜留心！”说罢，举起胡琴，往石头上猛然一砸，胡琴“嘭”的一声顿时裂为碎块。众人正在惊疑之际，陈子昂已取出诗文遍赠来者。众人接过一看，果然文笔不凡，令人耳目一新。于是一日之内，陈子昂的声名大振，满城皆知。

陈子昂用艺术表现中常用的悬念手法吸引了观众，有了充分亮相的机会后，用自己的精彩的广告词打开了“心理市场区隔”，一举获得成功。

广告心理市场区隔，指不同种类的商品，其消费对象往往各不相同。陈子昂是四川人，刚到京师，人们对他不了解，他的文章没有引起人们的注意。而陈子昂巧妙地运用悬念手法，吸引人们次日来听他演奏胡琴，却借机推销自己，在人们对他有了初步认识后，取出诗文，遍赠围观的人们。

有兴趣来听琴的，定是文化人等，发送诗文给他们，投其所好，有的放矢，“市场心理区隔”被成功的广告打破了。

资料来源　吴斌，孙秀筑，王多明. 中外成功广告评析［M］. 贵阳：贵州教育出版社，1992.

其三是模糊悬念法：用不清晰的话语、画面或动作、事件等给人们造成心理悬念，吸引人们去猜测表达形式或语言的意思。

联想集团的电脑广告：画面上一组快速、摇晃、移动的丛林追踪镜头，同时伴有在丛林中奔跑的声音。此时人们正在纳闷（悬念），随之一座茅屋出现，一只猿猴向一台电脑奔去；打开电脑，输入信息，一小孩可爱的面孔出现，与猿猴嬉耍……最后揭开谜底，人们才大呼“上当”。

其四是悖理悬念法：违背常理和常规，形成不合逻辑或常规的意念组合，让人们在面对这悖理意念时，产生“对不对”的疑问和探索心理。之后，广告将问题展开，做出某种合乎逻辑的解释。

越往北走越使你温暖（旅游广告）

沐浴后，干净不是好现象！（妮维雅乳液广告）

这两则广告都运用了悖理悬念：初看是不合常理的逻辑，往北走应该更寒冷，但广告文案告诉人们，在某公司的热心服务下，旅客会感到越来越温暖。沐浴后，干净并不是好现象，经解释后人们才知道干净是指皮肤干燥，沐浴后不仅要洁净，更要润肤，而妮维雅乳液能满足这两者的需要。

其五是设问悬念法：在广告活动中，有意识地设置某些疑难问题，以吸引受众在好奇心的驱使下积极地投入到问题的解答、竞猜中来，以达到利用大众传媒传播人们想知道“究里”的轰动效果。

台湾统一方便面的电视广告：画面以简单、清晰的形式出了一题：猜猜看，来一桶，来一桶什么？“桶”字后面快速出现啤酒桶、油桶、漆桶、水桶等与桶有关或吻合的东西。广告播出后人们竞相猜测：来一桶啤酒、油、漆……人们互相议论，只盼自己能猜测正确。可是，一周后人们才在千呼万唤中把答案“请出来”：“来一桶，来一桶统一方便面”。这可真是出人预料，但效果极佳。

其六是宣言悬念法：用广告语、标题或文案以宣言的表达方式设置悬念，达到惊人、奇特的悬念效果。例如：

从12月23日起，大西洋将缩短2 000米。（以色列航空公司喷气式飞机航班广告）

我们知道一两件关于惊人的美国人的事情：每天他们当中有90 622人走过我们的门口。（克莱斯勒公司广告）

这些广告都是用口号或标题以宣言方式制造悬念。

读到这里，也许读者真应该发问：究竟什么是悬念广告？为何悬念能制胜？若是如此，本篇悬念文章总算也有点悬念制胜的味道了。

悬念广告就是创意设计者在广告表现时故弄玄虚，创设下某种疑难或疑点，受众看到广告画面或文字表达的内容时不知所措，不解其意，造成一种猜疑和紧张的心理状态，在受众的心理上掀起波澜、设下陷阱，从而引发受众的好奇心和强烈的兴趣，开启积极的思维联想，引发受众进一步追根究底去探明广告的主题、目的及意义所在的强烈愿望，然后通过广告画面的进一步展示或文字的再一次说明解开悬念，使得受众豁然开朗、恍然大悟，从而认识和记住商品的知识或品牌，留下难忘的印象。运用悬念方式而使广告获得成功的方法就叫悬念制胜法。

悬念制胜法在广告中常起到意想不到的轰动效果。如果悬念能引起新闻效应，产生“事件营销”的效果，那悬念就是最成功的了。悬念广告适用于电视、电台、报刊、招贴、手机等传播媒体。悬念制胜法适于借助大众传媒，因而有传播信息快速、传播范围广泛的特点。在新商品投放市场之初运用悬念制胜法是较为理想的选择。

在新产品开发中，“新”就意味着“悬”，没有现成的成功让人去模仿，有可能“血本无归”，也可能“半途而废”。谢友旺面对杜仲树提出的若干“悬”着的问题，耐着性子学习、访问、研究、试制，终于使杜仲“物尽其用”，实现了杜仲产业获得更多财富的可能。

小案例8-8　　还有什么样的财富可能

谢友旺原在广东东莞做皮革生意。有一年，他跟着广东省的招商引资队伍来到湖南省的慈利县考察。

慈利县有着上千年的杜仲树栽培历史，当地杜仲林达到30多万亩，有“中国杜仲之乡”的美誉。杜仲皮是一种名贵的中药材，在20世纪90年代，它是农户眼中的“摇钱树”，价格达到了20多元一斤。后来，药材市场价格变动，杜仲皮降到了仅一两元一斤。一棵杜仲树能产树皮五六十斤，年收入仅100多元。最令人郁闷的是，取过树皮的杜仲树要生长七八年才能再次剥皮，这导致农户们的收入越来越低，慈利县的杜仲皮行业落寞了，曾经的“摇钱树”成了没人瞧得上的树。

谢友旺看到满山枝叶繁茂的杜仲树，心生一念：杜仲皮生长需要很长时间，树叶却是源源不断地新生，那么有没有一种可能，通过杜仲树的树叶掘金？他到当地一了解才知道，自己并不是第一个冒出这种想法的人。原来，慈利县有着丰富的茶叶资源，全县以绿茶、黑茶两大茶类为主。不少人之前就在杜仲树的叶子上打过主意，希望把它制成茶叶。可是，杜仲叶有较重的苦涩味，做成茶并不好喝。

谢友旺带着悬念看中了杜仲茶的市场空白，决意钻研一番。他投资数百万，建了一个加工杜仲茶的茶厂，然后将绿茶、黑茶分别与杜仲叶搭配，做成杜仲绿茶和杜仲黑茶。在这个过程中，他发现杜仲绿茶的苦涩味很重，很难入口，而杜仲黑茶的苦涩味要淡一些。原来，绿茶属于“不发酵茶”，制作流程分杀青、揉捻、干燥三步，黑茶属于“后发酵茶”，制作流程有杀青、揉捻、干燥、渥堆、再干燥。通过对比，谢友旺得出一个结论：杜仲叶只有经过自然发酵后苦涩味才会慢慢减少。他决定用黑茶的工艺制作杜仲茶。

谢友旺用三年时间通过反复试验，终于找到了适合杜仲树叶的发酵方法，那就是经过三次共40天的发酵。这样的反复发酵，使得杜仲叶颜色由翠绿慢慢转为栗黑，青草味和苦涩味越来越淡，香味呼之欲出。

谢友旺终于制出了好喝的杜仲黑茶，产品推向市场之后很受欢迎。慈利县的农户看到没人要的苦涩叶子变成了赚钱工具，立马燃起财富的希望。

资料来源　流念珠. 还有什么样的财富可能［J］. 思维与智慧，2022（4）：26-27.

（执笔：罗杰　王多明）

8.2.6　见微知著法

微是细小，著是显著。微与著是相对的，也是互变的。见微知著，是看到微小的迹象，就能知道发展趋势和实质，比喻从事物的苗头可以推断其发展趋势并认识到问题的实质。

汉代班固在《白虎通·情性》中有“智者，知也。独不见前闻，不惑于事，见微知著者也”。后来，见微知著成了成语，常被人们使用。

《韩非子·喻老》里有个故事：纣王做了双象牙筷子，萁子感到恐惧不安，认为象牙筷子必定不能放到泥土烧成的碗、杯里去，必然是使用牛角、玉石做成的碗、杯，那就必定不会用来吃豆饭、喝豆汤，必然要吃牦牛、大象和豹子的幼胎，用筷者也就一定不会穿着短小的粗布衣服站在茅草屋底下，必定要穿多层华美的锦衣，建造高大壮观的宫室。萁子害怕如此结局，所以恐惧是这样开始的。果然不出萁子的所料，仅过了5年，穷奢极侈的纣王就丢掉了江山。萁子从纣王的一双象牙筷子就预见了商朝的灭亡，后人不得不佩服他见微知著的智慧。

苏轼与好友谢景溢结伴郊游，两人边走边谈，甚是高兴。突然，一个东西从树上掉了下来，两人定睛一看，原来是一只受伤的小鸟。苏轼凑过去刚想伸手将小鸟捧起来，谢景溢却抢先一脚把小鸟踩死了，并且说：“兄台何必为一只惊吓了我们的飞禽耗费心思，走吧！”两人继续前行。谢景溢仍然眉飞色舞、高谈阔论，好不潇洒，而苏轼却面色凝重，只是偶尔应付两声，全然没了先前的兴致。郊游回来了，苏轼便与谢景溢断交。有朋友问他何以至此，苏轼语出惊人：“轻贱生命之人，不可为交。”朋友不信，以为另有隐情，苏轼却正颜说道：“若此人得势，定会把别人的生命不放在眼里，定会做出损人利己、祸国殃民的事来。”朋友将信将疑。多年以后，谢景溢果然成为一代奸臣，杀戮无数，苏轼也险遭毒手。时人惊叹苏轼见微知著的本领。

很多时候，从微不足道的细节可以折射出事物的发展和变化。正可谓：细枝末节，可见闪光之点；点滴毫末，总有端倪可现。

小案例8-9　　史密斯怎样发现商机

戴维·史密斯是一个英国男孩，他的父母在伦敦市郊经营着一家小超市。2003

年，他从爱丁堡大学营销管理专业毕业后，没有忙着去找工作，而是背着行囊开始环球旅行。

2005年，他来到上海。在这里，他发现健力士黑啤的售价很低，不仅比美国、日本等发达国家便宜，甚至比原产地之一的英国还要便宜，这就令人费解了。

在被誉为"东方巴黎"的上海，无论是房租、水电费，还是人员工资，都不低于伦敦。难道说中国的商人们更精于成本管理？戴维是学营销管理的，这事激起他浓厚的兴趣。

围绕健力士黑啤的售价，戴维展开了细致缜密的调查。

三个月后，问题弄明白了，结果大大出乎戴维的预料。并不是中国商人精于算计，也不是发往中国的健力士黑啤出厂价格更低，关键是在运输费用。也就是说，一箱啤酒从爱尔兰运到上海，比运到伦敦的费用更低。这怎么可能呢？要知道，上海比伦敦不知要远多少。

近年来，中国制造的商品远销世界各地，中国被誉为"世界工厂"。每一天，都有大量装满集装箱的中国远洋货轮驶向世界各地。而当这些货轮返航时，一半左右都是空舱。这时委托这些货轮运货到中国，运费往往十分低廉。

仿佛有一道亮光从戴维的脑海中闪过，他觉得自己发现了一个巨大的商机。

他立刻中止自己的环球旅行。一个月后，他同中国远洋集团签订运输协议。三个月后，一大批产自欧洲各国的知名日用百货被运到上海。然后，戴维开始有计划地营销，他把营销对象定位为生活在上海的欧洲人。这些欧洲人看到来自故乡的产品，价格比在欧洲当地还要便宜，便毫不犹豫地购买。一时间，戴维的生意红火得不得了。

戴维的生意已经扩展到北京、广州、南京、深圳、香港等众多城市，他的个人财富也迅速累积到两千万元。

资料来源 钱伯鑫. 用想象力赚钱 [M]. 北京：新世界出版社，2012：150.

很多时候，能见微知著，成功就是这么简单。

小案例8-10　听哭声破案

晋国公韩混在润州时，一天晚上和属下们登上万岁楼喝酒。酒兴正浓的时候，韩混放下了杯子，脸上露出不高兴的神色，并对左右说："你们听见妇人的哭声了吗？是在附近的什么地方？"有人回答说，哭声是从附近的某条街上传来的。韩混便命人去找那个哭泣的妇人并把她带回衙门。

第二天一早，韩混升堂审问那个妇人，问她为什么哭泣。妇人说自己的丈夫死了，所以才大放悲声。韩混便派人去查看妇人丈夫的尸体，但没有查出伤痕来。韩混便命人守在了那具尸体旁。韩混在堂上问那个妇人："你丈夫是不是你害死的？"妇人连忙否认，并对天发誓，说自己没有杀害自己的丈夫。就这样审了两天两夜，妇人就是不承认杀害了丈夫。

再说那两个看守尸体的属吏，他们守着尸体的时候，忽然看到有许多苍蝇飞过来聚集在了尸体的头部，便感觉有情况，于是查看尸体的头发，发现尸体的头顶上钉了一根铁钉，这证明韩混的推测是正确的，这个男人的确是被杀害的。有了确凿的证据，女人便坦白交代了。原来，她与邻居家的男主人私通，便灌醉了自己的丈夫，把一根铁钉钉进了丈夫的头部，害死了丈夫。

案子破了以后，有人问韩混："为什么您一听到哭声就知道这里面隐藏着杀人案呢？"韩混回答说："我觉察到她的哭声很急却感觉不到悲哀，一味干号却暴露出了恐惧的心态，所以就猜测到这里面肯定有问题。"大家听了，都佩服不已。

无独有偶，汉代的王充在《论衡》中也记载了一个类似的案子：有一天早晨，郑国的子产出门，听见有妇人在哭，就仔细地听了一会儿。听完了，就命人把那个啼哭的妇人抓起来带回衙门审讯。没过多久，那个妇人就招供了，承认了自己杀害丈夫的事实。仆人便问子产："您是怎么知道那个妇人杀死了自己的丈夫的呢？"子产回答说："我是从她的哭声中判断出来的。大凡正常人对于自己亲爱的人，知道他病了就会忧虑，担心他会死去，他去世了则会悲痛不已。而这个妇人哭死去的亲人时，却让人听出心怀恐惧，所以我就判断这里面一定隐藏着不可告人的秘密。"

韩混和子产两位官员，能从别人的哭声中分析出事情必有蹊跷，并进而侦破了人命大案，实在是不简单。见微知著，细节决定成败，这句话真是千古真理啊。

资料来源　唐宝民．听哭声破案［J］．思维与智慧，2022（3）．

（执笔：王泽苑）

8.3　灵感思维创意

灵感是文艺或科学的创造活动中由于辛勤劳动、思想高度集中、情绪高涨而表现出来的创造性的想象力和突发性的思维现象。文艺家、科学家紧张思考某一问题时，由于某一偶然事物的启发，使得所要探索的问题一下子获得明确的解决，这种豁然开朗的情况一般称为获得灵感。严肃认真的工作态度、坚持不懈的钻研干劲和一丝不苟的负责精神，以及在实践中不断吸取集体的智慧和力量，有丰富的知识积累与深厚的艺术或技术修养，是获得灵感的前提。唯心主义者把灵感解释为一种神秘的精神状态，有的甚至归功于神的启示，认为只为极少数"天才"所独有，这些见解是错误的。

灵感在创造性思维中，会与创意人的艰苦努力不期而遇。

灵感是百思不得其解时，创意人大脑多年储存的灵气沟通。

灵感是思维中的顽童，在不经意间捉迷藏让你不轻易见到。

灵感只存在创意人脑中，那本折子里有永远猜不透的秘密。

……

还有许多对灵感的形象描述，留给学习者去补充、完善。

8.3.1 灵感创意法

灵感不是凭空产生的，而是建立在长时间的探索基础之上的。当意识停止思考的时候，潜意识中还存在大量的信息，还在做大量的尝试，把各种信息与思考对象联系起来，一旦找到解决问题的方法，就会与意识建立连接，表现为灵感的出现。虽然灵感的产生有很多不确定的因素，但我们还是可以找到激发和运用灵感的方法。按照正确的方法进行思考可以激发更多的灵感，并且在灵感来临的时候能够及时抓住灵感。

你有没有这样的经历：面对一个问题百思不得其解的时候，转移一下注意力，突然间灵光乍现，想到了一个好办法。这就是我们常说的灵感。

1）灵感的特征

（1）突发性和触发性

灵感总是给人带来意外惊喜，你不知道在哪一刻潜意识中的信息会与外界信息突然接通，引发奇思妙想。当年，约翰·施特劳斯在多瑙河边散步的时候，美丽的风景激发了他的灵感，由于没有带纸，他竟然把《蓝色多瑙河》这首著名的曲子写在了衬衫上。为了捕捉灵感，我们应该随身携带一支笔和一个笔记本，在枕边也要准备好纸笔，也许灵感会在睡梦中拜访你。唐人李德裕曾以“恍惚而来，不思而至”来表述灵感的突发性。当你费心费力地寻求它、等待它时，它却偏偏不来；而当你准备放弃、不再理它的时候，它却突然降临了。

灵感的触发性表现为主体与客体的碰撞，即外部事物对潜意识的偶然刺激。屠格涅夫乘船游莱茵河时看到岸边楼上眺望的老妇和少女，产生了灵感，由此写成《阿霞》；列夫·托尔斯泰看到路旁折断的牛蒡花，产生了创作灵感，写成了《哈泽·穆拉特》……古希腊著名的物理学家和数学家阿基米德的故事就很好地说明了灵感的触发性。

阿基米德发现，在液体内，受到的浮力等于排开的同体积液体的重量，这就是阿基米德定律。阿基米德定律是怎样诞生的呢？

早在2 000多年前，意大利的西西里岛上有一个王国。这个小小王国的工匠为国王打造了一顶纯金的王冠。国王越看越高兴，为了炫耀纯金王冠，他让大臣们观赏，大臣们连声夸奖金匠的手艺高超。

过了一些时候，有一位大臣看到国王的兴头下去些了，就趁闲谈的机会向国王说道：“金匠给陛下新做的王冠确实很精巧，看了的人没有不赞叹的。不过，不知陛下是否考虑过这王冠里是不是有假呢？”

经这个大臣一说，国王果然有些疑心起来：谁敢保证那个金匠不是用银做成芯子，外面包了一层黄金来骗自己？于是他请来了精通物理学和数学的阿基米德。

阿基米德虽然知识渊博，但遇到这样大的难题还是第一次，一时不知从哪里下手才好，但他决心要把这个问题弄清楚，就接受了国王的委托，不分昼夜地研究起来。

有一天，一个仆人叫他去洗澡。仆人把澡盆的水放得太满了，他一进去水就向外流。他的身子浸入水里越多，水流出的也越多，他感到水对他身体的浮力也越大。这本来是一个司空见惯的现象，阿基米德从来没有留意过。可是现在，他好像忽然由这里发现了什么重要秘密似的。他把身子浸入澡盆，接着又起来……他一边试着一边思索着。他感到：身子沉入水里的多少不同，受到的浮力也不同，沉入的愈多，受到的浮力愈大。由此，他联想到：如果那顶王冠是纯金的，没有掺假，那么把它放到水里，它受到的浮力应该等于同样重量的黄金受到的浮力（王冠在空气中的重量和在水里的重量之差就是水对王冠的浮力）；如果王冠里掺了银，则它在水里受到的浮力就会增大，因为银子的体积比同样重量的金子的体积大。

实验的结果表明，金匠果然在王冠里掺了假。金匠因此受到了应有的惩罚。阿基米德的研究并没有到此为止，他继续研究的结果就是阿基米德定律。

应该说，阿基米德定律的发现，是灵感思维偶然的机遇促成的，是像阿基米德这样学识渊博、观察精细而又善于思考的人才会有的灵光闪现。[①]

（2）瞬间性

灵感转瞬即逝，如果你没有来得及抓住它，它就会飘逝得无影无踪，给你留下遗憾。灵感是潜意识带给我们的指引，有点像梦中的景象，稍不留神灵感的火花就会熄灭。

宋代诗人潘大临的一次经历可以证明灵感的瞬间性。在临近重阳节的时候，下起了一场秋雨。他诗兴大发，随即赋道："满城风雨近重阳。"就在这时，一个催租人突然闯了进来，打断了他的创作灵感，他便再也写不出下文了。尽管催租人走后秋雨依旧，但诗人再也找不到灵感了。

（3）情感性

灵感来临时是一种顿悟的状态，往往伴随着情绪高涨、神经系统高度兴奋。尤其在艺术创作领域，灵感的情感性特点体现得非常突出。

郭沫若创作《地球，我的母亲》的时候，突然间来了灵感，他竟然脱了鞋，赤着脚跑来跑去，甚至索性趴在地上，去真切地感受"母亲"怀抱的温暖。

（4）模糊性

灵感只是给你指明一个方向、一个途径，要想取得最后的成果，还要对它进行深入的加工。有时，灵感只给我们提供了一些零碎的启示和线索，沿着这条线索进行思考，就能得出意料之外的成果。

（5）独创性

灵感有时会给我们带来令人耳目一新的奇思妙想。灵感的出现是创造性思维的质的飞跃，它不是逻辑推理的结果，而是在外界事物的刺激下对原有信息进行的迅

---

① 本书编写组．哲学趣谈300题［M］．石家庄：河北人民出版社，1985.

速的改造。

灵感的独创性还体现在它的不可重复上。灵感来临时，会在大脑皮质产生复杂的神经联系，一旦注意力转移，这种神经联系就会处于消极状态，即使再用与之前相同的客观事物进行刺激，也不会带来更多的灵感了。

2）怎样激发和运用灵感？

俗话说："机遇偏爱有准备的人。"灵感也是一样，它不是神乎其神的东西，而是基于大脑中储存的信息和经验做出的新的整合。虽然我们不能确定灵感在什么时候产生，但是我们可以明确灵感产生的原因和条件。

要想产生灵感、抓住灵感并使灵感发挥作用，我们应该做到以下几点：

第一，要明确一个思考对象，设立一个思考目标。如果没有目标，大脑就会处于一种盲目的状态，没有要解决的问题也就不会产生能够解决问题的灵感。当目标明确之后，你的潜意识就会朝着那个方向努力，并会尝试把各种信息与思考对象建立联系，以求找到解决问题的办法。

第二，要积累与思考对象相关的经验和知识。一个对自己思考领域一窍不通的人，很难在那个领域产生灵感。经验和知识的多少与获得灵感的可能性成正比。一个人在某一领域积累的经验和知识越多，那么他在思考那方面的问题时，获得灵感的可能性就越大。

第三，要想让灵感光顾，还要养成勤奋学习、善于思考的习惯。如果你坐在家里守株待兔，永远也等不到灵感光临。音乐家柴可夫斯基曾经说过："最伟大的音乐天才有时也会为缺乏灵感所苦。灵感是一个客人，但并不是一请就到。在这当中就必须工作，一个诚实的音乐家绝不能交叉着手坐在那里……必须抓得很紧，有信心，那么灵感一定会来。"

灵感产生之前必然要经过一个长时间的思考过程。在这个思考过程中，你可能举步维艰、一无所获，你甚至会怀疑自己的方向不对或思考方法不对。没有任何迹象表明你所付出的努力会有回报，但是灵感的产生就是建立在这些看似没有回报的努力基础之上。事实上，平日里有意识的努力推动了潜意识的工作，只要你锲而不舍，潜意识就会在你没有察觉的情况下带给你灵感。

第四，要想让灵感早点到来，必须有强烈的解决问题的愿望。爱因斯坦曾经说："如果普通人在一个干草堆里寻找针，他找到一根针之后就会停下来。而我会把整个草堆掀开，把散落在草里的针全部找到。"这种彻底地解决问题的欲望是爱因斯坦取得伟大成就的重要原因。解决问题的愿望越急切，思维活动就会越积极。

很多灵感都是在强烈的解决问题的欲望驱使之下产生的，当你有意识地、急切地寻求解决问题的方法时，潜意识也会更加积极地参与思考活动。

第五，劳逸结合，放松身心。我们强调急切地寻找解决问题的办法，但是并不是说要让自己的大脑时刻处于紧张、疲惫的状态，那样的话会导致思维的停滞，灵感会被窒息。积极地、有意识地思考只是为灵感的出现做前期准备，灵感喜欢在大脑放松的时候造访思考者，因为当你放松的时候就会使外界信息刺激潜意识里的信息，从而撞击出灵感的火花。

冥想是放松身心的非常有益的活动，可以使人心境平和、精神放松，有助于大脑进行自我调整。心理学家研究表明，冥想是产生灵感的最佳状态。

第六，抓住灵感。灵感出现的概率比我们想象的要多，但是由于我们不能及时抓住灵感，很多灵感一闪即逝，没有给我们带来实际的效益。灵感来去匆匆，不以我们的意志为转移，要想随时捕捉不期而至的灵感，我们就要像捕猎者一样时刻做好准备。那些富于创造力的画家、作家、音乐家都在书桌边、手边、枕边随时准备好笔和纸，以迎接灵感的到来。

好不容易才能等到灵感的光顾，所以当灵感出现的时候要抓住不放，如果让到了手指尖的灵感逃之夭夭，只能给自己留下遗憾。美国学者罗伯特说过："许多富有创造精神的人都曾经体验过获得灵感的滋味，同时他们也常常感到惋惜。由于事先没有准备，没有及时记录下这些灵感，时过境迁之后，就再也记不起来了。"

第七，把奇思妙想转化为发明创造。抓住灵感之后，就要付诸实践，只思不行，会使灵感成为空想，那么这对我们毫无意义。

马尔柯姆抓住了把汽车开到船上装卸货物的灵感并付诸实践，经过不断地设计和改进终于发明了集装箱。后来，他成立了第一个集装箱队。

很多人想到一些奇妙的主意之后，并不马上付诸实践，结果灵感只停留在设想阶段，并没有发挥作用。他们可能觉得自己的想法太不可行，其实真正阻碍他们把灵感应用到实践中的原因是不敢打破常规限制，而且他们比较懒惰。如果当初马尔柯姆有了那个想法之后一笑了之，不再寻求实现那个设想的方法，那么也许今天还能看到码头上不断卸货装船的情景。

（执笔：王泽苑）

8.3.2　开发灵感法

美国有一个名叫费涅克的人，去过许多名山大川。有一次，他在旅途中被身边潺潺的水声所吸引。啊，这些声音和谐动听，悠扬悦耳，让人流连忘返。于是，他灵机一动，用立体声录音机录下了许多小溪、小河、小瀑布的流水声，回城复制后高价销售，购买者络绎不绝。费涅克因此获利甚丰。喧嚣的闹市使城里人渴望山野生活，形成了对大自然的依恋和向往。商家倘若迎合消费者的心理，能在回归大自然上做些文章，可谓一条发财妙计。

在德国，有一个造纸工人在生产纸时，不小心弄错了配方，生产出了一批不能书写的废纸，因此被老板解雇了。正在他灰心丧气、愁眉不展之时，他的一位朋友劝解他说："任何事情都有两面性，你不妨变换一种思路看看，也许能从错误中找到有用的东西来。"于是，他很快发现这批纸的吸水性能相当好，可以吸干家具上的水分。接着，他把纸切成小块，取名"吸水纸"，拿到市场上出售，竟然十分畅销。后来，他申请了专利，独家生产吸水纸，发了大财。

从泥塘中采藕，是一件辛苦活。采藕季节虽然天气很寒冷，但人还要站在污泥中，把手伸进污泥里，先把污泥挖开，再将藕一根一根地刨出来，可谓苦不堪言。有人放了一个响屁，一位农民开玩笑说："要是你这个屁对着藕放，藕就会被冲出来了。"这句话说得大家捧腹大笑。说者无意，听者有心。另一位农民在哈哈大笑之后，反复回味着这句话，他想，藕可能会被气流冲出来吧。于是，他抓住这个念头不放，很快发明了一种冲击采藕器。用这种工具采藕，不但速度比手工挖要快得多，而且采出的藕很干净，人们的劳动强度也降低了，很受藕农欢迎。一句看似平常的笑话，竟引来滚滚财富。[①]

可以说，在日常生活中这样的事情很多，关键看你是不是一个有心人。对于那些善于思考、勤于实践的人来说，商机无处不在，他们随时准备抓住机会、把握商机，并把它转化成非常实际的财富。

灵感如此重要，怎样才能获得呢？

其一，抓住一闪而过的念头。

好的方法和主意有时就像一只狡兔，它在眼前一蹿而过，仅闪现了耳朵和尾巴。为了捕捉它，你必须全神贯注。具有创造活力的人总是如此，这也许就是一般人与他们之间的差别所在。

著名作曲家贝多芬在1821年给朋友的一封信中，详细叙述了他如何在马车里打盹的时候，闪现出一首动听的轮唱曲。"但是，我还没有清醒过来，这首轮唱曲已离我而去，"他在信里写道，"而且我一点也记不起了。"幸运的是，第二天在同一辆马车里，那首轮唱曲又回来了。这一次，贝多芬动笔将它记下。

当一个主意不邀自来时，你应该马上记下，必要时可记在手上。当然，并不是每一个主意都有价值，关键的是先记下，再评估。

其二，做白日梦。

超现实主义派画家达利靠躺在沙发上，手执一汤匙，去发掘创造潜力。当他昏昏欲睡之际，往往将手中的汤匙掉在地板上的一个盆子里。这声响会惊醒他，他马上用草图记下在他半梦半醒时的丰富多彩的世界中所想象到的形象。

我们每个人都可能经历这种奇妙的状态，每个人都可以利用它。不妨试一试这位画家的诀窍，或者会让你神思飞越。对许多人来说，在床铺上、在洗澡间和在公共汽车上，都是发挥想象力的地方。在这些以及其他场合，只要你能让你的神思不受干扰，你的思绪会像泉水一样汩汩地往上直冒。

其三，寻求挑战。

当你被锁在屋内，所有曾让你脱身的办法都会迅速在你头脑中出现：你会推或拉门上的把手，撞击门板，甚至呼喊救命。专家们把这种在情急之中的老办法的循环往复称为"复活"。复活的办法越多，其联想的参数则越高，好主意则越可能脱颖而出。

不妨广邀你的朋友和不同行业的有来往的人聚会。让两代或三代人相聚一处，

---

① 郭静. 灵感就是财富［J］. 思维与智慧，2003（9）：43.

这都有助于增强你的思维能力。

埃德温·兰德，一位多产的发明家，他把自己发明宝丽来（拍立得）照相机的灵感归功于他年仅3岁的女儿。在1943年去新墨西哥州首府圣菲旅游时，他女儿问他为什么不能马上看到所拍的照片。在随后的几个小时里，当兰德在圣菲城里行走时，他所学到的有关化学的知识潮涌于他的脑际，并产生了惊人的结果。兰德说："这种照相机和胶卷在我的脑子里变得清晰起来。它们是如此现实，我可花几个小时来绘制它们。"

人所接受到的异化的刺激越多，头脑产生新主意就越快。

其四，扩大思考范围。

许多科学上、工程上以及艺术上的重大突破都广纳了其他领域的思想。请思考一下"双线难题"：两条彼此远离的线从天花板上垂下。如果无法同时接触两条线，是否可能仅用一把钳子将它们的两头扎在一起？

一位大学生迅速找到了解决的方法。他把钳子系在一根线上，又使它像钟摆那样运动起来。当它来回晃荡的时候，他快步走向另一根线，尽可能地将它往前拉。然后，他一把抓住了那根从他身边晃过的线，将两根线头联结起来。有人问他是如何想出这个方法来的，他说他刚刚上了一堂有关钟摆运动的物理课。这位大学生把在一个领域里所学到的知识应用到了完全不同的领域。

这个原理并不仅仅适用于实验。一位妇女让两个小孩平均分一块蛋糕。"我对他们说，一个管切蛋糕，另一个则优先挑选其中的半块。管切蛋糕的就从中间直切，这样，他就不会吃亏了。"有人问她，这个好主意是从哪里得来的。"我在电视上看到一个国际谈判的节目。"她如是说。

为了提高创造力，应学一些新鲜的东西。新鲜的东西会以新颖的、具有潜在魅力的方式与陈旧的东西进行交流。要变得更具有创造力，就要注视你头脑中产生的思绪长流，学会抓住并发挥你思维灵感的火花。

（执笔：王泽苑）

8.3.3　蓦然回首法

"……众里寻他千百度，蓦然回首，那人却在灯火阑珊处。"人世间有许多人、许多事被我们苦苦追寻，却依然一无所获，然而在不经意或突然回眸时，才惊喜地发现，原来自己所寻找的还依旧停留在老地方，默默地等待我们……

因此，每当我们苦苦去追求某件事或某个人的时候，在山重水复疑无路的时候，应多几次蓦然回首，或许是柳暗花明又一村。在广告行业中，更是这样。懂广告或对广告感兴趣的人都知道："广告取胜的关键在于广告主题，而制约和影响广告主题的因素主要在于创意。"好创意往往是在平淡的生活中发掘出来的。

如果广告人认为好的创意应该起点很高，而不留心自己身边平淡无奇的事物，那么许多好的创意就会从我们身边、从我们眼皮底下悄悄溜走。

蓦然回首法是被广告人经常使用的一种思维方法。

台湾著名广告人何清辉曾经接到一个父亲节主题的广告业务，从接到业务开始，他便在心里暗暗给自己加劲"一定要搞出个像样的广告来"，于是便风风火火地走街串巷，搞市场调查，进行市场分析。结果折腾了很多时间，搞得筋疲力尽，出笼的几则广告最终统统被"枪毙"。看着交稿日期一天天逼近，何先生的心里开始着急起来。高手必定是高手，历经险境，却依然谈笑风生。何先生知道急是没有用的，急是急不出一个好的广告来的。一天，何先生拖着疲惫的身体躺在客厅的沙发上，在不经意转身之际，他欣喜若狂，原来门边一双小鞋正紧紧靠着一双大鞋……父亲节前几天，台湾许多媒体上出现了这样一则公益广告：画面是两双小鞋紧挨着一双显然是妈妈的鞋，这三双鞋紧靠着一双大鞋。广告语："爸爸，您要保重，千万不能倒！"（如图8-2所示）这则广告可以说是上乘之作。然而，如果没有何 先生的那回首一眸，那么这则好的广告依然在睡梦中。

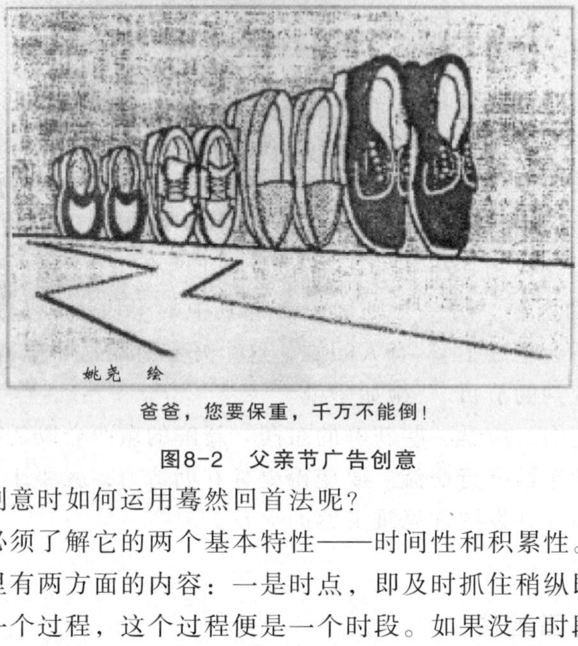

爸爸，您要保重，千万不能倒！

图8-2 父亲节广告创意

在进行广告创意时如何运用蓦然回首法呢？

首先，我们必须了解它的两个基本特性——时间性和积累性。

时间性在这里有两方面的内容：一是时点，即及时抓住稍纵即逝的机会。二是时段。思考都有一个过程，这个过程便是一个时段。如果没有时段，就没有回顾的东西，就不会有抓住稍纵即逝的机会即时点出现。

人们都知道，"聚沙成塔，集腋成裘"。不经意的回眸看似简单，如果没有长期积累，就不会有丰富的阅历和广博的知识，即使抓住了稍纵即逝的机会也不知道从何处着手，那么到头来也是一场空。

"……蓦然回首，那人却在，灯火阑珊处。"没有及时回首，便看不见那人仍在灯火阑珊处；没有平时的相识、相知、相爱，即使发现那人在灯火阑珊处，又有什么用呢？

可见，运用好蓦然回首这种思维方法的关键在于掌握好它的时间性和积累性。

广告业是一个创意行业，墨守成规是会被挤出这片领域的。在广告这片广袤无垠的天空里，蓦然回首这种思维方法犹如天空中的一颗很小的星星，如何使这颗小星星发出一点光芒来使天空增加一点亮度，这是广告创意人应该努力去做的事情。

（执笔：王体刚）

8.3.4 直觉创新法

1）直觉与直觉思维

直觉，从词义上讲，一是指直观感觉，即人的感官对客观事物的直接感知，二是指理智直觉，即人的思维直接把握客观事物的进程。

直觉，是思维主体不借助于逻辑程序和经验积累，穿透对象表层直接洞察对象深层状态的意识活动。

心理学家斯宾诺莎把直觉看作高于推理并完成推理知识的理智能力，通过直觉才能达到对他的所谓无限的实体即自然界的本质的认识。

德国哲学家、数学家、逻辑学家莱布尼茨认为，直觉是认识不言自明的理性真理的能力。

爱因斯坦说："我相信直觉和灵感。"

许多自然科学家往往把直觉看作创造性思维的一个重要环节。门捷列夫、巴甫洛夫等世界著名科学家，根据自己的科学研究认为，这种产生创造性发现与发明的直觉是存在的，所谓"直觉顿悟""突然解决"的现象，在科学研究过程中是屡见不鲜的。

直觉是逻辑与非逻辑的辩证统一。直觉的直接性、跳跃性，决定它是非逻辑性的，它可以跳过严格的逻辑推演程序，直接认识事物的本质。直觉包含了无意识或下意识的因素，缺乏有意识的逻辑推理。但也不能认为直觉是完全超乎逻辑的，与逻辑毫无关系的，因为任何一种直觉都有赖于理性的分析，目标是直接把握事物的本质，前提是过去知识和经验的储备，是建立在实践经验和逻辑思维的基础之上的一种创造性思维活动。在直觉思维实施过程中，直觉产生前，需要有一定的思想材料的积累，这是离不开逻辑思维的；直觉产生时，由于思维的高度激发而自动展开了比较、综合、模拟、类推、归纳、概括等逻辑思维活动，我们对此并没有充分自觉地意识到。直觉思维是多种逻辑方法的迅速调遣、使用和综合，越是能熟练地运用多种逻辑方法者，就越能有效地产生直觉创新思维成果。从创意的全过程来看，直觉不是起点，也不是终点。在直觉产生前，必然有一系列的逻辑思考为前提，何清辉苦想若干天，必然是逻辑思维在指引他去动脑筋，在直觉产生后，也必然要用逻辑去论证直觉思维产生的结果。

直觉思维，是在人的下意识或潜意识思维水平上，瞬间实现的大量逻辑思维手段和以往社会及个人所知的高度浓缩和凝聚。直觉思维的过程有很大的随机性，不具有严格和精确的逻辑模式，但要依赖各种思维手段的巧妙组合。

在直觉思维过程中，人们在瞬间调动头脑中的所有"潜知"，跳过许多正常思维应经过的思维细节，直接从总体上把握事物，因而其结果往往是洞察性的、不确定的，也许不会成为一个完美的"作品"。

直觉在广告创意中大量存在，许多经验丰富、思维敏捷的广告创意人，随时随地都在运用直觉进行创新。只不过他的许多创造性劳动，不可能也没有必要一一付诸实践。

高手在民间，下面这个案例就是直觉创新的好例证。

小案例8-11　撒谷糠，建堤坝

在广东省鹤山市的东北部，有一座濒临西江、沿江而建的古劳镇。古劳镇始建于宋嘉定年间，当时，每年一到汛期，小镇就会遭到洪水的侵扰。

明洪武年间，古劳镇遭遇了一场特大洪涝灾害，庄稼被毁，村庄被淹，百姓流离失所。目睹家乡的惨状，古劳人冯八秀坐不住了。他想：只有修建一条足够坚固的堤坝才是安身立命的长久之计。可是，堤坝屡建屡塌，是何缘故？

通过几次观察堤坝被冲毁的情形，冯八秀得出了一些结论。有一回，古劳镇又下起了暴雨。冯八秀冒着风雨出门，来到西江旁察看水情。他看到，上游一些树枝、树叶被暴雨冲下之后形成了一道弯弯曲曲的水线。他迅速跑回村中，让村民把所有的谷糠积累起来背到江边，倒入水中。过了一会儿，漂浮在水面的谷糠形成了一条长长的“道”。冯八秀一边组织大伙儿在谷糠停留处插下竹竿做标记，一边大声说：“待洪水退后，我们就可以在竹竿的位置修建堤坝了！”

“这是什么原理？”村民们感到不解。

冯八秀说：“之前我们的堤坝都是直面湍急之水修建的，选的点完全错了，所以洪水一来就被冲毁了。现在我们要逆向思维，在水流潺湲的地方修建堤坝。刚刚我让大家撒谷糠，目的就是找出水流最缓的地方。”

村民们恍然大悟：“对呀！谷糠重量极轻，能够停下来的地方水流一定缓！”

果然，在撒过谷糠、插过竹竿的地方修建起来的长达十多公里的堤坝，再也没被洪水冲毁过。600多年来，这个大堤一直默默守护着古劳镇。它以它的长久存在启迪着后人：凡事都要多想一步、巧思一分，只要善于观察、灵活变通，从直觉中创新也能收获成功。

资料来源　流念珠．撒谷糠，建堤坝［J］．思维与智慧，2021（34）：29.

2）直觉创新法的特性

直觉创新法是将人的感官对客观事物的直接感知和人的思维直接把握客观事物的过程统一起来。这种思维法具有直接性、综合性、突发性和短暂性。

第一，直接性。这种思维法从问题出发，依据原有的知识和经验，跳过严密的循规蹈矩的逻辑程序，直接作出某种决定、得出结论，从而直接把握事物的本质，找出创意的新点子、广告诉求的新路子。

第二，综合性。直觉的产生，实际上是人脑全部贮存的信息在瞬间翻找出来，需要各种思维能力、思维方法的综合运用。比如，抽象能力是抽象思维的主导思维能力，想象能力是想象思维的主导思维能力，联想能力是联想思维的主导思维能力，那么，直觉创新思维法则是抽象力、想象力、联想力协调统一的直觉能力。直觉能力带有中介、过渡、综合的特性，既可以在抽象思维中表现，又可在形象思维中表现。

第三，突发性。直觉是人们在认识过程中突然发生的思维飞跃现象。笔者在思考“得尔”新药时，突然想到用“得尔——驾”这句最平常的话来使这种药品走向四方，这就是直觉创新思维产生了结果。

第四，短暂性。直觉的思维结果往往是一下子出现的。凯德洛夫说：“直觉活动只是一个瞬间，而且一般说来，在与人类科学或发明的思维的创造性探索活动相联系的事件的长链之中，它是很短促的。任何发展，尤其是人的创造性活动的发展的最高点所固有的独特的明显性和紧张性，促使将突发的醒觉从思维的整个链条中区别开来。”

3）直觉创新法的类型

第一，综合型。这种类型是将各种不同的思路或概念图式迅速地结合成一个整体，从而得出清晰的新创意。用这种方法的思考者，在大量事实或观察、检测结果面前，没有采用通常的逻辑规则和程序，一下子就揭示出了事物或过程的本质联系。

第二，类推型。这种类型是把新问题、新难题与先前解决过的问题进行比较（包括自己和他人的经验和方法），这样，过去的经验就会成为现在要解决问题的办法涌现出来。在进行广告创意时，别人的经验、自己的经验会在瞬间产生推断，使原来的经验再往前发展一步。

第三，选择型。这种类型首先是从一大堆没有关联的信息中选择出有用的成分来，接着进行选择性的组合，从多种可能的组合或联结的结构中选出最有用的模式，最后进行选择性的比较，从较有希望的几种模式中选出最佳的设想和解决方法、点子、主意、创意。

4）直觉创新法与灵感的区别

有人认为直觉即灵感，也有人认为直觉和灵感各有其特点，不是完全相同的思维方法。笔者认为，直觉与灵感既有非常密切的联系，又有相当明显的区别。直觉与灵感都是人们辛勤思考的结晶，都具有突发性、创造性、短暂性等特点，在许多情况下指的是同一事实，发挥着同样的作用。它们的成果同样需要逻辑的支持和逻辑论证与实践的检验。

直觉创新思维法与灵感的区别如下：

第一，直觉着重指能力，即不经过严格的逻辑推演就直接觉察事物的本质或认识规律的能力；灵感着重指感受或状态，即在科学、艺术等创造性活动过程中那种创造力极为高涨的状态。

第二，直觉以自觉力为主导思维力，理智性较强；灵感以想象力为主导思维力，情感色彩较浓。

第三，直觉以对经验的共鸣的理解为依据，概念比较准确；灵感往往是在某种启示物的启发下产生的内心感受，概念比较模糊。

所以，直觉与灵感像孪生姐妹，样子相像，但本质上不是一个人。

（执笔：王多明）

本章小结

学习了本章后，学习者能从逻辑思维、形象思维、灵感思维这三种基本的思维方法中学习到新的创意思维的方法；从三种基本思维方法的原理与区别中，获得选用不同的思维方法解决不同难题的方法；通过学习三种基本思维方法派生出的创意方法开阔解决难题的思路。

思考与练习

（1）逻辑思维、形象思维、灵感思维这几种基本的思维有什么相同和不同之处？

（2）逻辑思维、形象思维和灵感思维在本章中各派生出几种创意思维的方法？你印象最深的是哪几种？为什么是这几种？

（3）在本章中的多种创意思维方法中，你认为最没有意思的是哪几种？为什么？你有没有修改补充的意见？

实操项目

课代表将逻辑思维法、形象思维法、灵感思维法分给班里的三个大组，每个大组认领一种思维法并落实给小组的成员。

同学们在学习教材中介绍的创意思维方法后，由此延伸延展，举出自己听到、看到、想到的新的创意思维方法。同学们可以在微信群中自报标题，汇到小组再到大组。

大组各选出两人在全班进行学习交流，请小组代表报告学习体会和收获。任课教师参加，并做讲评。课代表将六人的报告整理出来，发给全班同学。

第9章

奇思妙想创意

学习目标

通过本章的学习，敢于丢掉包袱、放开手脚，大胆创意，尽可能地在解决难题时产生奇特的思路、绝妙的想法；熟悉多种奇思妙想的创意方法，并且能在今后的创意活动中举一反三、触类旁通。

引例

奇思妙想难预料

一串可称奇思妙想的小事，会引人入胜，产生非同凡响的效果？

一天，有三个赶考的考生在街上闲逛，忽见前面有一个道士在那里算卦，于是他们三人就走上前去，请道士给算一下，看看他们是否能考中。这个道士收完钱后，伸出一指头，三个考生都不明白是怎么一回事，问这个道士，道士也不回答他们。三个考生见问不出个结果，只好走了。

他们走后，在一旁观看的道士的小徒弟问："师父，一个指头是什么意思？是一个中？"道士点点头。小道童又问："那么要是中了两个呢？"道士说："那就是说一个不中。"道童问："要是他们三个都中了呢？"道士道："那就是一齐中。""要是都没中呢？"道士道："那就是一齐不中。"

有位科学家想测试一下儿子是否聪明，于是他在一张纸上画了一条线，对儿子说："你把这条线变细些，但不能擦掉，也不能用任何东西盖上。"儿子接过纸考虑了一会儿，就在爸爸画的那条线旁边，又画了一条更粗的线，爸爸画的那条线就显得细了。

从科学家画的这条线的本身去考虑怎样变细，既不能擦掉，也不能用任何东西盖上，便会陷入困境，很难想出解决问题的方法，但科学家的儿子采取相对思考法，很快就解决问题了。

有三位著名演员应邀到一个剧场同台演出，他们向剧场经理提出同样一个要求，即在海报上把自己的名字排在前面，否则将退出演出。

三名演员同台献艺的消息早已传出，总不可能改为个人专场，何况这几位演员都是当红明星，得罪哪一个都对剧场的经营都不利，这真是个令人头痛的问题。

不过，剧场经理略经思索之后就满口答应了他们的要求。

到演出那天，三位演员到剧场一看，海报不是一般的纸面形式，而是一个不断转动的大灯笼，三个演员的名字都写在灯笼上，三个名字转圈出现，谁都可以说自己的名字排在前面，于是三位演员皆大欢喜地参加了演出。

静止是相对的，有条件的，暂时的；运动是绝对的，无条件的，永恒的；动中有静，静中有动。

诗人在写景时，有时运用静态思维，（“夜静春山空”）；有时运用动态思维（“红杏枝头春意闹”）；有时用动静结合法，以静写动或以动衬静（“鸟鸣山更幽”），动静皆有诗意。

由此推想：当我们碰到难题时，如果用静态思维不能解决，那就改用动态思维试试。

资料来源　董中怡．趣说思维 [J]．思维与智慧，2004（7）．

思考：

（1）为求生存，江湖术士也要有一手，剧场经理用走马灯让三位演员都是排头，这些做法有道理吗？从中你可以学到什么？

（2）其实，人们在生活、学习和工作中就有许多奇妙的想法和做法，你有过奇思妙想的创意吗？

9.1　奇妙创想法

不按常规出牌，往往能赢。奇特的思路，绝妙的想法，能解决常人不能解决的难题。

创意人鼓励在创意活动中产生奇思妙想，就怕你“想”不出来。

奇迹是人创造的，创造奇迹的人，是善于用脑的。这个道理很简单。我们看看下面的案例，再冷静地分析，奇迹是怎样出现的，其他人是否也可以创造奇迹呢？

小案例 9-1　“秒杀”的智慧

有个富翁，讲起他白手起家的故事时，总结出一条私房“真理”：自己退一步海阔天空，要主动给别人留条后路。

他举了个例子。最初他在上海摆地摊，赚了第一桶金。这样的地方，客户杀价毫不留情，常常是“拦腰砍下”。所以，真正狠的摊主，不会与其对杀，而是提前为顾客设计一些“绿色退路”。

可是，卑微的摊主，有什么条件给强势的顾客创造退路呢？这个年轻的朋友说，有，是智慧。一流技能者在“战前”就武装好了，交战的时候一般不用亮武器，就可以把对手“请”进设计好的退路里，而不是惨烈地狭路相逢。

他拿卖口罩来举例说明：有3种款式，进价分别为0.5元，1元，2元。零售价格分别为：2元，6元，15元。其中，进价0.5元和2元的，是反杀价的工具，是为顾客准备的退路；进价1元的，才是他真正要销售的产品。进价0.5元的，你可以只进几个，款式特别差，颜色特别土，最好是让别人看都不愿意看的那种；进价2元的，款式、颜色和进价1元的让人感觉质量差不多；这样，顾客基本就会淘汰进价0.5元的和2元的了。

这种一目了然的对比会让顾客觉得进价1元的比较实惠，值得买，合理，甚至会认为是捡了个大便宜！“秒杀”就这样瞬间解决，摆两条路，后路，你不退也得退，和风细雨的，没有刀光剑影，却胜券在握。

选择是权利。其实给他人提供选择的权利，是权利之上的权利。

我们答卷的时候，都喜欢选择题，最好是多项选择。选项，貌似温厚，是退路，其实也是陷阱、机关，当然也最考验智慧。

一个水果店老板，生意很好，秘诀只有一个，那就是懂得出“选择题”，比如，直挺挺问顾客：“你要买水果吗？”没有退路，有可能人家一口就回绝：不要。如果是个绵里藏针的选择题呢？他会问：你要香蕉还是苹果？要樱桃还是青枣？这样人家就可能进入你的“答案圈套”，其实这也是条退路，不管人家选择哪个，你的目的都达到了：你卖出了水果！

给别人退路，真的是给自己出路。

资料来源　罗西．“秒杀”的智慧[J]．思维与智慧，2022（15）：21.

小案例9-2　　反其道而行之的营销

作为全球“零售业航母”沃尔玛的创始人，山姆·沃尔顿喜欢时不时暗访旗下的连锁超市。一次，沃尔顿独自去了一家超市暗访，还未进门，眼前的一幕让他深感诧异：大门口站着一位六十多岁的老奶奶，她身着沃尔玛统一配发的服装，面带微笑，欢迎每一位进入超市的顾客，并亲切地询问：“您好，我能帮您什么呢？”沃尔顿不明白，这家超市为什么不用帅气的年轻员工做迎宾员，而安排一位年龄大的迎宾员呢？对此他很不理解，非常不满地责问这家超市的经理：“为什么浪费我的钱，找来这样的人做迎宾员？这不明摆着要砸我的生意吗？”经理告诉他：“我发现，有这样的老奶奶站在门口，不仅在超市顺手牵羊的人少了，而且小偷也不喜欢再来光顾这里，因为当看到老奶奶慈祥的笑容和听到‘您好，我能帮您什么呢？’的话语时，一股亲切感自然扑面而来，会让那些人存有的不良图谋在瞬间消失殆尽。”经理接着为沃尔顿算了一笔账：“我们超市的净利润只有2%到3%，在以前，店里就有0.5%的货物是被顺手牵羊的人拿走的，而在安排了这位老奶奶做迎宾员后，店里的损失减少了0.25%，无形中也增加了利润。所以说，在所有员工中，只有这位老奶奶迎宾员才是为超市创造利润最多的员工。”

经理的一席话，让沃尔顿喜不胜收，他高兴地对经理说："这真是一个绝妙的做法，一定要尽快在沃尔玛全面推广。不过我认为，对外我们仍然叫迎宾员，对内则称之为'资产保护者'。"

从此，在全球80%的沃尔玛超市门口，都安排有一位老员工做迎宾员。正是这一稀缺的营销方式，无形中帮助沃尔玛的盈利水平在全球同类企业中一直名列前茅。

柏唯良是中欧国际工商学院著名的战略与营销学教授，经常受邀去世界各地讲学，他经常讲起记忆中最深的一件事：1996年，他第一次到陕西省西安市讲学，同行的还有一位印度朋友和一位加拿大朋友。他们几个一出机场就生怕挨"宰"，看着一溜出租车在犯难。就在这时，一位出租车司机对他们喊："用我的车吧，我不要钱。"当司机在听说柏唯良是荷兰人后，很快翻出一个记事的小本子，用上面一位荷兰人的留言来证实自己的话。听柏唯良说他的另一位朋友是印度人时，司机又翻出了一位印度人的留言。结果他们后来连续租用了5天这位司机的车，而且价格不菲，一天达600元。

其实，这位司机也只是免了从机场去酒店的车钱。讲学结束后，柏唯良回到学校给同事说了这件事，大家都记住了这位司机，再来西安时也都喜欢用他的车。

对此，柏唯良感慨道："那位出租车司机的车费未必就比别人便宜，据他讲，他采取了这个方法后，挣的钱要比其他司机多3～5倍，但他的独到之处就是做了别人都没有做过的事情。"

当我们提起成功者的经验时，往往想到的是他们大手笔的策划，而沃尔玛和那位司机却反其道而行之，他们的做法表面看有点傻乎乎，但别人往往难以做到。这给了我们一个启示：如果看到成功者故意办"傻事"，那一定是有原因的，而其中的原因正是他们独特稀有的营销秘诀。

资料来源　张达明. 反其道而行之的营销［J］. 思维与智慧，2021（10）：14-15.

小案例9-3　从用户抱怨中汲取灵感

我的一位朋友曾向我抱怨："用你们的浏览器打开网页的时候，图片全部无法显示。"由于我们私交甚佳，我便立刻安排网络工程师去他家查看，结果令人哭笑不得：360安全浏览器没有问题，出问题的是他家的网速。

可能很多人会认为这是个笑话，但我并不这么想，我的朋友在互联网方面是个不折不扣的"小白"，他的问题也是千千万万"小白用户"都可能面对的问题。他的问题如果没有及时得到妥善解决，日后可能会发展为大多数用户的问题，到时便会对360安全浏览器的整体发展产生不利影响。

于是，我将这个问题带到了公司的内部讨论会上，和产品经理们进行了认真的讨论：当360安全浏览器无法打开网页的时候，能否测算出当时的网速？为此，我们专门推出了一款新产品——360网络测速器，用户可以利用该产品随时了解电脑的网速情况。与此同时，产品经理还专门设计了360浏览器医生，当其检测到用户的浏览器出现问题时，会自动弹出，用户可以选择一键恢复。

双管齐下，用户关于360安全浏览器的很多小问题就可以轻松解决，节省了我们大量的人力成本。不仅如此，用户的抱怨还是360安全浏览器改进的动力和灵光一闪的创意来源。

有一天，一个用户打电话给我们，抱怨道："你们的浏览器怎么都不支持网银？"接电话的小姑娘一听就愣住了，这简直是无中生有，支持网银运行是360安全浏览器最基本的功能之一。通过深入沟通，我们了解到事情的真实原因，原来是该用户没有装网银插件。

在当时，用户如果需要使用不同银行的网银，就得先安装不同银行的插件和驱动。整个安装过程包括下载、安装和重启等多个环节，任何环节出现问题都会导致安装失败。重要的是，即使网银插件安装失败，用户当时也并不知情。当他想要使用网银时，才发现无法打开，并归咎于浏览器不支持。

当360安全浏览器的产品经理们听说此事后，突然有了产品改进的灵感和方向——跟多家银行签订协议，帮用户自动下载并安装最新的网银插件。

既然无法一一教会每个用户去装网银插件，那么我们就帮助用户自动下载安装。正所谓"山不过来，我就过去"，这就是360安全浏览器成长极为迅速的秘密所在。反过来也是如此，大多数用户都认为360在网络安全方面做得比较出色，其实也没有特别花哨的技巧，有的只是脚踏实地地一次又一次从客户的抱怨中汲取灵感，不断满足客户需求。

资料来源　周鸿祎. 从用户抱怨中汲取灵感［J］. 思维与智慧，2020（8）：19.

（执笔：王泽苑）

9.2　歪打正着法

人们都说：买的没有卖的精。用心当好销售员的卖者，整天都在琢磨各式各样的买者，从成功的和失败的销售经历中总结经验和教训，逐渐地他们会从中悟到许多门道，在揣摩买者的想法后，拿出准备好的推销用语，也许奏效了——歪打正着，也许不奏效，不要紧，等下一位买者的到来，再琢磨、再分析，把推销用语说得更到位，这次有可能就"正着"了。

世界杯赛无疑是商家谁都不愿错过的最佳广告机会。某年，世界杯足球赛还没有拉开战幕，在法国就已经评出了当年的"最佳广告"。在巴黎的地铁站出现了这样一则横幅广告："女人最大的敌人！"站在很远的地方就能清楚地看到这句广告语。走近一看，才明白原来是电视机厂家为推销电视机做的广告。在世界杯足球赛期间，球迷丈夫可能会丢下妻子一人守在电视机前看球赛，女人最大的"情敌"就是电视机了。从中我们可以看到，"打"者把目标打歪了，而"着"者正是需要这种打法。

在创意中运用歪打正着法，我们首先要找出“打”的目标，找出“着”的目的，打向目标、达到目的。然后，在正面思维不能产生新创意的时候，考虑从别的方面进行反打、侧打、歪打，找出了能够打中目标、达到目的的最好方法。如果“歪打”能达到“正着”的目的，这一定是比较好的创意。

小案例9-4　　房子只送不卖

马克是英国的一位歌唱家，他通过网络推出一项“爱心活动”——赠送“意大利的梦想生活”。他在广告中说，在意大利，他拥有一座建造于17世纪的豪华庄园，愿意赠送给某一位幸运游客，让他真正过上“意大利的梦想生活”。马克反复强调，这座庄园只送不卖，就是要给普通人一个机会。

广告中，马克父子贴出了庄园的精美照片。庄园内部装潢考究，有3间厨房、3间客厅、7间卧室、1座小教堂、5间厕所和浴室，还有面积超大的花园和游泳池，是建筑艺术的杰作，至少值100万英镑（约合870万元人民币）。看过这些照片的人，都想免费拥有这套豪宅。

谁将会成为这位幸运儿呢？马克设计了一个幸运抽奖环节——凡是愿意参与活动的人，只需花2英镑（约合17元人民币）购买一张奖券，参加抽奖。马克父子一共印制了57.5万张抽奖券，活动一推出，参与抽奖的人便络绎不绝，短短一周时间，就有近10万人参与。通过销售抽奖券，马克父子轻轻松松就获得了20万英镑（约合174万元人民币）。活动还在继续，他们相信，实现100万英镑的销售额只是时间问题，如果所有抽奖券全部售出，他们将获得115万英镑（约合1 000万元人民币），比庄园估价多出15万英镑。父子俩笑逐颜开，为自己能够想出这个“金点子”而深感得意。

没错，这个所谓的免费赠送“意大利的梦想生活”活动，其实是马克父子搞的一个营销创意。原来，这座庄园是马克8年前买的，最近由于种种原因，他想以100万英镑的价格出售，却无人接盘。马克决定另辟蹊径，干脆打出情怀牌，来个“只送不卖”，没想到效果还真不错。创意就是财富，方法就是新世界，最重要的不是知识，而是思路。

资料来源　孙建勇. 房子只送不卖［N］. 生命时报，2017-11-21.

某省会城市有一家小饭馆，其名字起得古怪，叫作“歪宗美食店”。过往的行人一看不由得停下脚来：咦，向来只有自称正宗的，怎么冒出个歪宗来。好奇心引起后，人们纷纷接踵而来，想品尝歪宗美食究竟如何。就这样，在众多的标榜正宗的饭店旁边，“歪宗美食店”反而卓尔不群，声名远扬。这则店名对传统的想法大胆突破，以奇取胜，针对众多的正宗品名用了“歪宗”二字，幽默诙谐，勾起了大家的好奇心，让人一笑之余记下了这个独特的名字。

以上例子给我们启示，在对事物进行思考时，不一定非要循规蹈矩，重要的是要有自己独立的思想，能突出表达自己的特点。

也有一些不善思考创意的人，取了如“上当酒家”“糊涂当铺”的命名，故意吃亏的销售方式让大伙儿一哄而上，好像“歪打正着”是包治百病的良药，只要想不出来，就捡现成的。那么，“歪打”能不能“正着”呢？不一定！

（执笔：姚治彪）

9.3 换向创意法

换向创意法是常用的一种思维方法，在多向思维法中，多数是采用换向思维。

换向思维创意是在思考对象不变的情况下，转换原先思考问题的方向，改变原先的思路，以求原先不能解决的问题得以顺利解决。

拓展阅读
9-1

真理与智慧的差异

换向的实质是转换原来思考问题的逻辑方向，从新的逻辑方向、角度来思考同一个问题，例如，将定性分析换向为定量分析，将功能分析换向为结构分析，将数理分析换向为事理分析，将审美逻辑判断换向为形式逻辑判断等。

有人说：“当大家都向东走去寻成功之路时，你向西走，成功的概率可能比别人高。”

“此门推不开，换向为拉，也许就开了。”

事物的不同侧面有着不同的属性，不同的规律制约着同一事物，采用换向思维能够认识事物的不同侧面、完整地认识事物的全貌，进而能按照给定的条件更准确地解决问题。

换向思维具有多向性、求异性、多变性、目的性等特征。

第一，多向性。多向性是指思考问题有多个方向，当人们用一种思路不能解决问题时，可以换一种新的思路去思考，而且可以不止一次地换向寻找能解决问题的捷径，换向本身就有多向思维的特征。

第二，求异性。求异性是指思维的方式方法或思考结论与通常不一样，换向思维力求获得新的解决方法，有时也会寻找新的结果，“新的”就是换向的求异。

第三，多变性。换向思维的多变是指思维方向、方法的改变，思维结果因前变而产生后变，变得比人们的预期效果更好，更全面更实在。

第四，目的性。换向思维的目的明确，是为提出新的解决问题的思路而进行的。目的清晰是换向思维的原则，如果因为换向，把目的搞丢了，方向搞偏了，效果搞反了，这就“事与愿违”了。

在具体使用换向创意法时，不同因果，换向不同。出现某一现象时，往往有多个原因会导致同一结果，分析不同的原因，而采取不同的方法，能使结果发生改变。例如，下游出现洪灾，其原因是多方面的。上游来水过大，河床狭小，水溢成灾；河堤不牢，冲坏堤坝。分析不同的原因，采用不同的方法防洪：上游筑堤，防止水流过大；将大水分洪，减小对此段的冲击力；将河床掘深、加宽，使水量能顺利通过；河堤不牢则加固河堤：打桩、砌石、修成根基牢固的水泥堤坝等。

使用换向思维能够产生让人意想不到的效果：

第一，转换思路，结构更佳。

在机械加工厂里，冲床被人们称为“铁老虎”，它会损伤操作员的手或手指。人们为降低冲床的事故率，花费了不少的时间和精力。起初想到的是：操作员的手正好在冲头下方时，若能让冲头部停止向下运动，就可以避免事故发生。人们便在冲头上安装了热敏传感器，只要手在冲头下方，热敏传感器会感测到手的温度而切断电路，使冲头不能落下来。但是，若热敏传感器不灵敏或出现故障，安全仍然不保。后来，人们换向思考：在冲床上安装两个串联的手动开关，这两个开关分别安装在冲床体操作员的两侧，操作员必须两手同时按下开关，冲头才能下来，这种装置保证了操作员的安全。

圆珠笔最初设计出来时，贮墨可以写5万字，但圆珠经不住磨损而漏墨。如果改用材质好的圆珠，价格又会较高。在换向思维中，设计人员将贮墨减少到与圆珠质量接近，从而使成本和销售价格下降，在大量消费中，生产者获得了更多的利润。

第二，换向思维，天高地阔。

人们常说，退一步海阔天空。当我们走进思维的死胡同时，转换一个方向，前途也许会一片光明。会运用换向思维的人，在困难的时候，能另辟蹊径，找到通向胜利的道路。在第二次世界大战中，十分典型的案例要数盟军在诺曼底成功登陆，这个成功正是换向思维的结果。

盟军决定在法国诺曼底登陆，打击德国法西斯。上百万大军如何快速登陆成为能否迅速取胜的关键。为此，指挥部展开了胜败攸关的讨论。诺曼底没有大型码头，大型运输舰无法停靠，登陆盟军肯定会成为德军射击的活靶子。就在将军们争执不下的时候，素称“热血豪胆”的巴顿将军敲打着桌面，不以为意地说：“这有什么难的？没有码头，我们可以造！”他的建议一提出，就遭到一些人的讥笑。巴顿认真地说：“我们的军舰可以预先打造，飞机可以预先制造，各种炮弹都可以预先准备，为什么码头不可以预先建造呢？现在用预制体建筑房屋已经是非常普遍的事，我们有大型运输船，完全可以提前将船坞用的大块预制体提前打造好，在开始登陆前，用最快的速度赶造出四五个大型码头来。”用预制体在敌人的炮火下修建世上罕见的码头，这实在像是天方夜谭，因为从来没有人干过，不只是没人干过，连听也没听过。以当时的条件，在正常情况下，要建造一个万吨级码头，没有三年五载是造不出的，也难怪有人讥笑巴顿。盟军在巴顿将军的建议下，经过多次研究和实验，终于探索出一套用预制体高速建造码头的操作规程，为百万大军迅速登陆立下了神奇之功。事实证明了巴顿将军的换向思维真的创造了奇迹，这条前所未有的创意付诸实施后，在历史上留下了光彩夺目的一笔。

第三，换向思维，改变状态。

当人们遇到解不开的难题时，没必要死撞南墙，换向思考，也许难解之题不再难，我们的心情也会随之愉快起来，“拨开乌云见青天，一帆风顺今有时”。

音乐大师莫扎特一生不幸，他一辈子都生活在疾病和痛苦之中。在他9年的婚姻生活里，有6个孩子，其中4个相继死去，他的精神一次次受到巨大的打击；他一生花在借钱过日子上的时间和精力不少于他创作几部交响曲所耗费的时间和精力。生活如此凄惨的莫扎特，却充满了乐观和信心。在他看来，生活的挫折和不幸都是上天赐予他的不可多得的机会，既丰富了生命的营养，又可以体味生命的完整和真实。正是这种换向的思维方法，使他在生活极度困苦的情况下，创作出许多惊世之作。

（执笔：王泽苑）

9.4　强灌观念法

观念是客观事物在我们头脑中的意识形态的反映，是一种思想，一种理性认识。观念的形成是一个渐次积累的过程，一经形成便趋于固定化。

观念的存在制约着人们的行为，人们的消费行为也受到观念的牵制。这对我们做创意有利也有弊。我们要扬长避短，发挥优势，因势利导，使我们的创意目的得以实现。

掌握了观念制约人们的行为这一规律，我们在进行创意时，就可以把某种观念用一定的方法灌输到人们的头脑中，将他们的行为导向我们创意目标所指定的道路。采用这种方法时，我们要把消费者的观念和商品的特点结合起来。

创意向受众输送观念，有时只需要一句绝妙的广告语，有时又需要一系列的广告活动加以配合。要使观念在受众的印象中固定下来，还要有一个必要的条件，那就是促销活动，它包括具体的促销和公关活动。如果没有这样一个条件，即使在宣传上进行轰炸，也不能达到最终的目的。这正如我们通常所说的“理论应与实践相结合”。

我们用一句广告语承载某种观念向社会大众传播之后，人们只是觉得有些新鲜，并没有接受。商品投入市场后，有了消费者，然后通过促销活动进一步扩大消费者，再增大广告的传播量。当这种广告语携带的观念成为人们议论的话题时，证明我们这种观念的传播已取得了初步的成功，也预示着商品销售高峰的到来。

强行灌输观念的做法是比较常见的。这种观念有时与商品的特性有关，有时是创意者自行定位，赋予商品某种观念，使其在同类商品中脱颖而出，如“晨用洗发水”就是这种情况的典型代表。

某些观念的输送受到各种社会条件的制约，因而输送起来要困难一些，因为它需要摆脱社会条件的限制。然而，这种摆脱一旦成功，转变了人们的认识，就容易赢得受众的好感，效果就比较好，这方面典型的例子在国内首推“丽珠得乐”。“丽珠得乐”是一种胃药，本来胃病男女都有，也许是生产商经过调查得出患胃病的大多数是男性的缘故，因而他们将“丽珠得乐”定位为男人的胃药。患胃病的男士看了这则广告后可能会感受到关怀。这则广告的创意应该是上乘的，它反映了我们今天的时代特征。现代高度发达的商品经济使生活节奏越来越快，想干一番大事业的男人，其负担可能比女人更重。男人奔波、劳累，容易患这样那样的病，胃病无疑是其中的一种。因此，广告便向社会输送一种非常独特而又比较合理的观念："其实，男人更需要关怀。"这就是这则广告的闪光点，它能够站在一种新的高度来审视一个传统的问题，通过转换问题收到了很好的效果。

这里介绍广告策划人叶茂中的一个观点：看见的并不是真实的，仅观察还不够，更需要洞察。

小案例 9-5　观察和洞察

（一）

颜回随孔子在陈、蔡期间绝粮七天，子贡费了许多周折，才买回一石米。颜回与子路在破屋墙下做饭，有灰尘掉进饭中，颜回便取出来自己吃了。

子贡在井边远远望见，以为他偷饭吃，很生气，便跑去问孔子："仁人廉士也改变自己的节操吗?"

孔子说："改变节操还叫仁人廉士吗?"

子贡说："像颜回，也不改变节操吗?"

孔子说："是的。"

子贡便把自己看到的情况告诉孔子。孔子说："我相信颜回是仁人，已非止一日。你虽如此说，我仍不会怀疑他，这里边必定有缘故。你等等，我问问他。"

孔子把颜回叫到身边，说："日前我梦见先人，大概是启发佑助我。你把做好的饭拿进来，我要祭奠先人。"

颜回对孔子说："刚才有灰尘掉进饭里，留在锅里不干净，丢掉又太可惜，我就把它吃了，不可以用来祭奠了。"

观察和洞察的关系，有的时候就好像这则故事的寓意。你所看到的表面现象的背后，深藏的是另一种消费动机。所以，不要轻易相信你的眼睛，要去确认你所看到的。

（二）

人在什么场景下，需要喝一杯好水？早晨起来喝一杯水更健康，这是很多消费者都有的认知。早上花3元钱买一瓶优质的矿泉水，让每天从健康开始，其实贩卖的还是消费者在早上第一杯水的场景中关于健康的认知。各位看官，这依然是纵向营销的思维，只是方向不同了，市场和目标就不同了。回到营销的本质，商家追求的是利润和消费者的规模，消费者追求的是产品带来的利益，只要满足了这两点，将纵向市场这么切分，就能看到需求在哪里，切勿教条主义。

用克莱舍基在《认知盈余》中提出的"奶昔错误"来总结纵向营销，再确切不过了——

麦当劳曾经想要提高奶昔的销量，因此雇用了研究员来弄清楚顾客最关注奶昔的哪种特质。用纵向营销的思维无非就是做得更稠、更甜、更凉、更大，或者加更多巧克力、草莓……几乎所有研究员关注的都是产品。

然而，他们中间一个叫博斯特尔的人却选择对顾客进行研究。博斯特尔每天坐在麦当劳餐厅里长达18个小时，观察都有哪些人在什么时候买奶昔。最终，他得出一个令人惊讶的结论：很多奶昔都是在早上被销售出去的。奇怪，显然在早上8时喝奶昔，并不符合传统早餐习惯。博斯特尔还从早上购买奶昔的人群的行为中，获得了三条线索：买家通常独自一人来，除了奶昔几乎不买其他食物，他们从不在店里喝奶昔。

经过深入的调查，博斯特尔发现：这些购买奶昔的人都是上班族，而且都是在开车上班的途中喝奶昔。原因是，如果你想在开车的时候进食，就必须选一些可以用一只手拿着吃的东西，它不能太烫，不能溅得到处都是，也不能太油腻，同时它必须可口，并且需要花一些时间来吃完。没有一种传统早餐符合这些诉求，因此那些顾客购买奶昔来取而代之，不再顾及刻板的传统早餐概念。

奶昔在这样的场景下，解决的是开车的消费者无法正常进餐的冲突，而非更健康、更自然的消费冲突，所以纵向研究市场，跳开产品本身看市场，也是非常重要的一步。

当我们以消费者为研究对象的时候，才能洞察到消费者真正关心的冲突为何物，也才能为产品的横向营销找到新的入口。

资料来源　叶茂中. 冲突［M］. 北京：机械工业出版社，2017.

观念的强加不是“无中生有”，要有一定的可行性。同时，强加的观念或做法不应使人压抑，而应该带给接受者愉快、积极向上的情绪。强灌给受众的实际内容可以单单为了突出商品的与众不同，但必须是平和的，而且有相应的“根据”，使这种观念能牢固地树立起来。

采用强灌观念思维进行广告创意应遵循的步骤是：

第一，调查分析状况，掌握同行业中有一定实力的竞争者的营销状况，包括广告策略和它的目标消费者。具体分析初步确定的目标消费者的心理特征。

第二，考察公司的历史，公司的实力。

第三，纵观整个步骤，主要从消费者的身上，看他们能否在这些步骤当中将诸因素结合产生某种观念。如果没有，可以抛开一切因素的限制，将某种观念同商品一起推向消费者，使商品从众多品牌中独立出来。

第四，观念确立出来之后，还应检验这种观念是否恰当，将它输送出去可能会产生什么影响。检验的方法：可以将观念拿到亲戚朋友中去试验，看有什么反响。如果反响好，说明这种观念可能没有多大问题了，经过周密的策划，再将其输送出去。

（执笔：陶专）

9.5 捆绑成功法

捆绑，作为中性词，早就不是用绳子捆这么简单了。火箭上天，用捆绑法将燃料固定在箭体上，燃料完成任务后脱离箭体；销售商品时，把附属物品捆绑在一起销售已是常态；拟订计划时，顺带将相关问题一并解决，形成“一揽子”计划。

要做成一件事，绝不能单打一，运用捆绑思维也就成为常态。

美国有一个叫凯恩的年轻人，渴望过上富裕的生活。但是，他没有一技之长，在一家普通的公司打工，也没什么家庭背景。他能做的，就是不断地寻找致富方法。他有一个爱好，喜欢粉刷自己的房子，很多朋友都说他粉刷的房子特别漂亮，非常专业。年轻人听后，无奈地摇摇头，自己不可能以粉刷房子为职业，毕竟那只是蓝领工人的工作，无法获得更多财富。

事情开始有了转机。那天，他听了创富大师艾克的一堂课，这堂课的主题是“极速自助”，创富大师艾克送给他一句话：我如何在睡觉时也能向人们提供我的价值、我的产品、我的服务？年轻人受到启发。他想，我粉刷的房子非常好，可以把它变成自己对外销售的一种产品、一种服务、一种价值，我该如何销售呢？手把手去教不行，再怎么努力，所创造的财富毕竟有限。所以，要转变思维，寻找即使在睡觉时也能教别人的工具。最后，小伙子想到了录制录像带。年轻人把自己粉刷房子的所有细节制作成一套录像带，名字叫“自己如何粉刷房子”。

他想，我该去哪里销售呢？最初想到的渠道是他家附近的零售店、超市。一段时间后，销售业绩并不理想，因为录像带是一项低成本制作的产品，包装不精美，自己又不是知名的公众人物，很多人没有看录像带的习惯，更谈不上去购买。

很快，他有了新的想法。他联系涂料销售商，说：“你可以把我的录像带放到你的店里一起销售吗？这样的话，如果人们来买你的涂料，自然而然，他就可以依靠这些录像带自己学习如何粉刷房子。”销售商听取他的建议，把它放到店里，结果还是无人问津。

年轻人依然没有放弃，他开始寻找更好的合作伙伴。他直接打电话给本地区规模最大的涂料生产商。他说：“你们是销售涂料的，可能你们还不知道，你们的客户喜欢自己动手粉刷房子，如果你把《自己如何粉刷房子》的录像带放在你的产品旁边，赠送给买涂料的用户，就能够增加你的产品价值。”涂料生产商接受了凯恩的建议，他们制订出一套新的围绕录像带的促销计划。凡是买五加仑以上涂料的用户，可以免费得到一套《自己如何粉刷房子》录像带。

这个点子实施之后，用户的反馈非常好，很多客户的确有自己粉刷房子的想法，不是为省钱，而是为享受自己劳动的过程。一段时间后，涂料生产商非常开心，打电话给凯恩：“我们愿意订购更多的录像带。”

凯恩高兴坏了，他和工厂签下10万份录像带的采购合同，然后拿着这份采购合同找到录像带生产厂。于是，他们开始批量生产录像带。通过这种方式，凯恩一次性赚到了10万美元。凯恩采用许可授权销售的方式赚到了钱，他没有停止脚步，又想到更多的方法，很快成为百万富翁。

以研制CPU为主的英特尔公司曾经销售的两款芯片非常相似，定价却天差地别——一种定得很高，一种定得很低。实际上，价格低廉的芯片与价格高的相比只是缺少了一些功能而已，其他毫无差别。一部分消费者想着，既然芯片差不多，那我就买价格低的吧。另一部分消费者则想着，芯片功能少就意味着办公效率低，所以就狠狠心去购买价格高的那种。如此销售一段时间之后，消费者们发现还是价格高的芯片好用许多，所以绝大部分消费者买了高价芯片。

你或许会想，英特尔公司肯定是先研发功能少的芯片，定个低价，然后通过技术手段给芯片增加功能，将它升级，再定个高价出售。事实恰恰相反，英特尔公司是先研发出功能齐全的高级芯片，然后再请工程师额外做些工作，让高级芯片的一些功能作废。也就是说，低价芯片的成本要比高价芯片的高得多。

无独有偶，IBM公司也曾这样研发、销售过产品。它曾开发出低档和高档两种激光打印机。这两种打印机的功能其实一模一样，只是低档产品里多出了一张让机器打印速度变慢的芯片。很显然，低档打印机因为要额外加入芯片，所以它的成本更高。

明明都已开发出高级产品了，英特尔公司和IBM公司为何还要花费更多精力和成本给产品降级呢？实际上，他们的“降级思维”十分高明，因为他们抓住了消费者购物时的一个显著心理——有对比才能知道差距。

一般公司开发出新品之后都打出比较低的价格，一旁再摆放上高价格的参照商品，靠“薄利多销”盈利。英特尔公司和IBM公司则相反，它们就是想让人们购买贵的产品，于是拿出一部分产品进行“降级”，以形成低价的参照商品。消费者都很聪明，他们会通过反复对比，然后得出结论——价格高的产品虽然贵了点，但好用许多，性价比更高。所以最终的趋势是，购买高价产品的消费者远比购买低价产品的多。

让芯片功能少一点，让打印机速度慢一点，英特尔公司和IBM公司正是依靠这种颠覆传统的“降级思维”用捆绑实现“厚利”多销、快速盈利的。[①]

（执笔：王泽苑）

9.6　灵巧出奇法

中国有句古话，叫“出奇制胜”，意思是用意想不到的策略和方法来战胜对方。“奇”就是奇思、奇招。如今出奇制胜不仅用在军事方面，更多运用于日常生活中，创意也不例外。

广告已经成为生活中必不可少的内容，受众每天都要面对难以计数的、种类繁多的信息源，而真正让受众产生印象、牢记于心的广告却屈指可数。广告要想独领风骚，在受众心中树立深刻的品牌形象，就必须做到“出奇制胜”，在创意创作方

① 流念珠．功能少一点，速度慢一点［M］．知识窗，2021（5）：21．

面独树一帜，有效传达宣传信息，让受众的思维受到冲击。

灵巧出奇法是在广告创作中灵活运用独特的构想来表达产品的信息的一种手法。运用灵巧出奇法，创意人应具备以下素质：

（1）知识丰富，视野开阔，对各方面知识都有所了解，这样思维才能广阔活跃，才能善于从更多方式和角度来对广告进行创作。

（2）联想力强，能够把握好产品信息特征和周围事物的联系点、契合点，甚至能够为产品和其他事物构成一个联系点，这样也就能更好地做到创作的新颖独特。

灵巧出奇法不仅可以用在广告剧情中，也可以用在广告的其他表现方式中。市面上有很多的洗发水品牌，大多数品牌都以故事情节片来做广告，但潘婷和霸王两个品牌不是。潘婷启用一些长相清纯的女明星，唠家常似的跟你诉说她头发的烦恼和用完产品之后的感觉，让人不觉得有浓重的广告色彩。这在同类产品中是比较特殊的。而霸王洗发水则选用个人口碑极好的成龙为代言人，不用特技效果使头发看起来非常好，成龙很真实、诚恳地说出自己拍这个广告的原因和亲自用产品后的感觉，一下子就能在受众心中树立真实、信用度高的品牌形象，更能打动受众。这则广告画面不唯美，但真实，它很好地抓住了受众对夸张过度的广告的厌烦心态，用了“真实”这一奇招，获得了很好的宣传效果。

运用灵巧出奇法必须注意，“出奇”并不是过分随心所欲，天马行空，而是必须有度，必须符合产品特征和消费群体特征。它要在受众可以理解、接受的范围内，超过了这个范围，广告即便多么奇特，也只能是荒诞，让人不明就里。灵巧出奇就是要灵活运用出奇法，若显得呆板牵强，不仅不能获得宣传效果，还可能使受众对产品产生不良印象，美誉度大大降低。广告失败可能对产品的发展造成阻碍，这种影响可能是致命的。

小案例 9-6　　韩雍换信救人

韩雍出任御史，巡按江西。一天，都御史深夜来访，看上去神色十分不安。

韩雍有些奇怪，问道：“这么晚了，你找我一定有事吧？”

都御史看看左右没人，跪在地上，说：“请一定要救救我。”

“出了什么事？”韩雍问。

“天大的事情。”都御史说，“我私拆了诏书。”

“的确是大事。”韩雍皱皱眉头，说，“别急，先说说事情的经过。”

原来，朝廷下了诏书给镇守中官，都御史以为诏书是下给自己的，拆开来看发现错了，但已经来不及了。

私拆诏书，可是大罪，他左思右想，想到韩雍平素聪明过人，就来找他出主意。

韩雍沉吟半晌，说：“明天，你宴请中官，其余一切由我来安排。”

第二天，都御史果然请中官和韩雍赴宴。韩雍把旧的诏书揣在怀里，神情自若地和大家饮酒谈笑。

大家有了几分酒意。

这时，一个邮卒走进来，把一封诏书交给韩雍。

韩雍二话不说，拆开就看，刚刚看了一眼，就惊恐地说："这诏书不是给我的。"

原来，这诏书是韩雍事先伪造的，故意要邮卒错交给他。

说着，他把诏书交给中官。这时，诏书已被调包，交到中官手中的是原来那封真的诏书。

"没用的奴才，居然糊涂到把中官大人的诏书交给我，该打。"

韩雍不住声地道歉，还责怪邮卒把诏书给错了人，要杖责他。

中官有些过意不去了，说："韩御史真是一个诚实的人。不过，邮卒也是无心之过，他把大人当成老夫了，就饶过他这一次吧。"

都御史连忙说："这是一个误会，我们大家还是喝酒吧。"

于是，大家举杯，尽欢而散。

资料来源　张居正．权谋书［M］．史半山，译注．合肥：黄山书院，2010.

想要解决难题，有时采用常规方法是无济于事的，而需要"特事特办"，韩雍就采用特殊的方法灵巧地解决了犯"大罪"的难题。

（执笔：刘莎莎）

9.7　随机应变法

随机应变，是说跟着情况的变化，掌握时机，灵活应对。这里的"情况"，按中国的说法，是"天时、地利、人和"的不同变化情形，哲学所称的"情况"，指"时间、地点、条件"的不同。"时机"就是"时间机会"，"机不可失，时不再来"，抓住时间机会的关键是"灵活应对"。诸葛亮之所以能"草船借箭""借东风"是因为事先掌握了天时的变化规律，应用时机，将"人和"和"条件"统一起来，便"创造"了"奇迹"。"灵活应对"的本事，更多的是训练的结果。以下两个案例中的随机应变，值得我们体会和效仿。

小案例9-7　"多不如专"和"寡不敌众"

浙江衢州有个名叫饶胜男的女孩，一直在俄罗斯留学，并在莫斯科国立大学攻读了硕士学位。2013年，她得知父母一手建立起来的家庭农场因经营不善一直亏损，就放弃在莫斯科的优越生活，毅然回到家乡种起了地。

随着女儿的回归，父母就把管理权交给了饶胜男。没承想，饶胜男上任后干的两件事就激怒了父母。她先是趁着父亲午休，将自家农场种植多年的梨树、樱桃树等上百棵果树全部砍掉。随后，饶胜男又瞒着父母，把农场的十几头猪全给卖了！

卖猪的当天晚上，父亲气得摔门而去，母亲也一边抹泪一边责问饶胜男。他们实在搞不明白，原本孝顺的女儿怎么会做出一连串如此反常的举动？

实际上，饶胜男有自己的打算。她硕士所学的专业是社会管理学，其中，调研和分析统计都是她擅长的。回国接管农场后，饶胜男对农场经营进行了梳理统计，发现农场种有梨树、樱桃树、苹果树、松树等10多种树木，养殖有鸡、鸭、猪等5种动物，品种太过杂乱，每个项目都不成规模，管理起来十分分散精力，所以导致农场一直亏损。

她想：与其十几种产品一股脑儿上，还不如专心打造几款精品。于是，她不顾父母反对，把梨树、樱桃树等果树砍了，只留下在五六月份成熟的100多亩白枇杷和在九十月结果的100多亩猕猴桃，让两款水果错季上市，中间有充足的时间精细管理，确保品质。她考虑到树下空间闲置，又购买了几种市场上俏销的鸡鸭品种散养。这样不仅合理利用空间，还可以让鸡鸭粪便给果树施肥，形成立体种养模式。

果然，大刀阔斧完成调整之后，农场里的水果和鸡鸭品质有了很大提升。有了好产品，饶胜男又开始忙营销。她把农场的各种照片和视频发到朋友圈、视频网站等平台，还坚持每天更新，吸引消费者的关注。功夫不负有心人，靠着调整经营结构和销售渠道，饶胜男仅回国一年就让农场扭亏为盈，一年销售额达到80万元。

农场经营步入正轨之后，饶胜男又开始梳理几年来的微信订单。她发现，三年的订单中，有85%都来自有小孩的家庭。饶胜男觉得亲子市场空间广阔，于是就“顺藤摸瓜”，盯上了衢州当地的儿童兴趣班。她向各个儿童兴趣班提出免费提供场地的邀请，还设计了各种特色亲子活动。果然，这一招吸引了很多孩子和家长来农场。饶胜男顺势添加了带孩子来玩的每位家长的微信，还向他们介绍起了当季水果和鸡鸭肉、蛋。家长相中了农场产品，只要在线上平台填好需求量和地址，饶胜男就会每隔15天定期给他们发货。这样一来，越来越多的家庭成为饶胜男的客户。

令人想不到的是，没过多久，饶胜男突然向别人分享了好不容易聚集起的客户资源——她把自己的客户带到别人的农场去！家人和朋友都感到不可思议。原来，衢州的小型家庭农场遍地开花。饶胜男了解到衢州市共注册有家庭农场2 000多家，且每家的经营项目都不相同、各有特色，于是冒出一个大胆的想法：把一个个小而精的农场串联起来，打造成旅游线路，以吸引更多亲子家庭的游览。她先主动分享自己的客户资源，把自己的客户带到附近其他农场里游览。其他农场主也觉得单打独斗不如抱团发展，于是纷纷加入饶胜男的“战营”。短短两年间，饶胜男总共联合了当地50多个家庭农场，在衢州掀起了“农场游”的新风潮。如今，她的销售额已经达到一年300多万元了。

饶胜男先是集中力量打造核心产品，让自家农场变得小而精，具备独特吸引力，而后又放宽视野，把身边一个个小而精的农场联合起来，抱团发展。她成功经营农场的两个秘诀显而易见：一是“多不如专”，因为少才能打造出精品；二是“寡不敌众”，因为合作才能共赢。

资料来源　流念珠．“多不如专”和“寡不敌众”[J]．思维与智慧，2020（1）：16-17.

小案例9-8　跑堂老赵

常到亲戚开的浴室洗澡，认识了跑堂老赵。来洗澡的客人都一口一个“老赵”，叫得热火朝天，他的大名似乎没人再记得。

小个子，小脸，小平头上根根白发针一样竖着。跑堂老赵今年七十二岁，看上去一点儿也不像，整天精神抖擞的，一走一路风，跟小年轻似的。

亲戚告诉我，好几个人找他要来跑堂，月工资开一千五，他没要。老赵是他好不容易请来的，月工资开两千。

我蛮奇怪，跑堂又不是什么技术活儿，不就澡堂看看衣物，管管卫生，打打毛巾，送送茶水，谁都会哟。

亲戚神秘地笑笑说，你不懂，老赵这人调适。跑堂这活儿，缠人累人，这堂跑得好与丑，直接影响澡堂老板的生意。我不屑一顾，认为亲戚纯属耸人听闻。

亲戚的浴室，是水泥池外贴瓷砖那种简陋的老浴池。没汗蒸，没冲浪，但有老年人喜欢的烫脚池，滚烫的水烫得那叫一个舒服。一把澡七元，就是便宜得很。老街上年纪大的三天两头来泡澡，就是看中老赵贴心的跑堂，上瘾了。

浴池外面更衣休闲的地方，就属老赵跑堂的范围。沿墙两边，各摆放二十几张紫红布蒙着的一头翘的木床，翘的一头贴墙，客人可当枕头。木床有肚子，揭开上面一块活板，可存储衣物。每个床边放一痰盂，一双拖鞋，简简单单。

浴室，每天饭后上客。老赵完全可以饭后来上班。可他与众不同，早饭后就把中饭烧好，用饭盒装着，早早来浴室摸索了。他说，反正在家没事，闲着也是闲着。

茶水烧满瓶，巾被叠整齐，地一拖再拖，浴巾反复洗涤。天寒地冻的，老赵头上却常是汗湿湿的。俗话说，冷天冻死懒汉子，这话一点儿不假。

老赵跑堂，跑功了得。用跑步比喻，别人跑五十步，他起码要跑一百步带拐弯。

就拿打热毛巾来说，客人从浴池上来了，老赵立马迎上前去，从电热箱里拿出四条热毛巾，替客人前头揩一条，后面揩一条，另外送两条搭客人身上，由其自便。要知道，在我们这里，所谓高档浴室，也不过提供两条毛巾。这额外待遇，也只有在老赵这儿享受得到。一些年纪大的洗过澡，喜欢躺躺歇歇。老赵都掌握火候，还“加餐”般递上热毛巾。如此这般体贴入微，难怪客人夸老赵，这个跑堂的世上难找！

老街上一个盲人老大爷，三天一把澡，雷打不动。每次老伴把他搀到浴室门口，就不方便进来了。这时，老大爷就嚷嚷开了：“老赵，老赵！”

“就到，就到！”每次，老赵不管手上忙不忙，都应声而出，像接亲一样，跑出门将老大爷搀扶进来，安顿好，帮他脱去衣服，又把他搀进浴池。这般周到，好多浴客以为这盲人是跑堂的什么亲戚。

一个半身不遂的老人来洗澡，孙子陪着。老人衣服穿不上，急得一头汗，孙子却津津有味地玩手机。老赵忙上前，一件一件帮老人穿上，像个孝顺儿子。

还有生病的、喝酒的、腿脚不便的浴客，老赵三天两日都能碰上。类似的分外"白生活"，老赵不知道干了多少。可他从不发牢骚。偶尔有人给小费，他也不要。他常说，生活做不死人，拿人家一分钱，良心要对得起。

都说众口难调，可跑堂老赵让五花八门的客人们都调调适适，开开心心，快快乐乐。这的确不是一件容易的事情。

种瓜得瓜，种豆得豆。凡事，用心用情用力做，收获就会满满的。要我说，跑堂老赵，客人一条声说你好，你就是人生征途上的金牌跑堂。

资料来源　陈文祥. 跑堂老赵［N］. 扬子晚报，2022-03-08（B03）.

（执笔：王多明）

9.8 幽默创意法

幽默，作为一种文化，有着惊人的力量，而作为一种思维模式和创意方法，更显示出无比巨大的震撼力。记得一位名人说过，"企业不做广告，犹如在黑暗中向情人送秋波"，这实际上是借幽默的力量来宣扬广告的作用。幽默创意会引发创造性活动，幽默创意能将严肃的推销目的包容在轻松诙谐的喜剧气氛中，使消费者对商品或企业产生注意，在一种愉悦的心境中不自觉地改变态度。这种理论因此引发了一场幽默广告创意革命。好的幽默广告的确能打动和说服受众，激发受众乐滋滋地掏腰包，受众在张开嘴笑时，创意人趁机把自己的"食品"送到受众嘴里。当然，这并不是要我们去欺骗和敲诈消费者，而是利用幽默的力量促使购买行为的发生。

众所周知，在我们的思维活动领域内，常常会涌现出一些诙谐而妙趣横生的念头，这些念头通过语言和行为表现出来，传达一种有趣的思想、观念或符号，让人在惊奇或意想不到之中捧腹大笑，给人一种轻松、满足、快意的感觉。幽默通过双关语、俏皮话、夸张、讽刺等表现手法，产生滑稽、戏谑、荒诞等喜剧性效果，具有劝说与敦促功能，有利于广告信息被受众接受。

关于幽默的构成，可谓众说纷纭。从创意角度来讲，各种说法围绕一个焦点，就是当大脑接收外界信息刺激时，通过一种趣味性的表达反映出来。惊奇、不协调、悬念、含蓄是构成幽默的常见因素。

惊奇论认为，出乎意料的发现往往构成幽默的高峰，实际上是一种打破惯常思维的方法。鲁迅是一位充满幽默创意的文学大师。他的杂文之所以像匕首、投枪一样扎向敌人，一个最主要的原因是他注入了一种幽默的力量，使人惊奇不已。如他写一个乞丐为了见一个"阔人"（大人物或富人的一种说法）绞尽脑汁，终于见到了"阔人"，并且"阔人"对他说话了，他感到无比荣耀。人家问他，"阔人"对他说了些什么？他说："滚开！"

丁时照在《字里人间》一书中写道，《笑府》及其后的《笑林广记》，文字简洁，滑稽诙谐，具有很强的喜剧效果，最主要的是，读后让人笑不出来。

骂喝酒的“性不饮”：除夕之夜的风俗是用一瓶酒、一碗肉祭拜“石敢当神”，主人作完揖，看见一只狗在旁边，赶紧让童子把供品收回家。童子刚把酒拿进去，回来一看，肉已被狗吃了。主人大骂：“你个痴奴才，先收肉便好，狗是不吃酒的。”

讽刺人脸皮厚的“老面皮”：众人在一起讨论世上什么东西最硬。有人说石头，有人说金子，争论不休时，一人指着有胡须的一位说：“唯老兄的胡须最硬。”大家问理由。答曰：“你看这么老厚的脸皮，胡子也钻得出来。”

当然，骂当官的笑话亦非常多。

有人种菜总是种不活，求教于有经验的老菜农。菜农说：“这不难，只要在每棵菜苗下埋一文钱就可以了。”这人问是何故，菜农说：“有钱者生，无钱者死。”

“避暑”是骂官府的：天气炎热，有个官员打算找避暑的地方。同僚们有的说某山幽雅，有的说某寺清凉。有位老人进言道：“山上和寺院虽好，但都没有这个办公楼凉快。”官员说：“何以见得？”答曰：“别的地方都有太阳，只有这里暗无天日。”

骂贪官的：某县官任满归家，见家中多了一个老头，一问才知是任职县里的土地神。问为何跟随而来，答曰：“地皮都被你刮来了，教我如何不随来？”

骂有钱人是笑话里常有的主题。孔子看见死麒麟，大哭不止。学生们为了安慰他，把铜钱串起来，挂满牛身，然后告诉孔子，麒麟已经活了。孔子看了之后说：“这明明是一头蠢牛，只不过多几个钱罢了。”[①]

你看看，语言幽默，让听到的人有“味”可回，被幽默的人可能还不自知呢。

幽默的另一种因素是“不协调”，两个看似不相干的事物联结在一起，会产生一种幽默效果。

作家袁哲生的作品集《送行》中有“坦白说”这样一篇短文：假日四处乱逛，走进一家卖民间工艺品的店里，因为喜欢它浓浓的木石气味，石狮、石臼、石灯，木桌、木几、木椅。最吸引我的是各式木椅，太师椅、官帽椅、贵妃椅等。古人的智慧真是令人惊奇，原本不过是一棵树，然后是一根木料，变魔术似的不用一根钉子就组合成了一张张温润质朴的木椅，看那圈椅靠背的弧度，美得好像可以让人坐一整天而不愿起身。这是古代人的乐高积木游戏？真是不可思议的巧手。我看得心生一问，终于忍不住开了口：“老板，请问哪一种椅子最好坐？”老板想都没想：“沙发啊。”老板的坦白，让我惊叹，他这样做生意？[②]

悬念因素也是构成幽默的重要因素。通过制造悬念，一环扣一环，扣人心弦，激发读者或观众的兴趣，使其继续接受后面的信息。在广告创意中，如“来一桶，来一桶什么？”这是一则方便面的悬念广告。有一家摩托车销售公司，在某型号摩

① 丁时照．字里人间［M］．桂林：广西师范大学出版社，2020：181-182．
② 袁哲生．送行［M］．成都：四川人民出版社，2019．

托还未进公司前，就做了一则广告：需要买摩托车的人，请你们耐心等到×月×日，到时将会发生一件轰动全城的事。结果在那一天到来时，某型号摩托车推出，并开展一系列促销活动，销售大为可观。诸如此类，都是利用幽默中的悬念因素进行广告创意的。

还有至今仍称得上经典幽默广告的是这条广告：著名喜剧演员冯巩、葛优曾经为“双汇”火腿肠做了一则幽默味十足的广告。一开始，葛优做沉思状，冯巩神秘兮兮地问：“冬宝，干吗呢?”葛优毫不含糊地答：“想葛玲!”听了这两句对话，观众不由想起了电视连续剧《编辑部的故事》中葛优（饰李冬宝）与吕丽萍（饰葛玲）的喜剧纠葛——冬宝死乞白赖地追求葛玲的一幕幕情景，情不自禁地发出大笑。尤其是最后由冯巩念出广告口号“双汇火腿，省优、部优——葛优”，加上葛优那大智若愚般的“傻”笑，令人忍俊不禁，并且记住了双汇火腿获得了省优和部优。该广告播出之后，在社会上引起了强烈反响。南京一所大学的调查表明，这个广告片是大学生最喜欢的。不仅是大学生，其他各界人士也同样喜欢它。同时，“双汇”火腿肠也在全国畅销了。

在幽默广告的创意过程中，要特别注意把你所要传达的商品或服务信息表达出来。广告最终的目的是促进销售，而不是博观众一笑，愉悦观众只是一种手段。另外，黑色幽默、病态幽默最好不要出现在广告中，因为它们会破坏人们的情绪，不利于广告信息的传达。

让幽默创意带着微笑步入广告创意的殿堂吧。

（执笔：唐自强）

9.9 幻想奇思法

尼采说：“人宁可追求虚无，也不能无所追求。”人追求“虚无”，追求“幻想”，这体现了人们的一种精神面貌和心理状态。

人和动物的根本区别在于人具有思维，富于想象和幻想。幻想是人极富创造力和活力的重要因素之一，幻想使人充满生机和情感，幻想属于想象思维的一种形式。

所谓幻想，是一种受人们的某种欲望或愿望所支配，不受现实条件的约束的前景性想象。幻想可分为现象幻想和形象幻想，抽象幻想和理性幻想，它与理想相近。

理想，一般指依据客观存在的现实在未来可以达到的目标，而幻想则是在未来达不到的目标。若在当时认为可以达到而未来未达到的目标，则理想转换成了幻想；在当时认为达不到的目标在未来却达到了，则幻想转换成了理想。因此，幻想和理想均是客观世界中的存在在主观世界中对未来的向往。

形象幻想是没有实物而在意识里反映出虚幻的影像，包括人生、社会、宗教、文学艺术和科学技术等方面的幻想。它是人在现实社会生活中为解决遇到的各类问题，依据现实环境的具体事物想象与其调谐或抗衡的幻象，冲向新的积极或消极的未来。

幻想思维无所不在，幻想之所以具有生命力，是因为人们通过幻想思维创造出许多前所未有的新事物。神话、寓言、童话、科幻作品等，均是在幻想中产生的，飞机、飞船、潜水艇、卫星以及数学上的非欧几何等也是形象幻想思维的结果。德国学者莱辛说过："缺乏幻想的学者只能是一个好的流动的图书馆和活的参考书，他只会掌握知识，但不会创造。"这明确地指出了幻想思维在创造中的重要作用。英国作家狄更斯说得更实在："没有幻想，一个人既不能成为诗人，也不能成为哲学家、有机智的人、有理性的生物，也就不成其为人"。

因而，创造学允许并且鼓励人们对事物进行各种各样的幻想，一些学校还对学生开设"幻想课"，其目的就是引导、培养学生进行各种形式的幻想，以增强其创造才能。

幻想思维的主要特点是脱离现实。幻想思维是从人们美好的"希望点"出发，与现实相脱离而进行的，有人说过，幻想虽然是必要的，但必须本着实事求是的精神，必须用科学的态度来对待它，而不能脱离实际。然而，在科学的发展史上，过去飞机上天曾被科学家认为纯粹是"脱离实际"、毫无科学根据的幻想，如今这个幻想被翱翔天空的飞机打破了。

最初，法国著名的天文学家勒让德认为，要制造一种比空气重的装置去飞行是不可能的。之后，德国大发明家西门子也发表了类似的看法。由于他们的崇高威望，制造飞机的幻想被极大地妨碍了。在这之后，能量守恒定律的发明者之一、著名的德国物理学家赫尔姆霍兹，从物理学的"科学角度"论证了机械装置要飞上天纯属"空想"这一"科学结论"，使得德国的金融界和各工业集团撤销了原先对飞机研制事业的支持。此后，美国天文学家纽康又根据各种精确的数据做了大量的计算，从而证明了飞机根本就无法离开地面。

当然，人们无法得知上述专家在论证中有哪些科学技术上的局限，但现在我们面前已有一个事实：飞机已成为最重要的交通工具之一。首次把飞机送上天的，是在当时名不见经传的美国人莱特兄弟。他们没有上过大学，但他们思想活跃，富于幻想。他们自学成才，勇于探索，终于在1903年把飞机送上了天空。

由飞机诞生的例子，我们可以发现，过分地强调"科学态度"会给发明创造带来多么大的危害。没有异想，哪会天开？异想天开有时是我们进行创意的思维源泉，是把空想变为现实的捷径。另外，我们也可以从中领悟到异想天开（幻想思维）在发明创造中的重要作用。列宁曾指出："有人认为，只有诗人才需要幻想，这是没有理由的，这是愚蠢的偏见！甚至在数学上也是需要幻想的，甚至没有它就不能发明微积分……"因此，我们对幻想思维绝不能简单地加上"毫无根据""胡思乱想"的罪名。事实上，胡思乱想中的幻想也并非毫无根据，或者说没有万分之一的合理性。在现实生活中，历来就有不少"权威者"，总是以"实事求是，科学根据"的论证压制不同观点和学派，特别是以此压制充满好奇心与幻想、敢说敢干的青年人，这极不利于科学的发展和前进。我国著名学者郭沫若曾强调："既异想天开，又实事求是，这是科学工作者特有的风格，让我们在无穷的宇宙长河中探求无穷的真理吧。"既异想天开又实事求是的思维方法，是符合创造学原理的。

正因为幻想思维具有"脱离实际"的重要特点，所以幻想思维可以在人脑中纵横驰骋，也可以在毫无干扰的理想状态下进行任意方向的发散。与幻想思维最为接近的是空想式的无稽之谈。空想是人们思想的宝库，日本创造学家高桥浩认为，不论是天才还是凡人，都存在空想力和以现实的道理去思考问题的能力。凡人和天才的区别在于：凡人只能以现实的道理去思考问题，因而凡人的空想力便随时间的延长逐渐萎缩；而天才善于运用空想力，在思考事物时首先借助于空想，在空想中受到某种启示去达到目标。

幻想思维可以使人们的思想开阔，思维自由奔放，它在创造发明中的作用是显而易见的，尤其是在创造发明的初期，更需要各种各样的幻想，这种思维方式在创意中表现尤为突出。在广告创意中，常通过幻想某种场景或生活模式来显示产品能带给消费者的感受，突出产品的品质，从而吸引消费者尝试。下面是两个用幻想思维方式创作的经典案例：

李维斯（Levi's）喇叭裤电视广告——《电梯狂想》。画面内容是：身着李维斯喇叭裤的一男一女在电梯内对望着，彼此都被对方的喇叭裤吸引着，电梯起动，双方随即坠入幻想：约会、结婚、爱巢……噢，不妙，然后是婴儿的哭叫声！紧接着电梯门打开，幻想就此打住。此广告极富浪漫情调，画面充分突出了李维斯喇叭裤的吸引力，并向消费者暗示，只要穿上李维斯喇叭裤，何愁没有好事连连。此广告之所以极富吸引力，原因在于运用幻想思维进行创意，幻想的内容和情节符合消费者的生活方式、生活形态及精神面貌。

黑绒咖啡电视广告。画面内容为：女主角轻啜一口香浓的黑绒咖啡，随即进入一个幻化般的美丽花园，花园里彩蝶飞舞、奇妙无比。这种充满柔情的纯美意境，令人心醉的画面，突出了黑绒咖啡的品质，以及饮后能带给人们的感受。这条广告播出后，受到广大女士的追捧，一举获得成功。

在开展创意思维时，因为有了幻想奇思，本来的死胡同会洞开新路，助思考者到达目的地。

（执笔：熊鑫华）

9.10 超常思维法

超常思维中的"常"指一般、普通、平常，"超"指超过，在某个范围以外，或指跳跃、跨过，"超常"即超出寻常。超常思维法要求创意者打破常规，做常人没有做过的事。

奥格威拒绝福特的故事能帮助我们思考什么是超常思维。

有一次，福特汽车公司给大卫·奥格威发来一封邀请函，希望奥格威的奥美广告公司去竞争福特汽车公司推出的一款新型汽车的广告业务。福特没想到，等来的却是奥格威的拒绝信。

奥格威在回信中写道："福特先生，首先感谢您对奥美广告公司的信任，但是请原谅我不能参加您公司广告业务的竞争，因为您的广告预算是我公司全部营业额的一半，如果竞争成功，那么我很难做到保持我们咨询的独立性，所以我决定放弃这个机会。"

对于奥格威的决定，公司内部的员工都很不理解。要知道，福特汽车公司可是世界知名品牌，而奥美广告公司处于初创阶段，名不见经传，奥格威到底是怎么想的，竟然拒绝这样的超级大客户。一时间，公司上下议论纷纷。

对于大家的异议，奥格威解释说："客户不是越大越好，选择谁成为我们的客户需要非常谨慎。我们作为一个刚起步的小公司，一旦与福特汽车公司这样的超级大客户合作，必定会受到大客户的各种制约，而我们只能束手束脚，很难提出自己真实的意见，工作上如履薄冰，公司也会成为客户的附庸，久而久之就会失去我们的独立性，这不利于我们公司的发展。"

后来，福特公司的这个汽车项目在市场上非常失败，一度成为福特汽车公司最失败的商业案例。而奥美广告公司的员工也非常庆幸当初奥格威拒绝了福特，如果没有奥格威的拒绝，奥美广告公司可能就跟着这个案例一起彻底翻车了。[①]

小案例 9-9　　免费赠书的餐厅

在美国的康涅狄格州东北部有一家餐厅，食客不但可以在这里享受美味，而且用完餐后可以免费得到餐厅赠送的三本旧书。

这家餐厅名叫"旅行食物和书籍"。餐厅并不大，可以说不起眼，但是经营方式却叫人耳目一新。餐厅的主人叫马蒂多伊尔，平时爱看书。有一次，一名叫约特的大学生来餐厅用餐，用完餐付钱时，发现马蒂多伊尔正津津有味地看着一本旧书，连递给他的饭钱都顾不得收。约特很奇怪，问马蒂多伊尔："你看的是什么书，这么入迷？可不可以让我瞅一眼。"马蒂多伊尔把书递给约特。谁知约特一看上书，竟然也入了迷，直到把那本旧书看完才恋恋不舍地挥手告别。

约特得知马蒂多伊尔有许多旧书，爱看书的他常常光顾餐厅，边用餐边看书，两人兴趣相投成了朋友。马蒂多伊尔还把一些旧书转赠给约特，约特也把餐厅推荐给同学和朋友。他们也是喜欢看书的人，来餐厅不仅用餐，也是为了看书。

马蒂多伊尔是个热情大方的人，对于约特介绍来的朋友，同样都会赠送他们几本书，大学生们也会把自己喜欢或看过的书送给马蒂多伊尔。餐厅里的书越来越多，马蒂多伊尔就在餐厅里设置几个大大的书柜，把旧书放到书柜里，只要有客人来用餐，就会向客人推荐这些旧书，并宣扬读书的好处，在客人走时还会赠送他们每人三本书。

---

① 陈翠珍. 奥格威的拒绝智慧 [J]. 思维与智慧，2020 (13)：23.

由于食客的口口相传，马蒂多伊尔的“旅行食物和书籍”餐厅被更多喜欢读书的人所熟知。他们来餐厅用餐，享受读书的乐趣，用完餐后还能得到马蒂多伊尔赠送的三本书作为纪念，所以餐厅得到众多食客的喜爱与支持。

为了满足食客的需要，马蒂多伊尔还收集了一些名人的签名赠送给食客，名人效应更增加了人们爱看书的好风气。而那些名人也都是一些爱看书的人，与读者产生心灵共鸣。由于马蒂多伊尔的书籍有限，大量赠送后不免捉襟见肘。他的事迹被媒体宣传后，得到一些藏书爱好者的大力支持，他们捐助给马蒂多伊尔大批旧书，使书籍得到及时补充，一些食客也会把自己看过的旧书捐赠给餐厅，食客之间也会因书籍互动交流而成为益友。

当然，餐厅在这种赠书中也获得良好收益，不但赚了钱，还赚了好口碑和人气。马蒂多伊尔赠书不但没有吃亏，反倒收获满满，这种收获不能用金钱来衡量，它的价值远远大于金钱，这才是马蒂多伊尔最大的成功。

资料来源 尹成荣．免费赠书的餐厅［N］．企业家日报，2021-05-11（8）．

中国工程院院士徐匡迪在出席“机械与运载工程科技2035发展战略”国际高端论坛并做主旨报告时表示，“颠覆性技术，这种创新在目前的行政审批和评审制度下，是难以实现的”。徐匡迪说，以颠覆性技术取得创新成功的最经典案例，非埃隆·马斯克莫属。马斯克先后涉足互联网支付PayPal项目、用于未来太空商业旅行及星际太空移民的Space X火箭……纵观这些项目，其核心都是颠覆性的创新技术。结合这一案例，徐匡迪话锋一转，谈及眼下国内在颠覆性技术创新领域的问题。

“在古代，那时没有科技部和教育部，也没有各种支持科研的基金，但是我们却有这么多的伟大发明；可现在，无论是科技部、教育部还是国家自然基金委，在科研投入上不差钱，这么多钱为啥就砸不出创新来?!”徐匡迪认为，这正是由颠覆性技术的本质决定的：在新想法、新技术冒尖的时候，大多数人一般都不看好、不赞同，甚至无法理解。而我们国家现有的重大科研项目都是搞专家评审制，专家们坐在一起评审、投票，最终的结果，往往是把真正具有创新想法的项目给投没了。

“对颠覆性创新的意愿应给予宽容、理解与支持。”徐匡迪说，可能对未来产生影响的颠覆性创新技术，需要建立以市场为主导的机制，需要战略眼光以及风险投资机构的支持。

2019年8月16日凌晨，中国成功发射全球首颗量子科学实验卫星。首颗量子卫星将改变生活。古往今来，人们对于信息加密的探索从未停止。“量子通信是迄今唯一被严格证明为无条件安全的通信方式。量子不可分割、不可克隆，所以能保证加密内容不被破译，可以从根本上保障信息安全、保护全人类的隐私。”量子科学实验卫星工程首席科学家潘建伟表示，理论上绝对安全的通信一旦实现，政府、军队和银行，乃至全社会都将获益。

在潘建伟看来，量子通信的应用前景，就像电话的普及过程一样，将逐步进行，蔚为可观。“一开始，量子通信可能会应用于国防、金融、政务、科学研究等，最终会在大众中应用。”基于个人判断，他给出了一个量子通信技术普及的“时间表”：5年左右很多机要部门开始用，10年左右金融业、银行等大机构开始用，15年的时间或许走进千家万户。“届时，每个人的家里、手机上或许都会有一个量子加密芯片，银行转款、电子账户等的涉密操作，都不用担心被盗用或者攻击。”

中国的超常思维，在思想界、科学界都在受推崇、被实践、出成果。大企业家、大科学家在超常规思考，产生丰硕的成果。超常思维不是大企业家、大科学家的专利，人人都有超常思维的权利，都有超常思维的能力，都可以在超常规思维中获得属于自己的成果。

2020年初，新冠肺炎疫情牵动人心，一部2013年拍摄的电影《大明劫》也被频频提起。这部电影的背景设定在明崇祯十五年，全国瘟疫，十室九空，李自成起义军又猛攻开封，崇祯帝不得已起用孙传庭赴陕领军平叛。吴又可到潼关投靠他的师父赵提领。赵提领前往孙传庭军中治疗疫病，吴又可随之。赵提领认为军士率属“风寒暑湿，天之常气，入侵肌肤所感”，照《伤寒论》开方治疗。吴又可却从病人脉象、经历判断军士绝非伤寒，而为瘟疫，开出了与赵提领完全不同的方子。两个方子放在指挥使任琦面前，他完全不理解，就去问赵提领。赵提领听完吴又可一番“异于常规”的解释后大惊，怒斥吴又可：没有确凿证据，怎能妄加猜测！吴又可因为“异于常规”被赶了出去。后来，赵提领死了，死于疫病。任指挥使也不想听吴又可“瘟疫传染”的道理，更不理解他“隔绝病患、开窗通风”的做法。可孙传庭把照着《伤寒论》开方而总不见效的医生杀完了，不得已又找到了吴又可。官军严格按照吴又可的办法进行了瘟疫防治工作，终于控制住了疫情扩大的趋势。

从吴又可身上，我们看到了医者的良知和超越常规的思维，他从病因出发敢于超越医家传统，敢于和老师不一样，敢于赴死坚持正确的判断来治疗病人。这种超“常”思维值得效仿。

（执笔：王泽苑）

本章小结

通过本章的学习，学习者能从各种极富创意思维的成功例证中学会丢掉包袱、放开手脚，大胆进行创意的方法，学会在解决难题时产生奇思妙想的思路，在“于无声处听惊雷”的绝妙想法中找到答案。在若干次的成功之后，学习者不仅会熟悉奇思妙想的若干创意法，在今后的创意活动中也能做到行船不怕风浪涌、爬山不惧崖陡峭。

思考与练习

（1）你能在自己大脑的存储中找出几件奇思妙想创意的事吗？请说出来和大家分享。

（2）对本章介绍的十种创意思维的方法，你认为哪几条更奇妙？说说你的理由。

（3）对本章介绍的十种创意思维的方法，你认为哪几条不够奇妙？说说你的理由。请你对它们再加工，或者改写，或者替换。

实操项目

在班级开展一次（总结经验以后可以多次开展）在线下或者线上进行的“头脑风暴法”，目标是产生无穷多的“奇思妙想”。

几位小组长和课代表归纳、合并、总结这些“奇思妙想”，然后转发给全班同学。同学们妥为保存，以备今后的不时之需。

任课教师除了在课堂上鉴别、分析、讲评，还要保存这次活动的成果，留待下一个年级的学生使用。

第10章

点线面体创意

学习目标

通过本章的学习，从点式创意思维出发上升到线、面、体的创意思维，进而会使用水平思维创意、垂直思维创意、信息交合创意、多维思维创意，凡事都能从全面、大局思考，产生全面解决问题的创意思维结果。

引例

编舞家沈伟：传统文化是艺术创作的底色

编舞家沈伟获得了2020年美国舞蹈节编舞家终身成就奖。这是当代世界舞坛领军地位的荣誉。之前获此殊荣的都是世界殿堂级的编舞家，且大多已经七八十岁。50岁出头的沈伟打破了这个奖项的获奖者年龄纪录。

1）保持专业理性

如果没有亮相舞蹈类综艺节目，沈伟几乎就是“传说中的人物”。此前，圈外的大众对他所知不多。而在国际舞蹈圈内，专业人士都知道他的舞团演出一票难求，知道他本人拿了许多国际顶尖的舞蹈艺术类大奖，也知道他是北京奥运会开幕式的策划者之一和《画卷》篇编导，但亲眼见到他本人的机会不多。直到最近，借着一档节目，专业舞者和普通观众终于近距离看到了作为评委的沈伟。

评委席里，他始终谈吐优雅，保持专业理性。几乎好几次，舞者的作品以极其强烈的感染力获得全场的共情，令其他评委潸然泪下。轮到他时，他却说：“我要让自己先冷静一下，不被一时的情绪干扰，才能从专业和理性的角度想一想。”沈伟曾经说：“艺术不只是感性的门类，它非常理性，需要理智对待。”他形容自己舞团的工作状态像是做科研，每一个动作、布景、灯光、服装，他都全程把控，严谨计算，反复实验，绝不诉诸一时的情绪。

2）中国传统文化影响甚深

1968年，沈伟出生在一个湖南传统戏曲湘剧之家。他在各种场合表达过，中国传统文化对自己影响甚深。在家庭影响下，他6岁开始学习书法、国画，同时也热爱舞蹈，9岁考入湖南省艺术学校，学习湘剧，一学就是6年半。毕业后他进了湖南省湘剧院当演员，在台上演了5年，同时自学油画。

几乎所有艺术评论者都提过，传统文化始终是沈伟艺术创作的底色，是万变不离其宗的根骨。

1988年，沈伟本想考专业美院，但因英语成绩不好，文化课分数不够，没能考上。职业美术之路暂时中断，反倒因参加湖南省舞蹈比赛获得金奖，考入广州战士歌舞团。

当时，广州开办了全国第一个现代舞专业实验班，老师大多来自国外。沈伟插班考入，成为第一批学员。那年他已经20岁，刚刚开启现代舞的学习之旅。

1991年，中国第一个现代舞团广东现代舞团成立，沈伟是创团舞者之一。1994年，他自编自演的独舞《不眠之夜》获得中国首届现代舞大赛编舞和表演双项金奖。第二年，他拿到了美国纽约尼古拉斯舞蹈研究室全额奖学金，赴纽约留学。

1995年开始，在纽约的最初5年里，沈伟自己学习、研究，创作绘画、电影、舞蹈。他拍了一部黑白艺术电影《四月》，办了个人画展《身体的存在》，设计了一台多媒体舞蹈剧《空湖的浪》，其中一人秀独幕舞蹈剧《小房间》不断在欧美巡演。

艺术的跨界从那时起就初见雏形。绘画与舞蹈，对他而言同样重要，甚至不分伯仲，以至于后来舞团的演员说，感觉舞者的身体，就像沈伟拿来绘画的工具，整个空间都是一块画布。

3）在中西方艺术之间自由游弋

2000年，《声希》让欧洲人知道了沈伟的名字；2001年，《天梯》让美国人知道了沈伟的名字。《声希》的中文名来自老子的“大音希声”。沈伟曾经这样解释：《声希》和《天梯》中的舞蹈动作，是对生命自然循环的艺术性延伸。舞者放慢呼吸，改变心跳，控制重心，平衡地心引力，身体动作及状态随之改变，人不再处于日常的起伏时空，仿佛缓慢的太极。此后，沈伟渐渐创造出自己的舞蹈动作体系——自然身体发展技术。这一体系在《春之祭》中达到成熟。西方观众说，在《春之祭》中看到了东方，但中国观众又在其中看到了西方。有评论者从这个用现代形式展现的舞台上，辨认出了中国元素——云手、跑圆场、翻跟斗，但最后也只能表示，它们只是似曾相识。

2008年，沈伟担任北京奥运会开幕式策划和《画卷》篇编导。据说，最初排练时，国内舞者理解不了沈伟的舞蹈运动方式，地面动作呈现不出水墨晕染的效果。沈伟花了近一年半时间重新训练舞者。最终，《画卷》让一些西方观众打破了对中国艺术的刻板印象。优雅又简单的东方神韵拉开了奥运会序幕。

就这样，沈伟在中西方艺术之间自由游弋，用自己独到的风格，最终获得广泛认可。

资料来源　龚丹韵. 传统不是一本现成的教科书——专访编舞家沈伟［N］. 解放日报，2020-01-10.

思考：

（1）编舞者绝对是创意人，我们从创意人沈伟身上可以看到什么？

（2）从沈伟一人秀独幕舞，能否联想到一个点在舞台上绘出的一幅画？

（3）中国传统文化如果是条线，沈伟将它与现代舞的线交合在一起，就能创意出东西方都能接受的舞蹈。是吗？

（4）从动态的舞蹈中，你能体会到点、线、面、体创意的意义吗？

10.1　点式创意法

点是事物的初始形态，两点间可以用线连接，两条线可以组成面。在进行创意思维时，由“点”出发，可以展开多种创意，由点而线，由线而面，由面而体，让创意人在无限的空间展现创意的才华。

人们通常认为创造力的作用体现在解决问题和困难的领域。当我们遇到困难的时候，确实需要创造性思考。但是很多时候，如果我们确定一个思考的点，也能产生意想不到的结果。尤其是当我们把这个点集中到不同寻常的、还没有人们关注的问题上的时候，经过创造性努力就能取得可观的成果。

唯物辩证法告诉我们，在事物的对立面中，有主要方面和次要方面，在主要方面中有决定矛盾性质的关键点，找出了解开疙瘩的线头，问题就好解决了，这就是点式思维创意法的核心。

很多科学家都是在别人不注意的领域里取得引人注目的成就的。

诺贝尔物理学奖获得者李政道一次偶然听到一个同事的演讲，从而知道了非线性方程有一种叫作孤子的解。他找到所有关于孤子的资料进行分析研究，发现所有人都在研究一维空间的孤子，但是在物理学上三维空间才具有普遍意义。他花了3个月时间研究三维空间的孤子，创建了新的孤子理论用来研究亚原子的问题。后来，他得意地说：“我从一无所知一下子赶到别人的前面去了。”总结经验的时候，他说：“要想赶上、超过别人，一定要弄清楚哪些是别人不懂的。看准了这一点去研究才会有突破。”李政道正是把解决问题的点集中到别人都没有注意到的事物上，从而取得了成功。大家都不关注的事物几乎不存在竞争，因而很容易取得成就。

看似简单的点是一种非常有力的创造性工具，这种思考方法要求我们把注意力集中到点上进行思考。

当你拿起水杯喝水的时候，试着把点集中在水杯的手柄上，想一想是不是有其他的设计方法能让你更方便地去拿水杯；当你打开某件商品的包装的时候，试着把点集中在这个过程中，想一想是不是可以设计一种方便人们打开的包装方法，或者设计一种更加环保的包装。

你可以把点集中在两个事物之间的关系上，比如铅笔和橡皮；你可以把点集中在某一事物的一个特性或功能上，比如牙刷的功能；你可以把点集中在一个过程中的某一步骤上，比如购买过程中的付款这个步骤……

把注意力集中到点和创造性停顿有相似之处，都要求我们主动地在不需要思考的地方进行思考，但是二者也有明显的区别：创造性停顿是对思考过程中涉及的某一点进行创造性关注，而集中到点是在生活中任意地选择一个新的点。

首先，可把可能的点列入一个名单中，以便将来进行关注。

然后，针对这个点初步设想出一些方案和创意，如果你有了出色的想法，就要对其进行深入的分析和探讨。

最后，确定这个点，把它当作真正需要解决的问题认真地做出创意。

和创造性停顿一样，集中到点的思考法并不一定能让你马上产生创意，这是一种投资。寻找这个点的过程本身就很有价值，它可以让你变得善于寻找中心点、关键点。

创造性思考的第一步就是选择“点”，而不是急着提出创意，因为有目的的思考才是最有效的。试想一下，8个具有创造性思考力却不善于集中到点的人围坐在一起，他们能给我们带来什么？什么都不能带来，因为他们不知道在哪里发挥自己的创造性。具有创造性的人如果不能找到这个点，就像一个神射手不知道目标在哪里一样，他们创造力会显得苍白无力。

可以把点分为两类：一般领域的点和特定目的的点。

一般领域的点是经常被人们忽视的，却是非常重要的一种创造性起点和落点。一般领域的点要求我们简单地定义出需要创意的一般领域。

这些领域并不存在明显的需要克服的困难，但是如果你把点集中在这些方面，问题就产生了，通过解决这些问题，也会产生有用的创意。比如：

——在食品加工领域，你有什么好的想法？

——在电器领域，你有什么好的创意？

——关于钢笔的墨水，你能想到什么创意？

——关于钥匙的材质，你有什么好想法？

一般领域的“点”就是提出这样一些思考领域，既可以是宽泛的，也可以是狭义的。这种思考法并不指出思考的目的，也不需要解决已知的问题或者得到预期的效果，它只是要求我们在选定的领域内进行创造性思考。

这样会不会导致无的放矢呢？不会，因为我们有了“的”——点。

第一，已经确定了目的，只是这个目的比较宽泛，即产生在某个领域内有用的想法。

第二，可以对产生的主意进行检验，从中选择那些符合我们需要的想法。

第三，可以把宽泛的点分解成几个子点，比如“在交通领域，你可以提出哪些创意”，这个点太宽泛了，我们可以把它分解成交通工具、交通管理、交通法规、交通设施等更细化的点。

特定目的的点，顾名思义，即人们所熟悉的具有明确的目的和预期结果的点。这种定义点的方法可以让我们明确地知道我们在寻找什么，需要获得什么结果。这种思考法可以分为以下几种：

（1）把点集中在如何朝着特定的方向改进上。比如：

——我们需要一些如何降低成本的创意。

——我们需要一些提高收视率方面的创意。

（2）把点集中在如何解决某一问题或克服某一困难上。比如：

——我们应该怎样促进公交车上给老人让座的自觉行动？

——如何更快地处理交通事故？

（3）把点集中在如何完成某项任务上。比如：

——我们需要一种可以无限期使用的笔，有哪些途径可以完成这个任务？

——要尽快把这些商品处理掉，你能想到什么办法呢？

（4）把点集中在发现某种潜在的机会上。比如：

——这几年生育率不高，我们有什么样的对策？

——网上购物越来越普及，我们从中可以得到什么机会吗？

特定目的的点给我们指明了思考方向，不同的定义会指向不同的重点。我们在描述点时最好列出多个定义，从中选择一个最有价值的思考方向。在描述点的时候，我们还应该谨慎地措辞，避免模棱两可和可能引起误解的表述。

（执笔：王泽苑）

10.2　线性思维法

线是由一个点任意移动所构成的图形，线有长度，但没有宽度和厚度。

线性思维是高等生灵认知事物的基础之石，也是负重之石。人类走进这扇智慧之门，却又或闭于其中，比如，中国传统艺术中，书法是用粗细不等的线条构字的艺术；绘画立足于线条而疏于西方油画的层次和立体感；音乐讲究横向的旋律、音色、节奏、力度，而缺乏纵向的和弦和声。

线性思维是指思维沿着一定的线型或类线型（既可以是直线也可以是曲线）的轨迹寻求问题的解决方案。线性思维在一定意义上属于静态思维。非线性思维是指一切不属于线性思维的思维类型，如系统思维、模糊思维等。线性思维是一种直线的、单向的、单维的、缺乏变化的思维方式，非线性思维则是相互连接的，是非平面、立体化、无中心、无边缘的网状结构，类似人的大脑神经和血管组织。线性思维如传统的写作和阅读，受稿纸和书本的空间影响，必须以时空和逻辑顺序进行。

线性思维方式是把认识停留在对事物质的抽象而不是本质的抽象，并以这样的抽象为认识出发点的、片面、直线、直观的思维方式。

形式逻辑只是知性逻辑，但如果把其作为思维方式那就是线性思维方式。这样的思维方式不能把握复杂经济现象后面的本质和规律。

非线性思维则如电脑的随机存取存储器（Random Access Memory，RAM），突破时间和逻辑的线性轨道，随意跳跃生发，又如超文本标记语言（HyperText

Markup Language，HTML）提供超越时空限制的网状连接路径。尽管如此，非线性至今仍然没有一个科学的定义，甚至与科学不沾边。

线性思维又分为正向线性思维和逆向线性思维。

正向线性思维的特点是，思维从某一个点开始，沿着正向向前以线性拓展，经过一个或是几个点，最终达到思维的正确结果。

逆向线性思维的特点是，思维从某一个点开始，沿着逆向向前以线性拓展，无论经过多少个点，最终会以一种新的结果示人。在正线性思维中走不通，就得向着相反的方向思考，经过一个或是几个点，最终得到正确的思维结果。

正向线性发散思维是对正向线性思维的扩展、发挥。如果思维不线性发散，而只是沿着直线向前，就只能得出一个最终的思维结果，因而难免会出现思维结果的片面性。因此，思维线性发展的方向必须是多向的，最终得到思维的结果也是多个的，多个结果才是思维最终要得到的全面的正确结果。

正向线性会聚思维的特点是，思维从两个或两个以上的点非平行地开始，沿着正向向前以线性发展，到了一定的时候，会聚成为一个点。在这种思维过程中，如果从多点开始是平行进行的思维，各自始终正向线性向前发展，就会漫无边际，不能最终会聚。

美国航天员在太空中用圆珠笔写不出字来，于是航天局拨专款秘密攻关。以美国人的能耐，搞出“太空笔”当然小菜一碟。庆幸之余有位官员突生疑问：苏联航天员在太空中写字用什么笔？精干的谍报员很快弄回了答案：铅笔！一条路走到黑，结果会费力不讨好；换一个方向思考，结果很简单。

一辆“老爷车”在一个漆黑的夜晚抛锚了，驾驶人初步判断油烧光了，便下车检查油箱。没有手电筒就顺手掏出打火机照亮，结果“轰”的一声巨响。事后，他躺在病床上自悔引火烧身：“当时只想借打火机的光看看油箱里还有多少油，根本不会想到打火机的火会引爆油箱。”这是典型的线性思维惹的祸。

长久以来，人们习惯于线性思维，简单地以好和坏区分人，以单纯的黑和白看待世界。当今时代，“和平和发展是世界的主流”，经济全球化发展正在推动世界和平。以开放的线性网状结构思考和判断各种新问题，用唯物辩证的眼光审视已知和未知的事物，世界不再只有黑白二色，而是绚丽多彩的，解决问题的方法也是多元化的。

要摆脱单一的线性思维的缠绕，本身不是一道难题，而是一种智慧。颠覆一种习惯，需要的是勇气和毅力，甚至需要涅槃重生的精神。

（执笔：魏旻宏）

10.3 底线思维法

底线思维指凡事从最坏处准备，努力争取最好的结果。底线思维是一种思维技巧，拥有这种技巧的思考者会认真计算风险，估算可能出现的最坏情况，并且接受这种情况。

底线思维会影响我们的生活态度，能够提供继续前进时所必需的那份坦然，因为并不是所有人都能够轻易地做决定或担风险，有时可能苦苦思索几个星期，甚至几个月，仍然无法得出结论、采取行动。这种情况的出现，常常是我们害怕跨入未知领域所带来的后果。

拓展阅读
10-1
底线思维内含高线追求

底线思维法，作为一种创意思维的方法，一方面起警示作用，另一方面又说明只要不触底线，就可以大有作为，正所谓“海阔凭鱼跃，天高任鸟飞”。

运用底线思维法，首先要知道：我们正在做的事，底线是什么，底线在哪里？怎样既把要做的事做好，又不踩碰底线？在宏观上，做策划创意要上守政策，下合市场。政策的范畴很广泛，比如环保、民生、税收、劳资等都有政策底线，任何一条底线都不能碰。市场运作中，要奉公守法，对产品质量诚实公告，广告既诚实地宣传自己，又不伤害他人，所谓“君子爱财，取之有道”。这里的“道”当然就指底线之上的广阔空间。

美食家蔡澜教人做五香花生时说：“记得只拿一小碟上桌，等客人吃了觉得不够还要时，再拿出一小碟……两碟为限度。之后，即使客人再三要求，也不能心软。”人生许多事就是如此，莫要做到极致就能回味悠长。这样做事表面看是亏损的，实际上是丰盈的。“这是一种完美的缺陷，一半的希望，再加上一半的耐心，才是一整片蓝天。”这种策略实际上是一种自我约束：不要过于贪心，吃着碗里的，看着锅里的。取舍有度，方是做人最高境界。人的成功，一半在于接受了诱惑，一半在于拒绝了诱惑。①

人的失误、失败，原因多数在于对欲望的失控。贪嘴，吃香喝辣；贪杯，超过极限；贪财，丧尽天良；贪权，不择手段；贪色，如同西门……底线被突破，必然违规、违法，自然要被淘汰出局。

在中国共产党的历史上，毛泽东是善于运用底线思维的战略大师。20世纪40年代，中国共产党第七次全国代表大会召开时，中国共产党的面貌已发生重大变化，国际国内形势一片“光明”。但是，毛泽东在党的七大上做的“结论”中强调，在看到“光明”的同时“更要准备困难”。他还一口气列举了可能出现的“十七条困难”：第一条，“外国大骂”；第二条，“国内大骂”；第三条，“准备被他们占去几大块根据地”；第四条，“被他们消灭若干万军队”；第五条，“伪军欢迎蒋介石”；第六条，“爆发内战”；第七条，“出了斯科比，中国变成希腊”，就是说，有外国力量干涉中国内政，帮助蒋介石打我们；第八条，“不承认波兰”，即我们党的地位“得不到承认”；第九条，“跑掉、散掉若干万党员”；第十条，“党内出现悲观心理、疲劳情绪”；第十一条，“天灾流行，赤地千里”；第十二条，“经济困难”；第十三条，“敌人兵力集中华北”；第十四条，“国民党实行暗杀阴谋，暗杀我们的负责同志”；第十五条，“党的领导机关发生意见分歧”；第十六条，“国际无产阶级

① 王芦．完美的缺陷［J］．中外文摘，2015（22）：53.

长期不援助我们”；第十七条，“其他意想不到的事”。在列举这些困难的时候，毛泽东还批评“从前我们党内有一个传统，就是讲不得困难”，他提出“要在最坏的可能性上建立我们的政策”，尤其是党的高级负责干部，更要有“对付非常的困难，对付非常的不利情况”的“精神准备”。①

这就是底线思维极有说服力的例子。

（执笔：王泽苑）

10.4 水平思考法

水平思考法和发散思考法一样，试图寻找多种可能性，但水平思考法具有逻辑性和收敛集中的一面，它的意义在于通过系统地运用具体的技巧和工具来改变概念和感知，从而提出新的创意和概念。

1969年9月下旬，世界各国的广告学家云集日本，参加世界广告大会。这次会议上引起最大反响的便是英国剑桥大学的爱德华·德·波诺博士有关水平思考法的发言。

这种显然的非逻辑的思维方式要求我们摆脱常规的思考路径。爱德华·德·波诺认为，当你为实现一个设想而思考的时候，很有必要摆脱一直被认为是正确的固有观念的束缚，因为当我们按照常规的固有观念思考时，很多可能性被忽略掉了。举例来说，按照人们的固有观念，水总是往低处流的，如果仅从这一观念出发，世界上就不会有能将水引向高处的吸虹管了。

运用水平思考法时，我们移动到侧面路径上尝试不同的感知、不同的概念、不同的进入点。

在水平思考中，我们致力于提出不同的看法。所有的看法都是正确的和相容的；每个不同的看法不是相互推导出来的，而是各自独立产生的。运用水平思考法，我们可以从不同角度、不同侧面来看待一个问题，从与思考对象相关的、可能相关的，甚至不相关的任何事物中寻找解决问题的方法。常规逻辑关注的是“真相”和“是什么”，而水平思考就像感知一样，关注的是“可能性”和“可能是什么”。

“水平思考法”已经被收入《牛津英文大辞典》，辞典中的解释是：“以非正统的方式或者显然的非逻辑的方式寻求解决问题的办法。”对水平思考法最简单的描述是：“你不能通过把同一个洞越挖越深，来实现在不同的地方挖出不同的洞。”这里强调的是寻求看待事物的不同方法和路径。

爱德华·德·波诺认为，当人们考虑一个新的设想时，极有必要离开一直被认为是正确的固有概念，打破常规，不停地去尝试新事物。人们在利用水平思考法解决问题时，广泛涉猎不同的领域，“左思右想”充分利用“局外”信息以获得解决问题的途径。运用水平思考法，有助于人们提出新的观念、构想和方案，目的是在

---

① 曹普. 毛泽东善用底线思维［N］. 中国组织人事报，2016-08-29.

各种要素、情况、事件甚至活动中探索新的关系，以激发人们提出新的别具一格的解决问题的方法、途径和构想。

水平思考法在创意活动中发挥作用的条件是：所形容的问题必须成为形容者坚定不移的目标，即形成心理学上所称的"优势灶"。"优势灶"刺激和敏感性强，能将刺激量叠加，当刺激源消失后，仍能保持刺激作用。依靠这种机能，水平思考才能在创造活动中发挥出最大的作用。

水平思考法具有灵活和富于创造性的特点，爱德华·德·波诺对水平思考法提出了四条原则：

第一，要找到支配性的观点。支配性的观点是指推动现实生活的现成概念，这种概念是阻碍创造性活动的约束因素。为了产生新的设想，要消除这些障碍，就要有意识地找出支配现状的观点，并使它明确化，然后指出其弱点和不足，这样就可以避开陈旧的概念，进行自由设想。

第二，寻找各种观点。社会学经验性研究观点认为，在处理问题时，一般首先要规定解决问题的范围和对象，然后才确定解决问题的方法。寻找各种观点的方法有：其一，预先决定因果关系的数量，以3至5个为宜，碰到问题可以有意识地在3至5个因果关系中找到一个相应的因果关系；其二，有意识地推翻事物的因果关系，为创造思维寻找突破口；其三，使问题变得更容易处理，可以消除最初状态中的限制，使自由联想更易进行；其四，转移问题的视角，改变问题的着重点或焦点，以产生新的观点，产生解决问题的新方法。

第三，摆脱垂直思考模式的束缚。垂直思考固守于现成的概念，会扼杀好不容易迸发出来的新设想的火花。

第四，灵活地利用偶然的机会。机遇常是创造性思维的导火线，如果能掌握各种事物的因果关系，那么即使根据仅有的一点信息，也可以使设想得到飞跃性的发展。思考问题时不要进行无效的集中，最好是时常构想那些与要害无关的其他因素，涉猎广泛的领域，以尽可能产生创意的火花。

以上这四条原则是对水平思考法极好的发挥和规范，按这些原则进行思考，不至于使水平思考法天马行空。

另外，应特别指出的是，水平思考法并非独立进行的，要借助其他思维方式，如垂直思考法、侧向思考法、逆向思考法等，这样才能发挥出水平思维的最大作用，尽快找到解决问题的最佳途径。

（执笔：熊鑫华　王多明）

10.5　横向发散法

横向发散法的关键点在于"发散"，一般我们思考问题多数采用纵向和横向的思维路径，在横向思考中运用水平思考的方法比较普遍，而运用"发散"思维更能出创意。

爱德华·德·波诺在一次讲座中曾提出了这样一个问题：某工厂的办公楼原是一片两层楼的建筑群，占地面积很大。为了充分利用地皮，工厂新建了一幢12层的办公大楼，并准备将旧办公楼拆掉。员工搬进新办公楼后，刚开始因为新鲜都很有兴致，可不久便开始抱怨起来，尤其抱怨新大楼的电梯不够快，也不够多，赶上上下班高峰期时更是要花很长时间等电梯。于是，工厂的几位决策层经商议想出了“发散”的5个解决方案：

（1）在上下班高峰期，让一部分电梯只在奇数楼层停，另一部分只在偶数楼层停，从而减少那些为了上下一层楼而搭电梯的人。

（2）安装几部室外电话。

（3）把公司各部门上下班的时间错开，从而避免高峰期拥挤的情况。

（4）在所有电梯旁边的墙面上安装镜子。

（5）搬回旧办公楼。

那么，你会选哪一个方案？如果你选了方案（1）（2）（3）（5），那么说明你用的是纵向思维，也就是传统思维，而这家工厂最后采用的是方案（4）即发散的思维方法，并成功地解决了问题。

波诺解释说：“因为员工们忙着在镜子面前审视自己，或是偷偷观察别人，注意力便不再集中于等待电梯上，焦急的心情自然得以放松。这就是横向思维，它跳出了人们考虑问题时的思维惯性，因为大楼并不缺电梯，而恰恰是人们缺乏应有的耐心。”

哲学上说，世间万事万物原本都是相互联系的，一些看似不相干的事物，有时却可以互相影响。所以，我们在考虑问题时，不妨跳出思维的惯性，这样才会有意外的收获。①

创意需要我们的思维腾云驾雾，“思接千载”，“视通万里”，尽可能依据不同的思维方式发掘出商品的不同属性及意义，并在此基础上完成创意构想。

思维方式大体分为两个向度：垂直思考和水平思考。垂直思考的特征是分析、推论均按部就班进行。水平思考的典型特征是带有极大的偶发性、激发性和机会性。横向发散法就是水平思考的一种方式，对创造一个新构想极其有利。什么是横向发散法？它是围绕商品，运用不同的想象方式，尽可能挖掘商品属性，找到商品与其他事物的有机联系，从而获得创意的思维活动。

横向思维是一种打破逻辑局限，将思维往更宽广的领域拓展的前进式思考模式，它的特点是不限制任何范畴，以偶然性概念来逃离逻辑思维，从而可以创造出更多匪夷所思的新想法、新观点、新事物。逻辑思维的思考形态是垂直走向，而横向思维则可以创造多点切入，甚至可以从终点返回起点，其实就是一种难题解决方法，它的职能只有一个，就是创新！

想象是横向发散思维的手段。想象是人的本能，人类始终以想象的创造力推动

① 刘世河.“横向思维”的妙处［J］. 启迪与智慧，2020（9）：63.

着社会的文明与进步。高尔基说："想象和推测可以补充事实的链条中不足的和还没有发现的环节。"可见，想象可以变无为有，变物为人，化不可视为可视，化人造为天造……这就是艺术想象的创造力。

一幅招贴画的画面上是一柄伐木的斧子，斧柄却是树木本身，一株新芽在斧柄上绽开。这样的构思其实具有很深的意味。用于砍伐树木的斧子木柄长出了新芽，地球如何不快乐？这种想象具有了一种理性和希望，震撼力极强。

如果我们有目的地进行想象，即先从某种意识出发，为传达这种意识，利用某种经验和规律进行想象，那么这种想象本身既是随意的又不是无意的，而且伴随着理智。所以，我们在利用想象这种手段进行发散性思维时也并不是无章可循的，这种想象不是胡思乱想。

运用横向发散法，可挖掘出无穷无尽的创意。只要我们善于根据某种限制，某种意义的表达，去挑选最典型、最有特征、最富表现力的素材，在想象中把它们系统组合起来，寻找和建立内在的联系与逻辑关系，谋求其中的价值与意义，就可以找到巧妙而神奇的创意。

横向发散思维并非某种有魔力的新体系。运用横向发散思维产生某种结果的例证一向都存在，也总有一些人自然地倾向于横向发散思维。讨论横向发散思维的目的是要表明横向发散思维是思维的一个非常基本的部分，而且人们能够有意识地在实践中使用横向发散思维，而不只是希望获得洞察力和创造性。

（执笔：周刚）

10.6 垂直思维法

垂直思维，是指用逻辑的、传统的思维方法来解决疑难问题的思维方法。传统思维是按照一定的思维路线或思维逻辑进行的、向上或向下的垂直式思考方法，这是一种头脑的自我扩大方法，以思维的逻辑性、严密性和深刻性见长，它一向被评价为最理想的思考法之一。

垂直思维就是纵向思维，是在一种结构范围内，按照有顺序的、可预测的、程式化的方向进行的思维方式，是一种符合事物发展方向和人类认识习惯的思维方式，遵循由低到高、由浅到深、由始到终等线索，因而清晰明了，合乎逻辑。我们平常在生活、学习中大都采用这种思维方式。

人们对事物进行纵向思维时，会抓住事物的不同发展阶段所具有的特征进行考量、比照、分析。事物表现出发生发展等连续的动态演变特性，而所有片段都由其本质轴线贯串起来，如人类历史由人类的不同发展阶段串联而成。这里的时间轴是最常见的一种。在各种各样的专项研究中，轴的概念类型丰富多样，如物理研究中水在不同温度中表现的物理特性，则是由温度轴来贯串的。

我们知道，两条直线相交成直角时，这两条直线就互相垂直。这个概念还可以推广到一条直线与一个平面或两个平面的垂直。在垂直思维法中，我们只讨论一条直线与一个平面或两个平面垂直所产生的创意思维法。

我们将要解决的难题当成垂线，与它垂直的平面是解决难题的基础或条件，处理好了两者的关系，创意就能成功。

洛克菲勒家族为联合国建大厦捐赠地块一事，就是成功地进行垂直思维的实例。第二次世界大战结束后不久，战胜国决定成立一个处理世界事务的联合国。可是在什么地方建立这个总部，一时间颇费思量。地点理应选在一座繁华都市，可在任何一座繁华都市购买可以建设联合国总部庞大楼宇的土地，都需要很大一笔资金，而刚刚起步的联合国总部的每一分钱都肩负着重任。就在各国首脑们商量来商量去，不知如何是好的时候，洛克菲勒家族听说了这件事，立刻出资870万美元在纽约买下了一块地皮，并在人们的惊诧声中无条件地捐赠给了联合国。联合国大楼建起来后，四周的地价立即飙升起来，洛克菲勒家族在买下捐赠给联合国的那块地皮时，也买下了与这块地皮毗连的全部地皮。没有人能够计算出洛克菲勒家族凭借毗连联合国的地皮获得了多少个870万美元。事后有人赞赏洛克菲勒有远见，其实，远见是垂直思维的产物，是深入思考问题的必然。建联合国大楼需要大笔资金这个难题是垂直的线，洛克菲勒家族捐赠的地皮是平面，把二者有效地结合起来，创意的结果是顺理成章的事。

下面三个小故事可以说明垂直思考在许多情况下的运用：

作家沈从文自小习字，练就一手好书法。他十八岁时曾住在熊希龄家，当办事员。熊希龄的卫队长因公牺牲后，其墓碑上的碑文由沈从文书写。多年后，沈从文的亲戚、画家黄永玉从朋友手里得到这个石碑的拓片，装裱成一卷大立轴拿去给沈从文看。时年八十多岁的沈从文已经中风，不能言语，见到这幅立轴却嘤嘤地哭了起来。黄永玉连忙安慰他："有什么好哭的，你看你十八岁写这样漂亮的字，我六十多了写的字还这么丑，我都不哭，你哭什么？"听黄永玉这么说，沈从文不禁笑了起来。我们从时间的一维性可以理解人的生理年龄会变老但心理年龄可以保持年轻。

哲学家冯友兰认为，哲学是人类精神的反思。他经常陷入沉思，因为过于专注，难免显得有些呆气。抗战初期，冯友兰与清华大学的几位教授一同从长沙奔赴昆明，途经镇南关时，他的手臂因为触碰到城墙而骨折。后来，哲学家金岳霖对冯友兰的女儿宗璞提起此事，幽默地说："当时司机通知大家，不要把手放在窗外，要过城门了。别人都很快照办，只有你父亲听了这话，便考虑为什么不能放在窗外，放在窗外和不放在窗外的区别是什么，其普遍意义和特殊意义是什么。还没考虑完，已经骨折了。"其实，当时冯友兰正在沉思，根本就没有听见司机的话。事物发展有规律，司机有过城门洞的经验，而哲学家没有，因而手会受伤。

物理学家赵忠尧曾在西南联合大学物理学系任教。抗战后期，物价不断上涨，教授们仅凭工资已入不敷出，只得自寻门路创收。赵忠尧有一大家子要养活，无奈之下，就想出一个做肥皂的方法来赚钱补贴家用。他给自制的这种工业肥皂取名"中和"，哪个厂子需用这种肥皂，他就推着自行车送去。1992年在赵忠尧九十岁寿典上，他的学生李政道开玩笑说：“那年在昆明，我去文化巷赵老师家讨教专业方面问题，正好碰上赵老师用自行车推了一箱自制肥皂准备去送货。和赵老谈完回家后我就想：搞实验物理的人还得自制肥皂，不但本行要精通，还要掌握应用化学，甚至得自己去批发、推销，太辛苦了，我还是搞理论物理吧。看来我还真是选对了，有了今天的成就，我真得好好谢谢赵老呢。”①李政道用了因为搞实验物理的人辛苦而选择理论物理的推理。

显而易见，垂直思维法是从纵观需要解决问题，立足于事物目前的状态，用自上而下的力量，努力解决今后遇到难题的思维方法。

拓展阅读
10-2
马桶思维

垂直思维法创意，要满足以下几个条件才有效果：

一是直线与平面是否垂直，即要解决的问题与解决问题的条件是否关联和匹配。

二是直线与平面连接的点是否恰当。平面中有无数的点，针灸的银针扎错了地方，不但治不好病，反而会产生新的问题。

三是垂直线与平面是否关联，如果两者不搭界，无法出现垂直关系，那这垂直创意方法就无从说起。

（执笔：王多明）

10.7 信息交合法

信息交合法，又可以称为“要素标的发明法”或“信息反应场法”。信息交合法是一种在信息交合中进行创新的思维技巧，即把物体的总体信息分解成若干个要素，然后把这种物体与人类各种实践活动相关的用途进行要素分解，把两种信息要素用坐标法连成 X 轴与 Y 轴，两轴垂直相交，构成“信息反应场”，每个轴上各点的信息可以依次与另一轴上的信息交合，从而产生新的信息。

信息交合法作为一种科学实用的思考与发明方法，不能随心所欲，瞎拼乱凑，而要遵循一定的原则：

① 整体分解原则。先把对象及其相关条件整体加以分解，按序列得出要素。

② 信息交合原则。各轴的每个要素逐一与另一轴的各个标的相交合。

③ 结晶筛选原则。通过对方案的筛选，找出更好的方案。如果研究的是新产品开发问题，那么在筛选时应注意新产品的实用性、经济性、易生产性、市场可接受性等。

运用信息交合法创意思维，一般分四个步骤进行。

第一步：定中心，即确定所研究的信息及联系的上下维序的时间点和空间点，也就是零坐标。在图 10-1 中“笔”就是中心，在图 10-2 中食品是中心。

---

① 刘跃. 名人间的玩笑话［N］. 团结报，2023-01-07（08）.

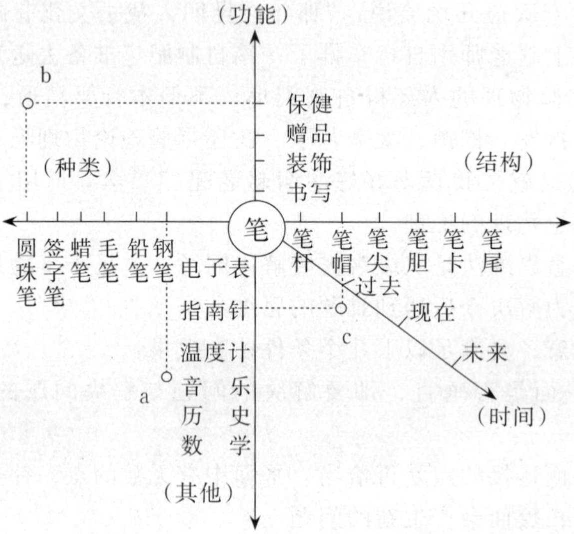

图10-1　以“笔”为中心的交合

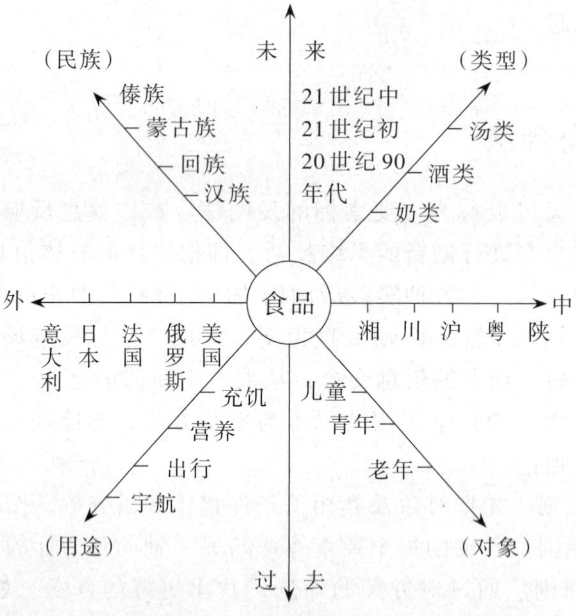

图10-2　以食品为中心

第二步：画坐标线，即用矢量标线串起信息序列。根据“中心”的需要画出几条坐标线，如在图10-1中，在“笔”这个中心点画出空间（结构、功能、种类、其他）和时间（过去、现在、未来）坐标线若干条。

第三步：标明坐标点。在坐标线上注明有关的信息点，如在“种类”坐标线上注明：钢笔、毛笔、铅笔、圆珠笔……

第四步：相结合。以一条坐标线上的信息为母本，以另一条坐标线上的信息为父本，相交合后可产生新的信息。如：①以“钢笔”为母本，以“音乐”为父本，交合后可产生“钢笔式定音器”；②以“圆珠笔”为母本，以“保健”为父本，交合后可产生“圆珠笔压舌板”；③以“笔帽”为母本，以“温度计”为父本，则可以产生“笔帽温度计”。以此类推，可以产生“钢笔式计算器”“指南针铅笔”“十二生肖圆珠笔”“历史图表圆珠笔”“针灸圆珠笔”等。

我们还可以设计出除“结构”“功能”“种类”“其他”“时间”以外的其他坐标轴，再利用这些轴与轴之间的信息的相互交合，获得更多更新的联系和信息。

下面区分一些不同的情形，讨论具体的实施方法。

（1）单信息标的情形。用一个例子来说明实施方法。

例：提出新式家具的新设想。先列举有关家具的信息：床、沙发、桌子、衣柜、镜子、电视、电灯、书架、录音机等。然后，用一条坐标线将它们串起来，形成一根信息标。为了形成信息反应场，从每一个信息处引出两条信息射线，这些信息射线两两相交时会得到许多交点（本例有36个交点）。最后，分析这些交点，列出可能的组合信息：沙发床、沙发桌、桌柜、穿衣镜、电视镜、电视灯、书架灯、录音机架、床头桌、沙发柜、镜桌、电视柜等。

（2）双信息标的情形。在提新设想的过程中，涉及的信息类型较多，用一根信息标不足以反映时，可以增加信息标。两根信息标相交可以形成一个坐标系，这时只需从每个信息处引一条信息射线出来即可进行交合了。

例：用双信息标交合引出家用新产品的设想来。用一根信息标串联已有家用产品信息：台灯、风扇、电视、书桌、钢笔等。用另一根信息标串联与此不同类型的信息：驱蚊、提神、散热、催眠、灭蝇等。将两根信息标相交组成坐标系，再引出信息射线形成信息反应场。分析信息射线的交点，列出可能的组合信息（可以在图上标出，如“×”表示不能组合出信息，“O”表示可能组合的信息，“△”表示已有该种组合信息）：驱蚊台灯、提神钢笔、清凉书桌、灭蝇风扇、催眠风扇等。

（3）多信息标的情形。这时要以双信息标的实施方法为核心，通过多信息标的两两交合来产生新信息。

信息交合法不但能使人们的思维更富有发散性，应用范围也很广泛，而且，这种方法有助于人们在发明创造活动中不断地强化逻辑思维能力的培养，同时在创造思维、创造教育中，作为教学、培养、培训方法，显得更加深刻，更具系统性和实用性。

信息交合法创意思维的理论基础是信息交合论，俗称“魔球”理论，它是研究客观世界与心理世界信息运演，研究整个大自然与智慧生物高级运动时空中信息的调整、加工、增殖过程的理论。这种创意思维方法，神奇多变，学习、掌握、运用它，可以帮助我们改变思维习惯、拓宽视野、扩展思维层次、开拓智慧资源、更新思维方法，培养多系统、多方法、多功能、高效率的思维素质。

在运用这种方法时，要熟练地、有效地操纵和使用这个信息反应场，必须注意培养自己具有广博的知识与经验；否则，在制作信息交合“魔球”时，在“画几条什么性质的坐标线”时，在“坐标轴上标哪些信息点”时就，会出现“思维的空白”或“思维障碍”。

在运用这种方法时，并不是所有的交合点都能产生有意义的、有价值的新信息，因此，对交合后产生的“点”要进行鉴别，不能盲目地认定所有的交合全都有用。

（执笔：王多明）

10.8 全面思维法

《麦肯锡入职培训第一课》中的一个案例有助于我们理解什么是全面思维。

某个商场接到了多条投诉意见：咖啡店人太多等不到座位；卫生间数量太少；自动贩卖机的热饮都卖光了；室内的门把手很凉，还容易起静电，导致心情差；希望饭店里能有盖在膝盖上的毯子。

一眼看去，都是些单独问题的投诉，如果把所有问题一一处理的话，看起来会很麻烦。增加卫生间的数量可不是什么容易的事，如果你是处理投诉的负责人，会怎么做呢？

可以从最容易解决问题的开始，也可以从成本最低的方案开始，或者先花时间解决那些最严重的问题，方法看似有很多。但是，如果运营商场的上层领导说“能不能同时解决所有的投诉”呢？你可能会想，这是不可能的。

真的不可能吗？让我们想一下逻辑思考的基本步骤——批判性思考（通过深刻洞察得出自己的想法），逻辑性展开（用简单易懂的方式表达）。不要一个个单独思考，而是找到这些投诉的背后“有什么共同点”，略微深入地思考一下吧。

咖啡店人太多，等不到座位——除了喝东西和聊天的人，还有很多人会去咖啡店，这是为什么呢？

卫生间数量太少——去商场的人数没有变化，为什么上卫生间的人变多了？

自动贩卖机的热饮都卖光了——商场里应当是冷饮卖得更快，为什么热饮反而卖得更多？

室内的门把手很凉，还容易起静电，导致心情差——这真的是心情变差的原因吗？

希望饭店里能有盖在膝盖上的毯子——为什么不只在露天饭店，其他室内饭店也会收到这种建议？

如上，不要只是原样接收投诉，而要寻找其背后的原因，发现各个投诉中隐藏的共同要素。热饮卖光，很多人需要毯子，门把手很凉和静电引起不愉快，这些难道都是商场内“太冷”的缘故吗？

这样看来，原本毫无关系的卫生间方面的投诉，也是因为商场里很冷，大家都去咖啡馆和自动贩卖机买热饮，然后就会有更多人想去上厕所吧。

考虑这些相关关系，便会得出假设结论，即这一系列的投诉后面隐藏的问题是“商场内空调温度太低”，可以用“将商场内空调温度提高一些，让顾客更加舒适”来解决这一连串的问题。

像这样，不妨将每天在我们周围发生的各种现象，使用逻辑思维进行全面考虑、分析、洞察，发现问题的本质，就能找到解决问题的方法。[①]

全面思维有多重要？

中央党校（国家行政学院）国际战略研究院院长刘建飞在《应对中美关系逆境需要有大局观》一文中说，观察中美关系应当有更宽广的视野。回顾苏联东欧剧变之时，美国率领西方阵营试图对中国“以压促变”，当时各种悲观论此起彼伏。对此，邓小平提出要冷静观察。他指出：“世界上矛盾多得很，大得很，一些深刻的矛盾刚刚暴露出来。我们可利用的矛盾存在着，对我们有利的条件存在着，机遇存在着，问题是要善于把握。”邓小平为我们提供了观察国际局势的方法论，这就是大局观。

如果仅从中美两国来看，中国确实优势不多。但是，中美仅仅是国际大舞台上的两个角色，尽管是最重要的两个。在这个大舞台上，还有190多个国家和众多的非国家行为体。如果拿GDP来衡量，中美两国的GDP之和只占全球的40%多，其余近60%就代表其他角色的力量。研判中美博弈的态势，除了看两国的实力对比外，还要看其他60%力量的向背，是得到它们多数的同情和支持，还是反之。

当今世界正处在多极化和非极化时代。无论大国还是中小国家都更加倾向于独立自主处理对外关系。美国还想像冷战时期那样号令盟友，恐怕只能是一厢情愿。

“危”与“机”总是相伴而生的。当年东欧剧变、西方联手制裁中国，可算危机重重，但邓小平用韬光养晦方针和启动新一轮改革开放，不仅使中国转危为安，还迎来中国经济快速发展。把握机遇需要国内国际两个大局的发展与安全相统筹协调，关键是发展自己、改革自己。[②]

好东西要拿出来让大家看清楚，才能产生推广作用。

中国香港旅游协会面向全世界的潜在游客市场，策划了全面的全新的旅游推广策略，实现了预期目标，用事实说明了全面思维法创意的成功。

（1）准确定位市场，瞄准长远目标。现时的定位市场必须服从于、服务于长远目标，在长远目标的战略原则指导下确定现时的策略。

中国香港旅游协会定下了十分明确的长远目标：在21世纪，香港必须继续成为世界各地游客“必到”的国际大都会，因而把香港旅游业市场定位为：让游客感知香港是一个世界奇迹，它把东方的神秘色彩，勤奋和活力，与西方的创新、前卫、自由融为一体，令世界各地游客慕名而至，香港独特的风采会让他们大开眼界，留下难以忘怀的印象。让游过香港的客人带回信息，成为宣传香港美名的“二传手”。

为达到长远目标，中国香港旅游协会针对市场和游客需要，确定了多种策略：

①以崭新的方法促使旅游决策人挑选香港作为旅游目的地；

②做深入的市场调查，了解游客的需要；

---

① 大岛祥誉．麦肯锡入职培训第一课［M］．颜彩彩，译．北京：北京联合出版公司，2015.

② 刘建飞．应对中美关系逆境需要有大局观［J］．理论视野，2018（11）：1.

③能够影响游客选择地点或代游客安排旅游路线的业内人作为专门的营销工作者；

④在富裕国家和地区重点出击，全力争取消费力强的游客。

（2）突出“魅力香港，万象之都”主题。树立香港优越的城市形象，兼有中国传统文化色彩和西方现代文化的独一无二的旅游好去处的特色。

中国香港旅游协会选择了广告代理公司精心策划的杰作：魅力香港，万象之都。

①媒体呈现。整个推广计划包括电视、报纸、杂志、海报，以及各式推广物品、橱窗设计、装饰、纪念赠品等，媒体广告及附载物全部采用新奇刺激的表达方法，将香港的万千姿彩犹如万花筒般同时呈现，令人目不暇接；专门拍摄了一条长达三分半钟的宣传短片，将香港拥有的各种世界纪录、骄人成就、独特风貌和迷人景色一气呵成、尽情展现，该片节奏明快、充满动感、精彩绝伦，在广告攻势展开之处率先播放，以收先声夺人之效，更在卫星电视、有线电视及飞机上播放，让游客透过亮丽缤纷的影像体会香港的诱人魅力。

②突出特色。突出两大特色：一是崭新标志；二是拼图设计。活力十足、缤纷悦目的崭新标志，将多种象征香港魅力的图案嵌进HONG KONG英文字样内，配上全新的宣传标语“魅力香港，万象之都”，令人一看就知道香港是一个拥有万千姿彩和无穷魅力的旅游胜地。

别出心裁的拼图设计充分表现了香港人起居作息的不同风貌，有国际影星的风采，醉心太极拳的长者的英姿，以舢板为家的渔妇的生活，直上炉峰的山顶缆车，无可比拟的维多利亚湾，全球最大的天坛大佛，东南亚最大的海洋馆，投注额频创纪录的沙田跑马场……画面多姿多彩，将香港的魅力尽情地展现。

③灵活运用。以中国传统节日、国际盛事、冬夏减价大促销为宣传重点的淡季旅游广告，邮轮旅游、长线旅游、家庭旅游、中国珠江三角洲拓展旅游等有特定对象的广告，既突出不同的宣传主题和宣传重点，又在统一的长远目标的实现中应用了具体的推广策划。

④多方参与。中国香港旅游协会在全球各地推广不同媒体的广告，开展各种宣传和推广活动，都采用了新的标志和拼图设计，赠品、资料小册子及商品包装纸都在设计上贯彻同一主题，同时要求各大酒店、航空公司和旅行社尽量在广告、宣传品上印制香港新标志和新标语，使其与其他广告和宣传互相呼应，发挥更大的广告效应。

（3）加强跟踪反馈，做好后续工作。

①调查面广。为确保全新的广告有理想的效果，中国香港旅游协会在美国、英国、德国、日本及中国台湾地区等5大主要市场进行了大规模市场调查，深入探讨各地消费者对广告的观感。调查对象大多是社会的中上层人士，他们消费力强，是全新推广计划积极努力争取的游客。美国、英国、德国的被访者则包括曾经到过香港和未到过香港的两类人士。

②效果宜人。航空公司、酒店、旅行社等业内人士对新广告同样给出了很高的评价，其中部分人士认为这是有史以来最出色的旅游广告。

经过广泛测试，推广新计划的效益无可置疑，必定能为香港招徕更多的游客，重要的是将与游客打交道的各种人的工作做好。

（4）依靠全港市民，推广城市形象。全世界各地游客来了，要使他们乘兴而来，尽兴而归，中国香港旅游协会积极争取全港市民的支持，全力打造城市形象。

①港人爱港。在全新广告推出之前，中国香港旅游协会为加深全港市民对“魅力香港，万象之都”主题的认识，多次举办“魅力香港”摄影比赛，向香港市民宣传香港的魅力，获得的杰出成就和值得引以为荣的世界纪录，首先让市民认同香港，鼓励市民以游客的眼光欣赏香港的万千姿态，一起发掘独具魅力的崭新旅游点。

②亲善大使。中国香港旅游协会号召市民成为旅游业的亲善大使，要每一位香港人都懂得尽地主之谊，以礼待客，在游客心中留下美好印象，赢得他们的口碑并且促成他们结伴再访，从而不断推动香港旅游业持续发展。

③多方协作。中国香港旅游协会预期，新广告推出后香港旅游业会持续增长，这就需要为越来越多的游客提供住宿、对外及本地交通、观光的设施、购物及其他各项服务，这也是香港面对的重大挑战。

香港旅游业运用全面思维法指导实践，取得了有目共睹的成绩，为内地具有特色的城市推广形象提供了成功的经验。

（执笔：王多明）

10.9　点线面体法

人们思考问题，总有一个出发点。由这个“点”可以引出无数条线，从中选出最有价值的那么几条或一条线，再从线找到其所在的“面”，最后将若干面组成“体”。这种思维方式对于我们而言并不陌生，古今中外的思想家、军事家、企业家和策划家，给我们留下了许多典型的事例。

商鞅赴秦说服孝公建立霸业就是他运用点线面体法进行辩说的范例。

点：“商鞅入秦说孝公”称霸。

线：之一是商鞅初见孝公，口若悬河，滔滔不绝，可孝公竟然瞌睡沉沉……（这一条线没法继续画下去）

之二是商鞅二见孝公，商鞅改用有条不紊地谈治国之道的方法。孝公虽没打瞌睡，可也是哈欠连连……（这一条线仍然不能产生良好作用）

之三是商鞅三见孝公，他一改过去谈古论今的说服方法，讲了齐桓、楚庄的霸业之道。这一次，孝公饶有兴趣地要商鞅继续说下去。（商鞅入秦，“点”是说服孝公称霸，由此点出发的线，引起了听者的兴趣，这条线是有效的思维之线。前面的

两条线，不能说与称霸无关，只是听者急功近利，不耐烦从那遥远的地方进入他希望得到的霸业）

之四是商鞅四见孝公，谈起秦如何才能实现称霸之道，孝公兴致勃勃，二人对坐，谈了几天几夜。

商鞅总结这次成功的经验，向别人介绍说：前两次我给孝公谈的是远古三皇五帝时的王道。孝公对这些没有兴趣，大概是没有三皇五帝那份耐心，因为实行远古王道是需要相当长的时间才能够做到的。后来（第三次）我了解了孝公的想法，他要效仿春秋霸主，甚而超过他们，做出伟大功绩而显于世。于是（第四次）我同他谈称霸之术，谈怎样借助发展农业建立强大的军队，以达到富国强兵的目的。我鼓励孝公说：只要严格执行农战政策，辅之以赏罚分明，称霸的目的指日可达。

用“农”“军”“奖”“罚”若干线指向“点”——称霸，线线之间有面，面面组合成体。

有了“体”即达到目的，“点”就会出现。这个“体”就是一个“点”，一个新的“点”。

在创意活动中，由点而线、由线而面、由面而体的运动式思维也较普遍。

创意的发生始终有一个核心点来支持，进而由这个点出发，想出创意的表现手法，得出成形的影视广告或平面广告，但这一切都要受到消费者细分、市场局势、产品定位三个层面的制约，我们不妨将这一过程称为创意中的“点线面”。

创意中的“点”（创意概念）非常难找，因为这个点是由目标消费群的所需和产品定位、市场局势三者最佳结合所产生出来。一个产品有可能对消费者产生吸引力的点有很多，但要考虑到这些因素，就显得不那么好找了。

前文介绍的VOLVO汽车的广告就是运用点线面体法的经典之作。

点：VOLVO汽车的安全性。一张大纸上，在人们的视觉焦点上有一幅用“安全别针”弯曲成的轿车轮廓。

线：安全别针以弯曲线的形式出现在平面设计的招贴画中，人们眼前只看到细细的“线”。

面：弯曲的别针的线，落在平面上，再也不是毫无意义的“线”，它传达的是轿车的轮廓。

体：绝大多数受众（从来就没有见过汽车的人，他的思维储存中不会出现“汽车”这种实体概念）都会在视觉之后的知觉、记忆、思维中，产生“这是一部汽车”的思想。

我们在这里讲的“点”，不是封闭的，而是开放的，是起点，也是过程中某一段的点，是创意思维的目的“点”，也是消费者的关心“点”，还是销售商品的卖“点”。所以，在创意的过程中，我们要注意广泛收集来自客户、商品、服务、消费者和竞争对手的信息，开拓思路，走出“点”，走向线、面、体。

沿一条线推进的是单路线思维，沿多条线推进、指向同一目标的是多路线思维。在创意中，由于服务的对象及环境的复杂性，绝不可能只用单路线思维，而应该用多路线思维，还应该让线与线之间发生联系，在面上进行思维。

人的意识在反映事物内部的联系时，由若干基本经验、概念、范围、规律和规则组成对事物的思考系统，人们凭借这个思考系统，对客观事物进行再认识。这种认识不是仅思考对象的表面，而是应思考对象的全体，是对对象物浅层、深层，现象、本质，形式、内容的总体把握。

认识事物，把握事物的本质，按事物运动的规律办事，善用点、线、面、体思维，创意才能够结出丰硕的果实。

小案例10-1　**地球这个“点”的照片**

1990年2月初，当“旅行者号”探测器接近太阳系边缘时，美国天文学家卡尔·萨根向美国国家航空航天局建议，不妨让“旅行者号”转一下身，拍一张太阳系“全家福”。在发回的照片中，地球仅仅是一个光点——“暗淡蓝点”，这是萨根别具深意的首创词语，特指从太空中遥望地球所见之形象。关于这个光点，萨根说过下面的话。

看看那个光点，它就在这里。这就是家园，这就是我们。你所爱的每一个人，你所认识的每一个人，你所听说过的每一个人，以及曾经存在过的每一个人，都在它上面度过他们的一生。

在浩瀚的宇宙剧场里，地球只是一个极小的舞台。想想那些帝王将相，杀戮导致血流成河，他们的辉煌与胜利，使他们成为光点上一个部分，转眼即逝的主宰；想想这个光点上一个角落的居民，对某个别的角落几乎与其没有区别的居民，所犯下的无穷无尽的残暴罪行，他们的误解何其多也，他们急于互相残杀，他们的仇恨何等强烈。我们的心情，我们的妄自尊大，我们在宇宙中拥有某种特权地位的错觉，都受到这个苍白光点的挑战。在庞大的包容一切的暗黑宇宙中，我们的行星是一个孤独的斑点。由于我们的低微地位和广阔无垠的空间，没有任何暗示，从别的什么地方会有救星来拯救我们脱离自己的处境。

有人说过，天文学令人感到谦卑并能培养个性。除了我们小小世界的这个来自远方的图像，大概没有别的更好的办法可以揭示人类的妄自尊大是何等愚蠢。对我来说，它强调说明，我们有责任更友好地交往，并且要保护和珍惜这个淡蓝色的光点——这是我们迄今所知道的人类的唯一家园。

资料来源　萨根．天文学令人谦卑［J］．叶式辉，黄一勤，编译．中外文摘，2018（13）：15.

如果人是一个“点”，他的生活、工作轨迹就是线和面，如果他是“体”，其他的都是点线面；如果地球是一个“点”，太阳系是它延伸的线和面；太阳系在宇宙中也是一个“点”，个人的一切渺小到连尘埃都算不上……哲理告诉我们，点线面体是相对的，在创意时既要把握全局，又要处理好各种时间、空间的关系。

（执笔：王多明）

本章小结

通过本章的学习，学习者能懂得每个人都生活在点、线、面、体的环境中。人们能从一个创意点联想到一串成功的创意方法形成线，再由两个点产生的连线获得线性思维，线与线的联系产生了面，使在点上立足的创意人脑洞大开，一个平面和另一个平面产生了立面、立体、多面体，这就让点上的我们的创意思维展现出了万花筒式的变化。

思考与练习

（1）你在学习本章时，还能联系实际产生更多更好的创意方法吗？

（2）创意无极限，点，可以像光一样全方位发散；线，可以360度翻转；面，在空间旋转时能形成体，举例说说你思维空间里产生的新创意。

（3）水平思维、横向发散思维和垂直思维能使我们的思维空间立体化，你在学习后能产生新的思维方法吗？说出来，“奇文共欣赏，疑义相与析”。

（4）本章中的全面思维与第8章中的全蛋思维有什么共同之处和不同之处？

实操项目

将每位同学当成一个创意的点，小组同学被视为创意的线，班级同学则是创意的面。由任何一位同学从学校或校外单位接受做创意的任务，将各点（同学）产生的创意连成一条或几条线，从线线相交中找到最佳创意。

将同学们的最佳创意（上、中、下三策）交给学校和校外单位负责人，由他们审查、鉴定，提出批评建议。

任课教师综合点、线、面的意见，为学生们做总体评判。

第11章

逆向思维创意

学习目标

通过本章的学习，掌握各种逆向思维的创意方法，打破“一条道走到黑”的思维定式，尝试“反其道而思之”，并在实践中大胆实施。

引例

逆向思维做营销

在中国，瓶装水的市场巨大，竞争自然也激烈，国外瓶装水品牌想在这个市场分得一杯羹并不容易。然而，英国的瓶装水品牌“生命之水”曾经在中国卖得十分火爆。有趣的是，“生命之水”的热卖，竟是因为它只装了半瓶水。

“生命之水”瓶装水在中国的售价是每瓶2元，销量一直不佳。2014年秋季，“生命之水”中国区市场负责人葛瑞丝大胆创新，准备举办为期一个多月的“半瓶水”活动，即每天都生产一批半瓶装饮用水，每瓶售价不变，但一个半瓶用来销售，另一个半瓶捐赠给缺水灾区的孩子们。

孰料，她的主意一出，立即招来公司高层的纷纷反对。

葛瑞丝随后向大家展示了一组她在各个公共场所拍到的被扔掉的半瓶水的图片。“你们看，餐厅、会议室、公园座椅、垃圾箱、运动场所……瓶装水的浪费无处不在。可因为城市丰富的水资源，人们往往会忽略瓶装水的浪费。要知道，全球每天被浪费掉的瓶装水资源，能满足80万缺水地区儿童的饮用水需求。‘半瓶水’活动的确要生产更多的瓶子，但瓶子可以二次回收，虽然并不一定回收到我们的企业，但也不算是浪费。我相信，多数消费者都有一颗爱心，他们愿意将浪费的半瓶水捐给缺水的地区，所以是能接受我们‘偷工减料’的。至于如何让消费者相信我们的确是将他们购买的另外半瓶水送到了缺水地区孩子的手里，也很好解决。我们可以建立一个网站，然后将网址制作成二维码贴在瓶子上，供消费者扫描，便于他们随时查看我们捐水的动态。”

葛瑞丝的一番话让大家心服口服，“半瓶水”活动得以正式启动。从2014年10月开始，“生命之水”品牌改变了15家工厂的45组装配生产线，每天生产5 000万瓶半瓶装饮用水，一半销往7万家超市、便利店，一半捐赠给西北缺水最严重的7个地区。他们还从7个地区中挑选出对应的7个孩子的形象，设计成7款包装，贴在瓶子上。与此同时，葛瑞丝建立了一个名为“半瓶水——买一半水，让另一半更有用”的网站，用于记录捐水活动的所有内容。

活动刚开始的几天，葛瑞丝和公司同事都有点惴惴不安。令他们没想到的是，设计简约的半瓶装“生命之水”在超市、便利店推出之后大受欢迎。

面对半瓶水，多数人都觉得分量不轻。“原先2元的‘生命之水’，我经常会浪费一半，但现在可以将那一半水捐助给缺水地区的儿童，非常好。”“在购买的同时实现了善意的捐助，没有什么复杂的程序，所以我很乐意参与。”“买半瓶水，既避免了浪费，又做了公益，我收获很大！”少数持质疑态度的消费者，一扫描二维码，走进“半瓶水”活动的网站，就能看到哪些地区的孩子收到了半瓶水，于是态度也发生了转变。

买一半水，让另一半更有用。“生命之水”的“半瓶水”向社会传递了满满的正能量。因此，“半瓶水”活动的收益很大。在一个多月的时间里，西北缺水地区有50多万名儿童收到了捐助，300多家媒体报道了这次活动，30万人关注了“半瓶水”网站。最令葛瑞丝惊喜的是，公司的销量骤增652%，“生命之水”的品牌知名度大大提高，收获了无数消费者的赞美！

资料来源　千山暮雪．“生命之水”只卖半瓶［J］．知识窗，2015（1）：35.

思考：

（1）你有没有推不开的门用拉的体验？

（2）把商品拆开零卖会卖出更好的价钱吗？

逆向思维，也称求异思维，它是对司空见惯的似乎已成定论的事物或观点反过来思考的一种思维方式。敢于“反其道而思之”，让思维向对立面的方向发展，从问题的相反面深入地进行探索，树立新思想，创立新形象。

人们习惯于沿着事物发展的正方向去思考问题并寻求解决办法。其实，对于某些问题，尤其是一些特殊问题，从结论往回推，从求解回到已知条件，倒过来思考，或许会使问题简单化。

11.1 逆向倒行法

当一扇门推不开的时候，试试能否拉开。

要获得成功，大家都往西走，往东走的人成功的概率可能更大。

逆向倒行法是一种逆向思维法。这种思维方法不是采用通常思考问题的正面顺序，而是反过来，从对立的、完全相反的角度去思考问题。通俗地讲，这就是“背道而驰”。这种思维方法看似荒唐，实际上是一种非常奇特而又绝妙的创意思维方法。

在我国陕西省一个偏僻的农村里，有一个敢于运用逆向倒行法的农家子弟史丰收。他在上小学二年级时，就曾产生过一个看似荒唐的想法：他发现人们识数、读数、写数都是从数字的高位开始，而算数却是从低位算起。为什么就不能从高位数算起呢？正是从这一奇特的逆向倒行思维出发，加上他多年的刻苦研究，他终于创造了一种前所未有的独特的快速计算法。后来，史丰收成为中国速算研究所所长，他的速算能力和速算方法受到了国际数学界的高度评价和公认。

逆向倒行思维虽然超常，但不反常，虽然奇特，但不荒唐。它不是毫无根据的胡思，也不是虚无缥缈的乱想，而是一种在解决问题过程中更为艰苦的创造性脑力劳动。它是在一个更为广阔的天地里探求，并在突破常规、与别人完全相反的方向上，找出成功地解决问题的一种思维方法。

逆向倒行法被社会各领域广泛运用，事实证明它是一种行之有效的创意和发明的技法。它的特点是：

第一，逆向性。逆向倒行思维与常规的思维处于相反方向的位置。

第二，异常性。逆向倒行思维总是采用某种特殊的方式来解决问题，这也是它能出奇制胜的关键所在。

第三，可行性。逆向倒行思维产生的想法，一定要有可以执行的理由，才会在思考者心里通得过，也才能用它的可行性、可操作性说服他人。

运用逆向倒行法进行创意活动的基本方法是：

第一，从已知的、已有的事物的相反功能去设想新的方向、新的技术，寻找解决问题的新途径。

第二，从已知的、已有的事物的相反结构形态去设想新的创意、新的发明，解决问题。

第三，通过已有事物的因果关系倒转引发新的创意思维，解决难题。

在企业广告运作中，逆向倒行思维大有用武之地。产生逆向倒行思维的方法也不止这些，只要我们用心去思索，随时有“反过来想一想”“反过来试一试”“倒过来看看是什么样”的准备，有意识地把思维集中在“反”字上，使思路“活起来”，就会出现“西方不亮东方亮”“黑了北方有南方”的情况。

（执笔：王多明）

11.2　以退为进法

以退为进法是以退让的姿态作为进取的阶梯，“进”是目的，“退”是一种手段，是表面现象，由于在形式上采取了退让，对方能从己方的退让中得到心理满足，不仅思想上会放松戒备，而且作为回报，对方也会满足己方的某些要求，而这些要求正是己方要达到的真实目的。创意思维中的以退为进策略表现为先让一步，顺从对方，然后争取主动、反守为攻。

在市场经济条件下，以退为进的手法有很多，主要表现在以下方面：

（1）做买卖报价时替己方留下讨价还价的余地，以便使对方在报价或还价时有所退却，满足己方的要求。

（2）让步不要太快。轻而易举的让步会让对方以为“得来毫不费工夫”，还有砍价的余地，这不仅不会使对方在心理上得到满足，反而会怀疑己方的让步有诈，而慢慢让步则会使对方心理上得到满足，对方等待越久，也就越会珍惜。

（3）让对方先开口说话，充分表明对方观点，隐藏己方要求。这样，对方由于暴露过多，回旋余地就小，己方可塑性增强。

（4）不要做无谓的让步，而是以己方的每次让步换取对方更大的让步，或强调己方的困难处境，以争取对方的谅解和适当的退却。

（5）作为买方，记得这样说：“我们非常喜欢贵方的产品，也乐意同贵方合作，遗憾的是我方只有这么多钱……”作为卖方，别忘了讲：“我方的成本这么高，价格不能再降了……”

小案例11-1　为最好的味道做减法

日本有一家生意火爆但规矩奇特的面包店，它一周只营业三天，一天只卖两种面包。店主人平田遥说，她的面包店之所以成功，正是缘于这两个特别的规矩。

因平田遥的丈夫工作调动，他们一家人搬到了长野县。为了打发时光，平田遥开起了面包店。她做的面包味道香甜，生意很快兴隆起来，可她也像旋转的陀螺一般根本停不下来，每天都会忙到后半夜。过了一段时间，平田遥发现自己不仅身心俱疲，而且面包也没有以前做得好吃了。为了保住面包原有的味道，她决定下架大部分品种的面包，只保留两种面包。

精力不再像以前那般捉襟见肘，平田遥利用空闲时间研究如何让那两种面包更加美味。她搭建了一个传统的柴火烘焙炉，用柴火慢慢烘焙面包。用这种方法做出的面包具有和其他面包店的面包不一样的弹性。没过多久，平田遥的面包店外排起了长队，每天都供不应求。

就在食客以为平田遥会开几家分店时，她竟然宣布面包店一周只营业三天。在不营业的时间里，她会去拜访周边手工匠人的店铺，跟他们讨教、学习。

有人说，如果增加面包的品种，再改为营业五天，那么她一年的收入或许会更加可观，但平田遥说：“我只想做最好的面包，而不是最多的面包。”

资料来源　李静. 为最好的味道做减法［J］. 作文与考试（高中版），2019（5）：37-38.

2022年，央视“3·15”晚会曝光一家名为“插旗菜业”的公司从外面收购“土坑酸菜”，充作老坛酸菜包里的酸菜。在曝光的视频画面中，酸菜在肮脏的土坑中腌制，工人抽着烟，脚踩在酸菜上加工装袋。“老坛酸菜”事件曝光后，当地连夜对全县酱腌菜行业开展地毯式排查，后有湖南省华容县、岳阳市君山区4名干部被停职或者免职。当地芥菜产业工厂停产、鲜菜滞销、产品下架，如同雪崩。至于插旗菜业，该公司及责任人共被罚款548万余元，法定代表人严钦武、监事谢政熙出质公司全部股权。当地企业也进行了整顿升级，建立生产车间、推进自动化生产、强化流程监管，打造芥菜产业发展新格局。从此，“老坛酸菜”从湖南走向了全国的大市场。

2018年，央视“3·15”晚会曝光大众途锐轿车的发动机进水的严重质量问题。车主在动手试验后指出，进气口位置的设计存在问题，导致发动机容易进水，4S店便开始推脱责任。然而，大众公司提出的解决方案并不被车主们接受：拆下进气管道的不必要的排水阀以强化排水功能。车主们认为，这种做法会降低途锐车的涉水深度。“我们不敢越野了，我们也不敢涉水了，等于我们买这个车的意义不存在了。”经曝光2小时后，大众汽车在微博发表道歉声明。该声明显示，大众将在当年4月30日开始实行召回计划，并为车主们提供一对一专属通道。紧接着途锐就迎来了大改款，不过在这之后途锐的销量就一蹶不振。

2017年，央视“3·15”晚会曝光耐克在Hyperdunk 2008 FTB产品中宣称鞋后跟带有zoom air气垫，但细心的消费者发现该款篮球鞋并没有气垫。对此，耐克拒不承认该问题，并拒绝对消费者进行4倍赔偿，称“这是产品描述上的错误。”随后耐克只肯提供全额退货退款服务，以及一张耐克官网购买单件产品七五折的优惠券。之后，耐克在多方舆论压力下承认错误，于2017年4月3日起为消费者提供退货退款政策，并给予消费者3倍赔偿金额。之后耐克更改了自己的广告宣传，在广告图文中加入了气垫标注。

像以上的案例还有许多，无一例外，这些侵害消费者权益的企业都受到了处罚，也给那些想跟风的企业以警醒：消费者的权益不容被侵犯。央视的“3·15”晚会为维护消费者权益、规范市场经济秩序、完善法律法规作出了不少努力。[①]

有智慧的经营者，能以退为进，以维护消费者利益为本，采取不同措施，维持或加强品牌信誉，把品牌做得更光鲜亮丽。伤人害人的产品和服务一定会受到应有的严厉处罚，消费者的权利会得到保护。

国际风云的变幻中，以退为进的事，每天都在上演。

（执笔：王泽苑）

11.3　侧面支撑法

我国古典文学作品中的名篇汉乐府《陌上桑》中，用行者、少年、耕者、锄者的反应，从侧面描写了罗敷的形象。正如中国画中的圆月、半月、钩月，只需寥寥几笔，淡淡地烘托出月的形状，不着一色，“月”就自然现出一样。用侧面支撑法

① 大象新闻. 那些曾被“315”点过名的品牌，现在都怎么样了？[EB/OL]. [2023-09-15]. https://baijiahao.baidu.com/s?id=1760302169096819376&wfr=spider&for=pc.

指导文学写作和绘画实践，效果是很不错的。

侧面支撑法是将人们通常思考问题的思路稍加扭转，另辟蹊径，换一个角度，采用被人忽视的方法去解决问题的一种创意思维法。侧面支撑法与逆向倒行法的不同点在于，它不是从问题的反面去思考，而是从侧面的某个角度进行思考。运用侧面支撑法，能另辟蹊径，走出一条别人没想过没走过的路子，从而产生奇特的好效果。在广告创意中，运用侧面支撑法可以使广告的效果醒目、动人，耐人寻味。

在荷兰首都阿姆斯特丹市，有一家世界独一无二的儿童餐馆，这家儿童餐馆完全由6至12岁的儿童自己当家作主，自己经营。经理、厨师、收银员、服务员全是儿童。他们自己定菜谱，自己烹制，自己处理营业收入，自己做清洁。这种思路引起了许多大人的关注。他们都想一睹为快，更想到这里品尝厨师的手艺，领略这里的服务，但要提前一两个月预订座位。在这家绝无仅有的餐馆里，儿童们得到了锻炼和提高。到这里来就餐的大人，也常带来他们的孩子，让自己的孩子从餐馆“工作人员”身上学到点什么。到这个餐馆“工作”的孩子全都是从阿姆斯特丹市各区挑选来的，经过一段时间的训练，每个儿童可在这里“工作”4周。孩子们都乐意到这里“工作”并常常以此为荣。

中医为病人开的中药方，运用中药配伍的原则和方法，将侧面支撑法用到了极致。中药配伍的目的一般有以下几个方面：增强疗效；减轻毒性；扩大治疗范围；适应复杂病情；改变药物的味。

配伍是在辨证准确的前提下，有目的地按证机需要和药用特点，有选择地将两种或两种以上药物配伍使用，以增强或改变其原有的部分功用，调其偏性，制其毒性，消除或减缓不利因素，发挥整体综合效能。从中药的配伍原理中，我们能体会到侧面支撑的作用和意义。

配伍归纳起来为七情，即单行、相须、相使、相畏、相杀、相恶、相反。

单行：用一种药物（或称一味药物）来治疗单一的疾病。

相须：用两种性味、功效类似的药物配合应用，可以增进原有药物的疗效。

相使：或称相佐，就是以一种（或两种）药物为主，另一种（或多种）药物为辅，两药配合使用，辅药可增强或提高主药的原有药物功效。

相畏：两种药物不合，一种药物的毒副作用或功效能被另一种药物所抑制。

相杀：是相畏的深入，指一种药物能降低或消除另一种药物的毒副作用。

相恶：一种药物能破坏另一种药物原有的功效。

相反：两种药物同用能产生或增强毒性反应或副作用。

（执笔：王多明）

11.4 倒转思考法

倒转思考法是指从思考对象的反面或侧面寻找解决问题的方案的思考方法，最早由哈佛大学教授艾伯特·罗森和美国佛蒙特州投资顾问汉弗莱·尼尔共同提出，他们把这种思维方法表述为“站在对立面进行思考”。

请你做一下这道思考题：有4个相同的瓶子，怎样摆放才能使其中任意2个瓶口的距离都相等呢？如果让4个瓶子全部正立着摆放，你将永远找不到方法。把1个瓶子倒过来试试，想到了吗？把3个瓶子分别放在等腰三角形的三个顶点上，将倒过来的瓶子放在这个三角形的中心位置，这时你制造了很多个等边三角形，任意2个瓶口之间的距离都是相等的。

没有人规定一定要把瓶子正立摆放，但是很少有人想到把瓶子倒过来。因为人们习惯于沿着事物发展的正方向思考问题，并寻求解决问题的方法。有时候，按照传统观念和思维习惯思考问题，你会找不到出路，百思不得其解，这时你可以试着突破惯性思维的条条框框，从相反的方向寻找解决问题的办法。

倒转思考法就是让我们摆脱常规思维模式的束缚，对思维对象进行全面分析，细致地了解思维对象的具体情况。此外，进行倒转思考的人还要有敢于冒险、勇于创新的精神。日本丰田汽车公司的创始人丰田喜一郎曾经说：“如果我取得了一点成功的话，那是因为我对什么问题都倒过来思考。”

小案例11-2　事情的反面未必反

收到新房的时候，我拿着钥匙急匆匆去开门，朝顺时针方向扭动，费了九牛二虎之力都没打开，正想发火，妻子说：“你朝反方向扭扭试试。”我朝反方向扭了几次，还是没开，回旋几次，再朝顺时针方向旋扭，门开了！

这是一次奇妙的尝试：正面不行，反面回旋，再回到正面，问题解决了。

就是这样，事情往往在反方向上能得到解决，很多事情都有应验。

老子走在林子里，见一个孩子用力拉扯着牛鼻子向前走，牛来了倔脾气，就是不肯走，孩子根本不是牛的对手，气得脸红脖子粗。老子拿起小棍轻轻抽打了一下牛屁股，牛乖乖地走了。牵牛鼻子和打牛屁股，看似一前一后一正一反，在牛挣扎后退的反方向上轻轻施以力量，使之顺从了牵引的力量，这样的例子是很多的。所谓“牵着不走，打着倒退”，那是力气用得不当造成的。“正反”之间要找到一个平衡力，恰是这种平衡发挥了积极的作用。反力不可过猛，“过犹不及”正是这个道理，鞭策人要适可而止。这也警示那些师者、长者，要注意鞭策的分寸，否则不但达不到效果，还可能适得其反。

事情的反面未必反，遇到正面解决不了的问题，从反面找找机会，或许就在这回旋的空当，找到了解决问题的办法，死疙瘩变活泛了，难解的问题解决了，这是一种智慧。

反面有玄机，它是避让，是屈伸，是回旋，是宽松度……善于发现玄机的人，总能在最危难的时刻找到出路，所谓绝处逢生，正是这个道理。

资料来源　王成友．事情的反面未必反［N］．合肥日报，2020-04-19.

许多年前，英国出版商出版的书大部分是精装书。他们有充分的理由这样做：印在铜版纸上的字看起来比较舒服，大篇幅的图片也更加吸引人，大块的空白使读者省去了许多时间。更重要的是，读者基本都是贵族——他们有的是钱，并且精装书能够帮助他们展现自己的与众不同。出版商靠精装书赚了不少钱，他们的思路是把书做得更加精美，从而把价钱定得更高。

后来，艾伦·雷恩开创了企鹅出版社。他是一个喜欢特立独行的人，当别的出版商力求把书做得更加精美的时候，他准备出版很久没有出现过的平装书，每本只卖6便士——相当于一包香烟的价钱。书商觉得太荒谬了，纷纷质疑："连定价7先令6便士都只能赚一点钱，6便士怎么能赚钱？"很多作者也担心自己赚不到版税。只有伍尔沃斯公司赞同艾伦·雷恩的做法，但这是因为他们店里只卖价格在6便士以下的商品。

出乎人们的意料，那套售价6便士的企鹅丛书一经出版后，立即受到了读者的一致好评，人们争相购买。事实上，也正是出版平装书籍让企鹅出版社在日后成了一个大品牌，艾伦·雷恩成了英国出版史上一位鼎鼎大名的人物。①

传统观念认为图书装帧越精致越能卖高价，卖价越高才会越赚钱，艾伦·雷恩反其道而行之，出版朴素的平装书，把价格降到最低，这正是对倒转思考法的运用。结果证明他的选择没有错。

一家中等规模的饭店，为了响应"光盘行动"，规定浪费者罚款十元，有人果然被罚，但是饭店的客人却越来越少，老板想不通。老板娘说，我们把罚改为奖，实现"光盘行动"者每人赠送一瓶矿泉水。老板换上新的广告后，进店吃饭的客人渐渐多起来了，有几家矿泉水商也争相与饭店合作，以低价销售或赠予矿泉水。一罚一奖的倒转，使饭店走出了亏损的局面。

倒转思考法的应用在现实生活中具有重要的意义。运用倒转思考法可以让你突破对事物的常规认识，创造出惊人的奇迹。当你向前走找不到出路的时候，当你需要寻找新颖独特的解决问题的方法的时候，当你希望突破常规思路的时候，就可以回过头来往相反的方向试试。

倒转思考法是一种科学的思维方法，我们可以把条件、作用、方式、过程、观点、属性和因果倒转过来思考，还可以把人物、情景、结果颠倒过来思考，使我们的创意产生预期的结果。

（执笔：魏旻宏）

11.5 顺序颠倒法

顺序颠倒法即打破思考对象原本的上下、前后、内外等空间顺序，或者将思考对象的整体、部分或有关性能等颠倒过来，将因和果倒过来思考，以寻求新的思路

① 佚名．惊艳全球的"企鹅图书"平装书的开山鼻祖［EB/OL］．［2023-09-07］．https://wenku.baidu.com/view/485b04fd0608763231126edb6f1aff00bfd5704e.html.

的思维方式。往往人们由于思维定式或习惯的约束，而不能对其进行突破。当把事情进行的顺序进行转换、颠倒时，就会在“山重水复疑无路，柳暗花明又一村”的惊喜中发现一个新奇的世界。

人们熟悉的成语“朝三暮四”是最为典型的顺序颠倒的例子。从前有人养着一群猴子，开始他早上给猴子吃四颗栗子，晚上给三颗，猴子都不高兴，它们觉得晚上的栗子比早上的少。养猴的就反过来，早上给三颗，晚上给四颗，这一下猴都高兴了，它们发现晚上得到的栗子比早上多。其实都一样，七颗，但猴子毕竟是猴子，不懂这仅是顺序颠倒。

我国著名的数学家华罗庚先生提出的“统筹方法”中，许多让人叹服的方法就是顺序颠倒法。我们在生活中也都会自觉不自觉地运用顺序颠倒法。

拓展阅读11-1

葛优主动让贤

顺序颠倒法的思维模式是，把原来由A推出B再推出C的顺序颠倒，由C推出B再推出A或由A推出C再推出B等，这样把位置变动一下，其效果将产生变化。在实际生活中，我们做某一件事时，可以先思考一下原来打算的或常见的顺序，然后看有无转化顺序的必要，这样就比机械地遵从原则好得多。

顺序颠倒法在广告创意思维中的运用机会是很多的。最常用的是因果顺序颠倒。广告主总是先提出企业目标，希望广告创意人员为实现目标拿出良策、点子。这时的创意思维就得从结果出发反过来思考该用什么方法使目标能够实现。这个顺序是：目标—市场—消费者—竞争者—商品特点—创意产生。这与从消费者利益出发，挖掘商品特质，找出竞争者的优势，最后产生创意的顺序是不同的。

小案例11-3　**“卖不足”与“赚有余”**

今年春天，表弟家的干果生意陷入低迷。为了增加收入，脑子灵活的他去了一趟新疆，花了近万元人民币，将当地人的烤馕手艺和一口高大的烤馕炉带了回来。烤馕是新疆人日常生活中不可缺少的主要食品，它在本地刚一上市，便以外干内酥、味道香美大受欢迎，因而每日来店买馕的人很多。

既然烤馕的销路如此畅通，按照常理，每天就该多烤些为宜，也可多赚些钱。可奇怪的是，表弟将每天的用面量严格控制在25斤左右，烤馕的块数也绝不会超过150块，并保证在中午左右售完。于是，常有一些迟来的顾客会因买不到馕失望而归。

在一次家人小聚的饭桌上，我把心中的疑问全盘倒了出来，憨憨的表弟笑了一下，然后委婉地向我讲起了自己的生意经。烤馕的本钱不大，制作过程也不烦琐，盈利还算可观，150块烤馕的纯利润足可抵得上一个小公务员的日工资了。但之前表弟已做过市场调查，发现此处的固定客源有限，每天来这里购物的都是一些常客，烤馕的块数一旦做得太多，每日达到一种饱和状态，用不了多长时间，人们便会因买得过频而吃腻。这便是表弟不肯多做烤馕的真正原因，目的是唤起那些喜欢吃馕的人的味蕾之后，再让他们隔三差五地才能平均吃上一回，只有这样，才能把烤馕的生意做持久。表弟的话不多，却听得我肃然起敬。

无独有偶，上月初，我家小区附近新开了一家烤鸭店。店铺经营者是阿海。开店之初，阿海便给自己定规矩，烤鸭现烤现卖，每天只售100只，通常卖到过晌就关店，因而每天来这里购烤鸭的人都要提前排长队。当然，对那些想吃烤鸭却没时间来排队的顾客，阿海也接受电话预约，然后“送货上门”。他采用这种人性化的销售办法，生意一直很好。我和阿海相熟后，好心地建议他每天多烤两炉，留作傍晚时段集中出售，这样会盈利很多。阿海笑着告诉我，一则烤鸭是个技术活，不能速成；再则，小区规模不大，购买力有限，他的买卖一般以让每户居民一周内能吃到一只烤鸭为佳，这样的话，他的烤鸭店才会因为有了固定食客而长久赚钱。望着阿海一副敦实憨厚的模样，我的心中不免生出敬佩之情。

长久以来，受“无奸不商”这种狭隘思想的影响，商人在我心中的形象一直被定义为“唯利是图”，只要商品有销路，他们便可无限扩充经营时间和范围，以便获得短期利益的最大化。然而到了现在，我却从表弟烤馕和阿海售鸭的故事中悟出，长久做生意，要实行顺序颠倒的思路，只有“卖不足”才能“赚有余”的大道理，这才是新时代商人利用天时地利人和联手赚钱的智慧之道。

资料来源　孟祥菊.“卖不足”与“赚有余”[J]. 思维与智慧，2017（7）.

这个事例充分说明“顺序颠倒”能产生新的思路，从难以突破中找到突破口，从高不可攀的山野中找到捷径。这对广告创意来说无疑是一种很好的方法。

（执笔：姚治彪）

11.6　人弃我取法

人弃我取，顾名思义，就是用别人所不用，取别人所不取。运用这种方法常常会取得出乎意料的效果。

人弃我取最初只是一种经商的方法。最早发现并使用这种方法的，是我国战国时期一位叫白圭的洛阳商人，他运用这种经商之道，将生意做得红红火火，因此被称为商界的始祖。

在现代商界中，许多商人受这种方法的启发，开发了潜在市场，赚了钱。有位浙江商人经过大量的调查发现，有五分之一的女性，特别是中老年妇女，喜欢穿大尺码的衣服。这位先生在宁波市开设了一间名为“被遗忘的老太太”的大尺码服装店，专门销售身材偏胖或特殊的女性的服装。想不到商店的营业额在短时期内猛增，令别的商家羡慕不已，很快别的地方也效法跟进，纷纷开设这种老太太服装店。

我们在生活中经常忽略许多社会现象，常常只看到事物大的方面，忽视在“大”中隐藏着“小”的方面，这种“小”的方面一旦得到扩充，就会变成“大”的方面。比如，在我们身边虽然只有少量习惯用左手的人，但从全国范围来考虑，

"左撇子"的总数也是个不小的数字。又如，我们向别人推销自己时，总是希望突出自己的优点和才能，很少说出自己的缺点，那是为了体现我们整个人是优秀的。其实，我们每个人都有缺点，自己有时也很清楚，就是不愿意说出来，怕别人由此否定自己。在广告上，这种思想倾向体现得淋漓尽致，广告争相诉说商品的优点，很少说商品的缺点。

事实上，我们在广告上可以言别人之未言，以此来突出广告信息的个性。举一个例子。当我们接到一种产品的广告业务后，经过了解，发现该产品有这样或那样的局限。这时候我们也许会感到大伤脑筋：想在广告中避而不谈，又担心出问题；要说出来，又怕失去消费者。这时候我们可以反过来以这些局限为出发点，从关心消费者的角度进行诉求（如"劲酒虽好，可不要贪杯哦"）。这样既可以赢得消费者的信任，又可以为广告主树立良好的企业形象。所以，在广告创意上采取人弃我取法，要求我们去发现别人认为无价值中的价值，并将这种价值发掘出来为我们所用。

小案例11-4　"天知道"的成功

清朝末年，上海闸北区有一家梨膏店，生意做得很大，店门口挂着"天知道"三个大字的牌匾。"天知道"梨膏店的对面是一家姓于的人家开的水果店，这梨膏店的发迹就是因为这家于氏水果店。

光绪八年（1882年），于氏水果店从山东莱阳运了五十篓梨到上海闸北区。因为路途遥远，一路颠簸，再经雨一淋，运到目的地时那些梨就开始烂了，不管怎样晾晒或削皮，都卖不出去。于氏水果店的对面有个小店，里面住着夫妻二人，生活困苦，没有粮食吃，见于家扔掉了许多烂梨，就拾来削去皮、挖掉烂眼，一吃之下，觉得很甜。这夫妻俩就到于氏水果店恳请将一篓篓的烂梨卖给自己。反正梨烂了也不值钱，于家很痛快地答应，一股脑儿都把梨贱卖给他们了。于是夫妻俩把削好的碎梨切成小块卖，一个铜钱五块儿，生意很是兴隆。买的梨多了，这对夫妻就将梨削好放进大缸里用糖腌起来，这样更好吃，一上市便卖得很火。

夫妻俩到处收购烂梨，削去皮放进锅里熬成梨汁，制成膏糖。这梨膏竟一下子成了南方的名产。

第二年，朝廷的钦差大臣到上海闸北区出巡，买了梨膏糖一尝，又甜又酸，非常好吃，于是将糖带回北京献给了慈禧太后。太后品尝了梨膏糖后大加赞赏，传旨叫夫妻俩进贡梨膏糖，这一下夫妻俩生意做大了，正式开了梨膏店。

于家水果店老板暗自打探，得知这些梨膏糖是烂梨制成的，他既眼红，又嫉妒，更怕得罪皇上，就在夜里写了"天知道"3个字，贴在了梨膏店的大门上。

第二天，这夫妻俩一看"天知道"3个字，愣了一会儿，明白是有人捣乱。男老板哈哈大笑，说："正想起个字号，今天就有人写了送上门。我家店里的梨膏糖连皇上都吃过，他是当今天子，自然是'天知道'。我就用这3个字当招牌！"

他把招牌写得特别大，来看的人一问，知道皇上、太后都爱吃梨膏糖，这生意就更好了。

骂人不成，字也被人家利用，于家水果店的老板更加生气了。他在梨膏店墙上画了一个乌龟，把头缩进肚里，还写着“不知羞耻”四字。第二天，梨膏店夫妻俩看到了，先是一愣，接着同声说道：“咱们就用乌龟当商标吧。梨膏糖止咳，而且延年益寿，龟正是长寿的。”从此，这个商标就成了上海的驰名商标。

资料来源 杨国华. 把每一次暗算当作机遇 [J]. 现代交际，2008（4）：26.

一些企业生产出一种新型的高质量产品后，常在定价问题上举棋不定，诚惶诚恐，因为市场竞争激烈，人们又有求廉的心理。如果将价格定高，由于商品知名度低，害怕销不出去；如果将价格定低，又违背了商品本身的价值。遇到这种情况，时，我们可以将价格定高，并在后面的宣传工作中用充分的事实来证明这种商品物有所值。

由此，我们又想到相反的情况。如果某种商品的质量确实好，又急需销出去，实现资金的快速周转，则我们可以将价格定在低价位上，然后动员理智型消费者理智地认识商品，向消费者输送一种现代商品属性的观点：现代商品质量的无差别化日趋明显。也就是说，价格低的商品不一定比价格高的商品质量差，反过来价格高的商品并不意味着它的质量就好。只要我们有充分的证据说明我们所推出的商品质量是可靠的，那么我们的低定价策略无疑会收到薄利多销的效果，最终实现我们的销售目标。

以上两种情况都包含人弃我取的原理：前者是在一般人取低价位时，我偏要定高价；后者是别人担心定低价会影响利润而抛弃低价时，我就不怕，将价格定低。当然这两种情形都不是凭“空”想象的，而是根据对目标市场、竞争对手、企业经营观念的分析提出的。下面的例子确实体现出了人弃我取的创意。

很多人都知道广告大师奥格威曾为劳斯莱斯汽车公司写过劳斯莱斯汽车的广告文案，它的标题很长，可能是空前绝后的。标题是：这辆新型“劳斯莱斯”在时速60英里时，最大的噪声来自它的电钟。这个标题并不是向受众直接传达劳斯莱斯安静的优点，而是用“噪声”来诉求。大卫·奥格威思维的出发点正是人弃我取。

拓展阅读
11-2

左宗棠请
“美食家”
吃饭

有一家钟表店的生意不太景气。有一天老板突发奇想，在店外贴了一张广告：“本店有一批手表走时不太准确，24小时慢24秒，请君看准选择。”广告贴出后，大家认为该店肯讲真话，诚实可信，况且每小时慢1秒质量也不算太差，于是争先而至，老板没过多长时间便销完了积压的手表。对于手表，人们最关心的是它走时的准确性，因而走时不准是钟表商最忌讳的。这位店主敢于为别人所不为，言别人所不言，取得了预期的效果。

人弃我取法的运用，关键是诉求要恰当，要分析其中量的变化是否会带来负面影响，只有排除了负面影响之后，才能运用，否则比较冒险。

（执笔：陶专）

11.7 各行其是法

各行其是思维是创新思维的重要表现形式。人们常说，脑袋决定口袋，思路决定出路，强调的都是思维的重要性。

一教士问他的上司："我在祈祷时可以抽烟吗？"他的请求遭到严厉拒绝。另一个教士也去问这个上司："我在抽烟时可以祈祷吗？"他的请求得到了允许。同一问题，两种不同的结果。前一个教士直来直去，用的是惯常思维；后一个教士倒过来说，用的是各行其是思维。

由此可见，各行其是思维与惯常思维是两种相悖的思维方式。辩证法告诉我们，世上任何事物都是一个矛盾的对立统一体。事实上人们总习惯地认识事物的此一面，而忽视其彼一面。因此，若能运用逆向思维，调整一下正常的思路，破除"从来如此"的思维定式，往往会在各行其是中得到新颖独到的发现。

"各行其是"关键是"是"字，这个"是"就是实事求是的"是"，它是事物的本质、核心，目的地只有一个，到达它的路径有多条；"各行"是创意者的修养、素质、能力的运用和体现。

南宋诗人杨万里指出，"翻尽古人公案，最为妙法"（《诚斋诗话》）。清代文学家刘熙载总结大文豪苏轼创作的一大艺术秘诀即"善用翻案"（《艺概》）。

唐代诗人刘禹锡有两句名诗："请君莫奏前朝曲，听唱新翻杨柳枝。"新翻，即翻案创新，亦即逆向思维。他的《秋词》堪称各行其是思维的典范：

自古逢秋悲寂寥，我言秋日胜春朝。

晴空一鹤排云上，便引诗情到碧霄。

刘禹锡一反古之哀秋、悲秋的萧条景象，创出立意高远的清词丽句，是千古绝唱，可视为各行其是思维的优秀成果。

在生活中自觉运用各行其是思维，往往能打破常规，收到事半功倍的效果。《三国演义》中周瑜命诸葛亮在三天之内造出十万支箭。这分明是强人所难，借故定罪。如果按惯常思维，在"造"箭上去冥思苦想，以当时的条件无论如何也交不了差，但上知天文、下懂地理的诸葛亮偏从"不造"上下功夫，于是有了中国军事史上"草船借箭"的千古美谈。诸葛亮颠覆了"巧妇难为无米之炊"的古训，创造了"巧妇巧为无米炊"的神话。"草船借箭"是我国历史上各行其是思维的伟大创举。《三国演义》中很多地方都写到了诸葛亮的逆向思维，比如减兵增灶、空城计、七擒孟获等。其实，诸葛亮的过人智慧正在于他的思维与众不同。[①]

1918年，美国密西西比州松树林里曾发生一件可怕的事情。密西西比州中部盛传着这样的谣言：德国人正唆使黑人起来叛变。黑人教师劳伦斯·琼斯被人控告，说他激起族人的叛变。有白人偷偷在教堂外面听他大声说："生命就是一场搏斗，每个黑人都应穿上盔甲战斗，为了更好地生存和发展。"

---

① 郭萌．学一点逆向思维［J］．思维与智慧，2020（15）．

"战斗"和"盔甲"就是铁证。一些年轻人趁着黑夜纠集一大群人，然后到教堂捆住这位教师，把他拖到一英里外的荒野里，吊在一大堆干柴上面，准备点燃干柴。眼看就要烧死他了，一个年轻人说话了："烧死他之前，让这个好说话的人说说话。"

站在柴堆上，脖子上套着绳圈，劳伦斯·琼斯为自己的生命和理想发表一番演说。他1907年毕业于爱荷华大学，因心地善良、博学多才及在音乐方面的天赋赢得老师和同学的喜爱。毕业后，他谢绝一家酒店的职位，还谢绝了别人资助他到音乐学院深造的美意。他有更崇高的理想。他读完布克尔·华盛顿的传记时，就决心把自己的一生都奉献给教育事业，教育那些因贫困而无法上学的黑人孩子。他就这样回到贫瘠的南方，在密西西比州杰克镇以南25英里的一个小地方，用自己的手表当了6毛5分钱，以苍天为教室，以树桩为桌子，开始他的教学生涯。

劳伦斯·琼斯把自己的经历讲给那些愤怒的纵火者听。他说自己所做的一切就是为了教育没钱上学的男孩和女孩，把他们训练成优秀的农夫、机匠、厨子、家庭主妇。他还说，曾有许多白人协助他建立学校，比如说送他土地、木材、牛和钱。

琼斯用很诚恳的态度讲述这些事。自始至终，他没哀求一声，只是想让别人了解他的想法。那些想烧死他的人也为之动容。有个曾参加过南北战争的老兵说："我相信他所说的话，他提起的一些人有我认得的。他确实是在做好事，是我们错了。我们应该帮他而不是烧死他。"老兵说完摘下自己的帽子，帽子在大家手中传递，这些曾经想烧死这个教师的人，捐献出52美元40美分。[①]

一般的人在生死关头，会被吓昏，忘了自己、失去理智，但劳伦斯·琼斯淡定从容地站在用来烧死他而架起的柴堆上，即使生命就要终结，他依然故我地做演讲。他的镇定和教师的风度，他自行其是的演讲，让那些想烧死他的人也为之动容。他救下了自己。

现代社会，瞬息万变。如果我们的思维不能顺时而变、顺势而变，那么生存的空间可能就会很小。

动物学家们在做青蛙与蜥蜴的比较实验时发现：青蛙在捕食时，四平八稳、目不斜视、呆若木鸡，直到有小虫子自动飞到它的嘴边时，才猛地伸出舌头，粘住飞虫吃下去。而蜥蜴整天奔忙在私人住宅区、老式办公楼、蓄水池边等地方，四处游荡搜寻猎物。一旦发现目标，它们就会狂奔猛追，直到吃到嘴里为止。青蛙与蜥蜴的捕食方法就像各行其是的两种不同的生存做法。

世界上的任何事情都不会完全按照我们的主观意志去发展变化。我们要获得成功，首先得去认识事物的性质和特点，这就是"是"，然后适时地调整自己。曾有一位哲人说过："如果你不能阻止环境的变化，那么就改变自己，去适应它吧。"改变自己，能为自己提供更多的生存和发展机会，为职场发展扫除障碍，为事业的成功增添砝码。

（执笔：王泽苑）

---

① 卡耐基. 淡定：内心强大的力量［M］. 马剑涛，肖文键，编译. 北京：中国华侨出版社，2012.

11.8 元素增减法

元素增减法，顾名思义，就是在一定元素上进行数量增加或减少的创意思维方法。这种增减是形式上的，但一定要反映一种实质性内容的丰富和完善。只有由外在表面变化向内在质的升华，才符合元素增减法的创意意图。

元素增减思维是人类的天性思维。在意识中，当我们对平凡、熟悉的事物进行创新时，都习惯用增加或减少元素的方法，这是人脑思维的直接反映。例如，当我们对一般的音乐模式感觉麻木，欲求新颖时，就不妨来段清唱或加些和声，在变化中激发兴趣。有一种钢笔，上面安装石英表后，可使钢笔具备双重功能。这些必要的、形式上的增减，不仅丰富和完善了元素的内容，而且使元素有了新的内涵和意义。

在广告领域，元素增减法里的元素指广告为传达信息个性所具备的基本要素，也指能被人们的一般心理正常接受的基础或范围。其实，元素增减法的思维过程很简单。首先，它要满足两个条件：其一，有使用元素增减法的必要，即这个广告存在增减元素的创意空间。若这个广告的元素已经具有极佳的创意力，那么强用元素增减法，就会有画蛇添足之感。其二，能使用元素增减法做这个广告。有些广告由于本身的性质和特点，限制了其外在发展。达到以上两个条件后，就可以进行有创意的增减，其途径有图像、声音和文字等，但须围绕一个创意中心进行变化。取材可不拘一格，要点是使用元素增减法后，广告的创意不能出现滑坡现象。

元素增减法在形式上可分四种情况：

第一，增加元素本身。有一则索尼耳机的平面广告，画风采用手绘的漫画形式，在戴上索尼耳机之后，画面主角的脖子变得很长，他们闭着眼睛，嘴角上扬，将身边的噪声抛之脑后。这则广告通过加长的脖子凸显了耳机的降噪特点，整体画面非常生动，代入感十足。

第二，减少元素本身。有一则航空公司的广告。画面上是一张波涛汹涌的大西洋地图，图片的一边被撕去20%，在撕去的空白处有句广告语："从12月23日起，大西洋将缩短20%。"这则广告向受众传达了该航空公司航班速度快的诉求点。

第三，在元素基础上增加事物。有两种情况：一种是增加和元素不同的事物；另一种是增加和元素相同的事物。后者在重叠和往复中能够加深受众对广告的印象。有一个关于移动手机的平面广告，画面上是一个黑体字书写的"耳"字，在"耳"字的上端加了一根天线，画面中的图像和文字紧密地结合在一起，使人视野开阔，且画面外形像一个手机，加深了受众的形象记忆。

第四，在元素基础上减少事物。有一则百货公司的广告，画面为一位女子坐在凳子上，双手抱脚，身朝受众，但她的上身大部分被一束鲜花遮住。这则广告意在先抓住人们的注意力，利用人们的好奇心去注意广告。

元素增减法是在动态变化中促进事物向前发展的，就如一个钟摆在不停运动中寻求新的意境。其目的是于惊奇中创造出一种可能，让人觉得既在情理之中，又在意料之外。它以增加或减少元素的方式，在平淡之中创造奇迹，给人新奇的视觉感受。

元素增减法的优越之处表现在：

第一，巧妙的元素增减法能起画龙点睛的作用。在我国古代山水画中，经常可以看到一幅自然风光图中，点缀着一处炊烟袅袅的人家。这种巧妙的点缀为画面注入了灵性，这种天人合一的和谐寄托了画家对完美境界的向往。

第二，元素增减法能发挥出元素的最大价值，丰富和占满元素的创意空间。如同城市修建的高楼大厦，充分遵循了在仅有面积上占取最大生存空间的原则，发挥土地的最大价值。

第三，元素增减法的想象直接，取材平凡，在元素的延伸中创造伟大。如同我国京剧演员的化妆，于直接的增抹中，改变了原先的熟悉与平淡。

元素增减法要求我们平时注重对生活的洞察和积累，这样元素的增和减才能达到巧妙和谐的效果，才能在平凡的一抹亮色中，创造出伟大的寓意来。

当我们为实现创意目标而在元素的增减上绞尽脑汁时，不要忘记对最常见、最平常的元素的运用。

小案例11-5　　用阳光做促销

易买得超市是韩国首尔排名第一的大型连锁超市，每年的营业额达数十万亿韩元。易买得超市的经营者，常常想出许多“金”点子来加强营销。

易买得的销售人员曾经发现，每到中午时分，超市的生意就十分冷清，销售额大幅下降。原来韩国人也喜欢在早上或下午下班之后去超市，中午去超市购物的人较少。

怎样来提升中午时段的销售额呢？销售人员冥思苦想，一时找不到解决办法。这是人们的生活习惯所致，要想一时改变，很难为之。

销售人员进一步调查发现，销售额最低的时段是中午12点到下午1点，而这段时间的阳光最强烈，难怪人们都不愿出门。如果在这一时段对部分商品给予一定优惠，一定能吸引顾客。但怎么做到只在这一时段优惠，而其他时段价格不变呢？更换价格标牌？显然不现实。在结算时打折？并不是所有商品都优惠，操作起来也不方便。

能不能在阳光上动动脑筋？销售人员忽然想到了二维码。他们对二维码做了一个很有趣的包装，推出了一个特别3D版的二维码。

这种3D二维码装置迅速被放置在了首尔各地。看到它的第一眼，你会以为它只是一个有着许多方柱体的模型。但是，每天中午12点到下午1点，因为太阳直射角度的变化，这些柱体下产生的阴影会逐渐变成一个完整的二维码。消费者只要在这个时段扫描到二维码，就可以获得易买得的优惠券。这种3D二维码装置一经推出，立即引起了强烈反响，许多人感到新奇，纷纷扫码领取优惠券，易买得中午时段的销售额很快就上去了。

资料来源　韦耀武．用眼光做促销［J］．思维与智慧，2020（11）．

（执笔：昝义川）

11.9　抛砖引玉法

“抛砖引玉”出自《景德传灯录》。相传，唐代诗人常建听说赵嘏要去游览苏州的灵岩寺，为了请赵嘏作诗，常建先在庙壁上题写了两句。赵嘏见到此诗不完整，立刻提笔续写了两句，而且比前两句写得好。后来文人称常建的这种做法叫“抛砖引玉”。《成语词典》中这样解释抛砖引玉：抛出砖去，引回玉来，比喻用粗浅的意见或文章引出别人的高见或佳作，表示谦虚。

抛砖引玉常用于集体讨论事项中，先发言的人认为自己的思考不够成熟，先抛出自己的想法，引起与会者的新思考，引出更多成熟的意见。这里的“砖”和“玉”都是一种形象的比喻。“砖”指的是自己不成熟的看法，是引子；“玉”指的是后面大家深思熟虑后说出的意见。“引玉”是目的；“抛砖”是达到“引玉”的手段。

广告的最终目的是诱发人们的购买行为，而人们的购买行为往往跟人们的情感联系在一起。因此，以情动人，以利诱人，不失为以激发消费者情感为中心的好的策划方法之一。正如18世纪法国启蒙思想家狄德罗指出的，没有感情这个品质，任何笔调都不可能打动人心。

小案例11-6　留言簿里的幽默

“大胖”是这个城市的人对一家大型商超的昵称，它是N年前由外地的一位胖乎乎的企业家办起来的。“大胖”之所以这么受欢迎，秘密就在能起到抛砖引玉作用的留言簿里。

“大胖”在每层楼的楼梯口都悬挂着一本留言簿，装订得整整齐齐，一支签字笔吊在上面晃来晃去，告诉我它不是摆设。

我把每层楼的留言簿都仔细看了一遍，差点儿笑翻天。里面的很多留言和回复，都像是一则则灵光闪现的幽默段子。不信，你也来看看？

留言A：卖毛衣的服务员怎么不会笑啊？外面的天已经够冷了，到这里买毛衣还要看她结了冰的脸，太残酷了吧？

回复：谢谢惠顾！我们保证下次您再来的时候，看到的一定会是春暖花开。

留言B：二楼卖护肤品的女孩儿，动不动就傻笑。嘴本来就够大了，还要咧得门洞大开，难道不知道“笑不露齿”才是美吗？看看，把我家小宝宝都吓哭了呢！

回复：吓哭小宝宝真是罪过。请您留下联系方式，我们为您的小宝宝准备了一袋纸尿裤，会在您再次光临的时候，送到您手里。

留言C：××牌洗发液怎么没有香草味儿的？是不是搞味道歧视？害得我跑这么远的路，哼！

回复：先自己给自己摘掉一顶帽子，本店从不搞味道歧视。即使是臭味，也可以在食品处的臭豆腐专柜买到。至于没有香草味儿的××牌洗发液，是因为该品牌滞销，本店已不再进货。如您需要，请留下电话，我们可以为您单独进货。

留言D：超市里的条形巧克力能不能摆在显眼的位置，让顾客一目了然？塞到墙角旮旯里，浪费了我半天宝贵的时间！

回复：谢谢您的建议！本店受铺面等条件限制，不能把所有货品都摆在"一目了然"的位置上，对由此给您带来的不便，深表歉意。本超市导购员会让您免去"踏破铁鞋无觅处"之苦，直奔主题。

留言E：我在贵店什么都可以找到，就是找不到钞票。我口袋里缺票子呀！怎么办？

回复：谢谢您的热心留言！需要提醒您的是，本店不光收取钞票，同时也发放钞票。五楼家电处正在招聘，如您有意，可前去应聘，成为本店员工。本店每月将按时为您发放薪水，让您的腰包快快鼓起来。

回复既是对留言的答复，也是抛出的新砖，又会引来新的留言，这一来一往，就是不停地抛砖，不停地引玉。

资料来源　郑俊甫. 留言簿里的幽默 [J]. 思维与智慧，2019（7）：63.

台湾一家设计生产儿童健康裤的厂家曾不惜血本在电视上大做"只送不卖，送完为止"的广告。信息传出，立即引起轰动。首批投放市场的五百件样品，立即被一抢而空。众多怀着对孩子爱心的母亲闻讯赶来却痛失良机，又不忍使自己的孩子失望，于是纷纷同该公司联系，表示愿意出钱购买，要求无论如何也要帮助设法解决一下，以了却心愿。如此这般，一连几天求购电话一直不断。此时时机已经成熟，于是该公司立即将大批早已备好的产品发往各销售点，并在电视上发了一则"启事"，声称"为满足公众的需求，本公司特组织员工赶制了一批儿童健康裤，不日即可上市，谨希周知，每件收取成本费"。结果健康裤投放市场后一直盛销不衰，公司声誉也树立起来了，在公众心目中有了良好的形象。

这家服装公司在信息输出中掩盖了"庐山真面目"，不是采用赤裸裸的"叫卖"策略，而是以消费者乐于接受的方式吸引他们的目光，引发他们的情感，从而水到渠成地达到畅销目的。

小案例11-7　　不卖汽车，只招会员

沃尔沃（VOLVO）是瑞典著名豪华汽车品牌，经过90多年的发展，沃尔沃汽车已遍布全球180多个国家和地区，被誉为"世界上最安全的汽车"。沃尔沃汽车能取得如此大的成功，和其与众不同的营销模式密不可分。

在众人的印象中，汽车广告永远都在强调和宣传自己最新车型的设计理念和舒适度，全方位立体式地将新车的优点展示给消费者，并鼓动和敦促客户赶紧下手，以免慢人一步，享受不到新车带来的优越感和刺激。然而近期在德国，沃尔沃汽车公司在推出的最新广告中却语出惊人："别买这辆车。"广告推出后，许多人甚感惊奇，沃尔沃汽车这样做不是直接搬起石头砸自己的脚吗？它的真实用意到底是什么呢？

原来，随着汽车行业竞争的日益加剧，沃尔沃公司也感受到了销售带来的巨大压力。而在德国汽车市场上，几大巨头公司如宝马、奔驰等更是在一步步蚕食沃尔沃在市场上的份额。面对各方面的夹击，沃尔沃公司首席执行官霍坎·萨穆埃尔松意识到，如果再不改变自己的营销策略，以后很有可能无法在德国市场上立足。经过缜密考虑后，霍坎认为，如果一味地和对手比拼汽车的款式和价格，沃尔沃并没有多少优势可言，但是如果独辟蹊径，和对手去比拼"会员"的多少，能不能出奇制胜呢？

最终，经过多日的酝酿，2018年底，沃尔沃公司在德国市场上推出了"别买这辆车"的广告语，目的是鼓励所有打算买沃尔沃汽车的顾客成为沃尔沃公司的会员。霍坎对前来选车的顾客解释道："买一辆最新款的沃尔沃汽车，可能要花费一大笔费用，这样很有可能会让你们的生活变得不像以前那样轻松，但是，你成为我们的'会员'后，每个月只需缴纳一笔498欧元到929欧元不等的会员费，就可以轻轻松松地将包括最新款在内的沃尔沃汽车开回家。"

为了加深人们对会员的了解，霍坎特意强调："会员与传统租赁的不同之处，在于没有押金和还车费用，月费则涵盖了保险、税、道路救援以及其他服务，甚至还包括上门取车、安装和存储冬季轮胎等。更重要的是，公司会为所有会员量身推荐适合他们风格的汽车，让每位会员享受到最优质的服务。"如果说之前霍坎的解释还让许多消费者持观望态度，那么他这次开诚布公的表态则为他"圈粉"无数。时间不长，前来沃尔沃公司办理会员的消费者便排起了长龙，大家都想在第一时间用最少的钱去体验最新款的沃尔沃轿车。就这样，沃尔沃汽车又开始在德国市场上活跃起来。

对于自己这次颇为成功的营销活动，霍坎谦逊地表示："我们的目的就是一直保持与客户之间的紧密联系，让他们感受到我们的真诚和热情。而客户们也不必等到多年之后，在必须买新车之时，才想起这家瑞典品牌。我们想要真正做到，让客户花最少的钱体验到最优质的服务和享受。"

在激烈的市场竞争中，想要不被对手抛在身后，就需要不断地创新求变。许多时候，一些看似"不可取"甚至"反向"的营销策略，反而会让你找到最佳的突破捷径。

资料来源　姚秦川. 不卖汽车，只招会员［J］. 思维与智慧，2019（23）：38.

（执笔：艾欣）

11.10 爆破重来法

我们在讨论创意时，有时会遇到这种情况：已经提出了很多方案，但大家认为“总差那么一点”，有人提出“爆破重来”吧！这也不失为一种好创意。有的团队在设计文案或创意时陷入僵局，干脆“大家休息，明天再继续”或“我请客，大家喝咖啡去”。

2003年3月，本书的编者之一王多明加盟到一家广告公司，为联通公司贵州分公司（下文简称联通公司）塑造企业形象和促进业务推广拟制了《贵州省首届“联通杯”大学生男子篮球对抗赛活动策划案》。这份策划案得到了联通公司领导的认可。广告公司组织人员着手与贵州省体委、省教育厅联系，只等策划案批准后，立即开展工作。联通公司在研究策划案后提出，将赛事缩小到在贵阳市内的本科院校举行，将经费控制在25万元以内。策划小组根据这个意见，将方案做了修改。这时已经到了4月中旬。

4月，党中央和国务院将防治“非典型性肺炎”（简称“非典”）放到了全国的头等大事上，城市里不允许组织有50名以上的人员参加的活动。上述策划案行不通了。

到了4月底，几次拟制的方案都被“非典”打碎了。怎么办？必须迅速拿出主意，为客户、为广告公司争取合法利益。策划人从联通公司的中国结标志想到联通公司与市民心连心，送医送药进社区抗“非典”的创意，一个新的方案逐渐形成。策划人向联通公司电话报告，4月29日下午5点以前交一份一定通得过的策划案过去，请联通公司领导尽快研究批准。同时，策划人将广告公司人员集中起来，向大家传达了如下思想：党中央向全国人民发出了“万众一心，众志成城，科学防治，战胜非典”的号召；联通公司的标志是上下左右几颗心相连而成的，我们应该由此想到联通公司的使命，在人民生命受到威胁的时刻，联通公司应挺身而出，为人民做点什么；当时贵阳市对“非典”还处于“防”的阶段，在贵州全省还没有一例“非典”病人或疑似“非典”病人；联通公司向市民提供防“非典”的药品，主动送进社区。在这几条信息的碰撞下，策划人想到一个新的创意：“联通与市民心连心，送医送药进社区”。广告公司员工们经过正、反论证推敲，提前一个多小时将一份新的、有创意的、能有效抓住时机塑造企业形象的活动策划案送到了联通公司领导的手中。第二天上午就传来信息：“按策划案实施”。广告人多日的努力终于得到了广告主的认可。

经过一个不眠之夜，有创意、可执行、预计将产生良好效果的策划案执行方案拟制出来了。这就有了5月15日至25日长达11天宣传联通CDMA公益活动的方案。

受“非典”的影响，策划人“爆破”原来精心策划的方案，“炸”掉旧的，赶快拿出新的有创意的方案，获得了成功。

“法有定论，兵无常形。”在纷繁复杂的战场上，若能灵活、恰当运用逆向思维，往往能够取得意想不到的效果。

东汉中期，羌族大举进攻，且有南下之势。汉朝将领虞诩率兵征讨。羌军在淆谷据险设防，阻挡汉军。汉军到淆谷后，虞诩发现羌军已有准备，兵力集中，不易取胜，下令就地扎营。次日，虞诩假装巡视部队，并四处宣扬：敌我兵力悬殊，等到援兵来后再进攻。羌军信以为真，放松戒备，分兵到各处大肆抢掠财物。虞诩见羌军兵力分散，趁机突破淆谷，并以每日百里速度行进。后又下令：官兵每人铸锅灶两个，逐日增加一倍。众将不解，兵书云：孙膑以逐日减灶而胜庞涓；且日行不过三十里，以防不测。虞诩笑答："羌人多势众，我兵少势单。若行动缓慢，易被敌追上。今急速行之，敌则摸不准我方虚实。当初孙膑减灶是为诱敌深入，以强示弱；而今日，我需以弱示强，羌军见我锅灶大增，必以为援兵已至，断不敢贸然追击。待我处有利之时，便可以逸待劳，将其拿下。"不出所料，羌军见汉军锅灶逐日加倍，误认为援军已至，不敢贸然前行。虞诩率众顺利至成都，休养数日。待兵强马壮之时，羌军到。羌军围攻成都，久攻不下且伤亡甚重。虞诩让所有官兵排成数百米长队，从东门出，绕城一周，西门进。进城后，迅速更换服装，从西门出，绕城一周，东门进。每日数次。搞得羌军不知汉军究竟有多少，惊慌失措，遂决定撤退。虞诩又秘密派兵埋伏于羌军退兵路旁，大败羌军。孙膑减灶胜庞涓，是历史上的成功战例。虞诩却运用逆向思维，从实际出发，采用增灶的方法退敌取胜。一个减灶，一个增灶，却同样取得了胜利。

虞诩的成功在于对兵法的灵活运用，逆向思维的运用使古老的兵家智慧得到了淋漓尽致的发挥，值得借鉴。[①]

（执笔：王多明）

本章小结

通过本章的学习，学习者懂得了逆向倒行法等十种逆向思维创意方法，解开了"墨守成规"的绳索，同时明白了好创意不是来自现成的书本上的东西，只有思路正确、方法正确才能实现创意的目标。

思考与练习

（1）逆向倒行的辩证法原理是什么？

（2）你能在毛泽东指挥的革命战争实例中找出"以退为进"的战略战术吗？

（3）大家都往西走，我往东走，往往更容易成功，为什么？你有这方面的实例吗？

（4）各行其是不是破坏规矩，而是调动各自的能耐，为完成目标而做事。是这样吗？

实操项目

以小组为单位，从第7至10章中的创意方法里任意选出若干种方法为正方辩题，以本章学到的逆向思维法为反方的辩论依据，开展一次实打实的辩论。

---

① 刘磊. 战场上的逆向思维［J］. 思维与智慧，2018（8）：11.

第12章

思维导图创意

学习目标

通过本章的学习，了解思维导图的由来和用途，提高思维导图在创意活动中的使用率；在遇到问题时，能使用思维导图打开思路，找到解决问题的主要方法；进一步掌握创意思维的方向，从而产生出新的创意。

引例

大脑潜力有多大

你了解自己的大脑吗？

你认为自己大脑的潜力都发挥出来了吗？

生活中，总有一些人认为自己没别人聪明。他们不知道，自己之所以没能取得好成绩、没有取得成功，是因为只使用了大脑潜力的极少部分。

现在社会发展速度极快，不论在学习或其他方面，如果我们想表现得更出色，就必须重视我们的大脑，让大脑发挥出更大的潜力。

其实，大脑比人们想象的要厉害得多。

近年来，对大脑的开发和研究引起了很多科学家的关注，取得了很多新的科研成果。过去10年中，人类对大脑的认识比过去整个科学史上所认识的要多得多。特别是现代科技上所取得的惊人成就，使我们能够借助它们得以一窥大脑的奥秘。

科学家们认为，世界上最复杂的东西莫过于人的大脑。人类在探索外太空极限的同时，却忽略了宇宙间最大的一片未被开采过的地方——人的大脑。我们对大脑的研究还远远不够，可以肯定我们对大脑的研究和开发将会极大地推动人类社会的进步。

让我们先来初步认识一下人脑这个自然界最精密、最复杂的器官（如图12-1所示。人脑由三部分组成：脑干、小脑、大脑。）。

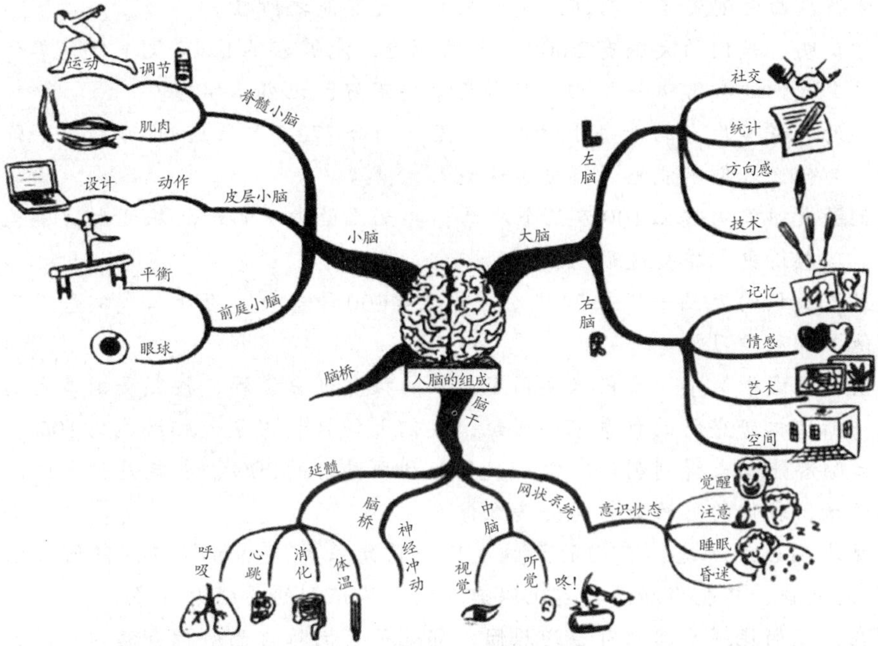

图12-1　人脑的组成思维导图

脑干位于头颅的底部，自脊椎延伸而出。脑干的功能是人类和较低等动物（蜥蜴、鳄鱼等）所共有的，所以脑干又被称为爬虫类脑部。脑干的主要功能是传递感觉信息，控制某些基本的活动，如呼吸和心跳。脑干没有任何思维和感觉功能。它能控制其他原始直觉，如人类的地域感。在有人过度接近自己时，我们会感到愤怒、受威胁或不舒服，这些感觉都是脑干发出的。

小脑负责肌肉的整合，并有控制记忆的功能。随着年龄的增长和身体各部分结构的成熟，小脑会逐渐得到训练而提高其生理功能。

大脑是人类记忆、情感与思维的中心，由两个半球组成，表面覆盖着2.5~3mm厚的大脑皮层。如果没有这个大脑皮层，我们只能处于一种植物状态。

大脑左半球就是“左脑”，右半球就是“右脑”，尽管左脑和右脑的形状相同，二者的功能却大相径庭。左脑主要负责语言，也就是用语言来处理信息，把我们通过五种感官（视觉、听觉、触觉、味觉和嗅觉）感受到的信息传入大脑中，再转换成语言表达出来。左脑主要起处理语言、逻辑思维和判断的作用，即它具有学习的本领。右脑主要用来处理节奏、旋律、音乐、图像和幻想。它能将接收到的信息以图像方式进行处理，并且在瞬间即可处理完毕。一般大量的信息处理工作（例如心算、速读等）是由右脑完成的。右脑具有创造性活动的本领。例如，我们仅凭熟悉的声音或脚步声即可判断来人是谁。

有研究证明，我们今天已经获取的有关大脑的全部知识，可能还不到必须掌握的知识的1%。这表明，大脑中蕴藏着无数待开发的资源。

如果把大脑比喻成一座山的话，那么一般人所使用的资源还不到1%，剩下

99%的资源被白白闲置了，而这正是大脑的巨大潜能之所在。

科学证明，我们的大脑有2 000亿个脑细胞，能够容纳1 000亿个信息单位。

为什么我们还常常听一些人抱怨自己学得不好，记得不牢呢？

我们的思考速度大约是每小时480英里（约合772.5千米），此速度比子弹头列车更快，为什么我们不能思考得更迅速呢？

我们的大脑能够建立100万亿个联结，甚至比最尖端的计数机还厉害，为什么我们不能理解得更完整更透彻呢？

而且，我们的大脑平均每24小时会产生4 000种念头，为什么我们每天不能更有创意地工作和学习呢？

其实，答案很简单。我们只使用了大脑的极少部分资源，按照美国最大的研究机构之一斯坦福研究所的科学家们所说，我们大约只利用了大脑潜能的10%，其余90%的大脑潜能尚未得到利用。假如我们能利用脑力的20%，也就是把大脑潜能提高一倍的话，我们的思维能力将会多么惊人！

或许我们已经知道，我们的大脑远比以前想象的要精妙得多，任何人的所谓“正常”的大脑，其能力和潜力远比以前我们所认识到的要强大得多。

现在，我们找到了问题存在的原因，那就是我们对自己所拥有的内在潜力一无所知，更不用说如何去充分利用了。

资料来源　李猛. 思维导图大全集［M］. 北京：中国华侨出版社，2010.

思考：

（1）你对“脑筋不够用”有过实际体验吗？想过找找不够用的原因吗？

（2）人的大脑90%待开发利用，还会担心“脑筋不够用”吗？关键是怎样开发利用。

（3）从“人脑的组成”思维导图中，你能体悟到什么？这幅思维导图有什么用处？

12.1　思维导图法

爱因斯坦曾说，人们解决世界的问题，靠的是大脑思维和智慧。思维创造一切，思考是进步的灵魂。解决问题和矛盾的武器是大脑，决胜的关键在于是否拥有先进的思维方式。成功者无一不具有创造性思维，失败者总是困于僵化的思维之中。人的命运常常为思维方式所左右，转换思维就是打开命运之门的金钥匙。思维决定着一个人的思想和行动，也决定了一个人的视野、事业和成就。

思维导图如今已成为风靡全球的革命性思维工具，这一由世界大脑先生东尼·博赞首创的瑞士军刀般的思维工具，成功改变了全世界超过2.5亿人的思维习惯，在全球教育界和商界掀起了一场超强的大脑风暴。

今天，在哈佛大学、剑桥大学等名校，师生都在使用思维导图；在新加坡，思维导图已经成为中小学生的必修课。用思维导图提升思维水平已经得到越来越多人的认可。

1）思维导图的定义

众所周知，人与人之间在能力上并没有多大的差别。之所以在学习、工作中分出伯仲，原因就在于思维方式和思考模式的不同。思维导图又叫心智图，是表达发散型思维的有效工具，它运用图文并重的技巧，把各级主题的关系用相互隶属与相关的层级图表现出来，把主题关键词与图像、颜色等建立记忆链接，充分运用左右脑的机能，利用记忆、阅读、思维的规律，协助人们在科学与艺术、逻辑与想象之间平衡发展，从而开启人类大脑的无限潜能。作为一种思维工具和21世纪全球革命性的管理工具、学习工具，思维导图除了可以提供一种正确而快速的学习方法与工具外，在创意开发、项目策划、教育演讲、会议管理，甚至职场竞争、人际交往、自我分析、解决性格缺失等方面加以运用，也往往会产生令人惊喜的效果。

思维导图集科学性、实用性、系统性于一体，以思维导图的形式介入人们的生活、工作中，用简明易懂的讲解和实用易学的心智图挖掘其创造潜能、思维潜能、精神潜能、记忆潜能、身体潜能、感觉潜能、计算潜能和文字表达潜能……解决各类疑难问题，使人们的生活、工作更加轻松、更富成效（如图12-2所示）。

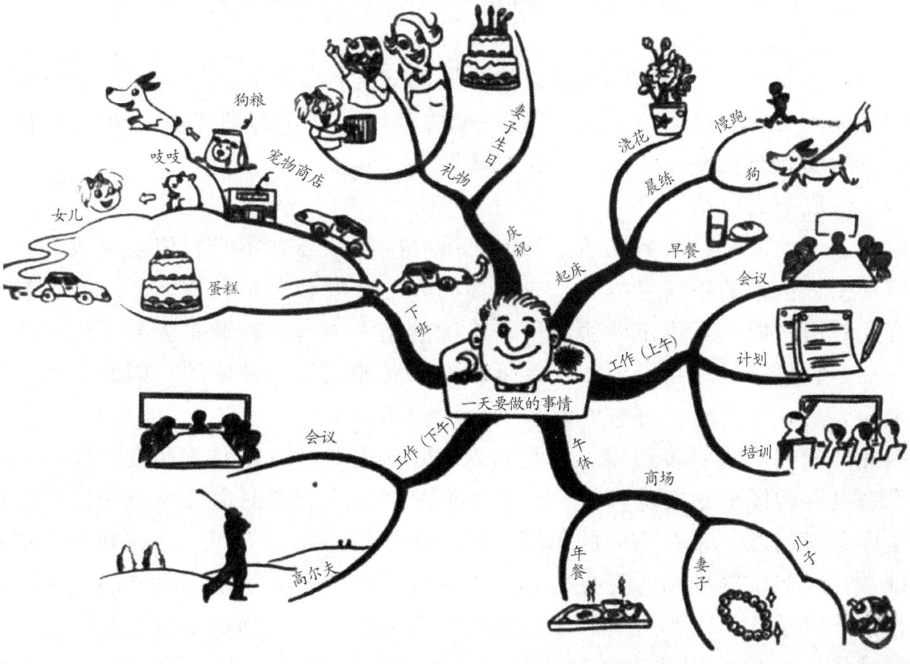

图12-2　一天要做的事情思维导图

通过观看达·芬奇、毕加索等大师的笔记，我们不难发现，他们思考的时候用的是放射性思维和思维导图，不同于同时代的人使用的思维方法。美国波音公司在设计波音747飞机的时候就使用了思维导图。据波音公司的人所言，设计波音747

这样的项目，如果使用普通的方法，需要花费6年的时间，而利用思维导图这个工具只用6个月便完成了，还为公司节省了一千万美元！种种事实证明，这些大师得以比周围的人更充分地开发并使用大脑潜力的“密钥”就是这种与众不同的思维方法，而其他人得以用最短的时间创造最多的财富也是靠这把“密钥”。那么，我们要如何做出思维导图呢？

2）绘制思维导图的基本要求

将中心主题置于画面的中央，整个思维导图围绕该中心主题展开。

想法不要受到任何约束，只需围绕中心主题进行，想法多么荒诞都无所谓，记得画出每个分支并将每个想法记录下来。

间隔要合理，以便随时增加内容。

整理各个分支的内容，并将它们用线条、图形、颜色、文字等表示出来。

做任何事情都要遵守规则，绘制思维导图时也不例外。在绘制过程中若能考虑到相关的注意事项，则更有利于发挥其真正的作用和功能。那现在我们就看看有哪些规则是我们要注意的吧。

3）绘制思维导图的规则

（1）突出重点：①一定要使用中央图像；②尽量多地使用图形；③要安排间隔，间隔要合理；④字体、图形、线条等可尽量多变化；⑤布局要体现出层次感。

（2）发挥联想：①用箭头连接思维导图的分支；②使用多种色彩和代码。

（3）清晰明了：①每条线上只写一个关键词；②书写要工整；③线条粗细有别，中央的线条要粗些；④图形尽量画清楚。

（4）形成个人风格。

看了上面的内容，我们知道，绘制思维导图的技巧并不难，但要完成一幅有效的思维导图，依赖的不仅是技巧，更是你的人生态度和思维模式。所有的工具本身固然有其效用，但真正决定效用深度、广度的是人本身，就像是丢弃了的东西，放在垃圾桶，它只能是垃圾，但放在其他地方，它能成为一种资源。因此，思维导图学起来很容易，要真正用好它并发挥其效用却不容易。

因此，我们平常要多积累、吸收知识才能在需要的时候厚积薄发；同时，对于那些有启发性的图形也要保存好，毕竟我们绘制思维导图时需要大量图形；多从不同的角度思考问题，站在不同的角度，看到或想到的都会不同，这有利于丰富我们的思维，在绘制思维导图时更加得心应手；敢于联想，无论是多可笑的、无厘头的想法，都予以承认，因为这有利于开阔我们的思路从而得到更多有用的想法。

思维导图可以应用在生活和工作的各个方面，包括写作、学习、演讲、报告等。思维导图可以让我们只记住相关词便能了解更多的信息，从而为我们节省时间；能让我们集中精力于真正的主题；能激发我们的联想和创意；能通过色彩和图形提高我们的记忆力，同时提高学习速度；有助于我们形成系统学习的习惯，也能改善我们的思维模式。当然，思维导图还有更多的方式等着我们去寻找和应用！

大脑每天都在为我们工作，它需要不断地补充正确的“大脑食物”（如图 12-3 所示），因为大脑中有上亿个神经细胞在时刻不停地进行着繁重的活动，这些食物是大脑正常运转的保证。

图12-3　大脑所需要的食物思维导图

一般来说，供给大脑低能量的食物，它就会运行不力；供给高能量的食物，它就能流畅、高效地工作。所以，我们应该知道哪些是大脑所需的食物，如葡萄糖、维生素、乙酰胆碱、卵磷脂、蛋白质及矿物质等。

4）思维导图的核心价值

思维导图的核心价值有三个方面：

（1）充分发掘人的先天思考模式，辅助科学、系统的思维演练，使学员建立整体系统思考的基础，提升大局观，提高思维效率。

（2）帮助管理者和员工熟练掌握在工作中应用思维导图的各种技能技巧，从而有效提升工作效率、解决工作中的难题。

（3）通过训练使领导者迅速而准确地把握问题的症结，并有效地剖析与解决问题，使领导者能够改变思维定式，建立起持久合理的思维优势，自觉将管理创新应用于工作实践中。

5）运用思维导图的好处

思维导图常常作为启发思维的课程，在学校或企业员工素质的培训中得到应用，总结其用处，有好几十项：

（1）运用思维导图进行知识管理，引爆团队的学习力，构建学习型组织。

（2）运用思维导图进行头脑风暴，提升团队的创造力和解决问题的能力。

（3）运用思维导图进行系统思维，确保做出正确的商业决策，少走弯路。

（4）运用思维导图进行发散思维，面对任何问题至少想出20个解决方法。

（5）运用思维导图进行收敛思维，面对复杂和混乱的局面能快速找到核心。

（6）运用思维导图进行立体思维，应用“吸星大法”快速掌握和筛选信息。

（7）运用思维导图进行空间思考，增强创造性地思考和解决问题的能力。

（8）运用思维导图进行逆向思维，随时随地换位思考，有效提升沟通品质。

（9）运用思维导图进行水平思维，分析项目流程，有效提升团队执行力。

（10）运用思维导图重构商业模式，进行组织系统再造、产品技术革新。

（11）运用思维导图进行SWOT分析，掌握竞争优势，快速超越竞争对手。

（12）运用思维导图进行目标管理，提升时间管理效率，快速实现目标。

（13）运用思维导图进行时间管理，让一天变成36小时来帮助达成目标。

（14）运用思维导图进行商业决策，搭建公司的组织架构和业务系统。

（15）运用思维导图扩大思考格局，倍增脑力和创造力，提升创新能力。

（16）运用思维导图进行会议管理，降低所需耗费的时间以及物质资源。

（17）将思维导图运用在学习及工作方面，帮助个人及公司提升绩效。

（18）运用时空隧道来进行时间管理和生涯规划，并制订行动计划。

（19）运用思维导图开启大脑潜能，拓展思维空间，提升大脑运转的效率。

（20）运用思维导图提升写作能力，帮助你成为畅销书作者。

（21）运用思维导图设计演讲稿，轻松记住演讲内容，脱稿演讲。

（22）运用思维导图进行快速阅读，用30分钟看完一本书并记住核心内容。

（23）运用思维导图进行快速记忆，提升学习能力，快速吸收商业资讯。

（24）运用思维导图提升记忆能力，掌握多种快速记忆方法，做到过目不忘。

（执笔：魏旻宏）

12.2 怎样绘制思维导图

许多想使用思维导图的人会说，思维导图好是好，但我不会画，想到东西画不出来，怎么办？我们的回答是：好办！不会画图，能写字吧，能用连线吧。把我们想到的思维导图中每一个节点上的图用文字写出来，自己能明白，别人能看懂就成了！

其实，绘制思维导图非常简单。思维导图就是一份帮助你了解并掌握大脑工作原理的使用说明书。思维导图就是借助文字将你的想法“画”出来，因为这样才更容易记忆。

在绘制过程中，我们要用到颜色。思维导图在确定中央图像之后，有从中心发散出来的自然结构；它们都使用线条、符号、词汇和图像，遵循一套简单、基本、自然、易被大脑接受的规则。颜色可以将一长串枯燥无味的信息变成丰富多彩的、便于记忆的、有高度组织性的图画，接近于大脑平时处理事务的方式。

1）思维导图的绘制工具

（1）白纸一张；

（2）彩色水笔和铅笔数支；

（3）你的大脑；

（4）你的想象。

这些就是最基本的工具。当然在绘制过程中，你还可以拥有更符合自己习惯的绘图工具，比如成套的软芯笔，色彩明亮的涂色笔或者荧光笔。

2）绘制思维导图的步骤

（1）从一张白纸的中心开始画图，周围留出足够的空白。这样可以使你的思维向各个方向自由发散，能更自由、更自然地表达你的思想（如图12-4所示）。

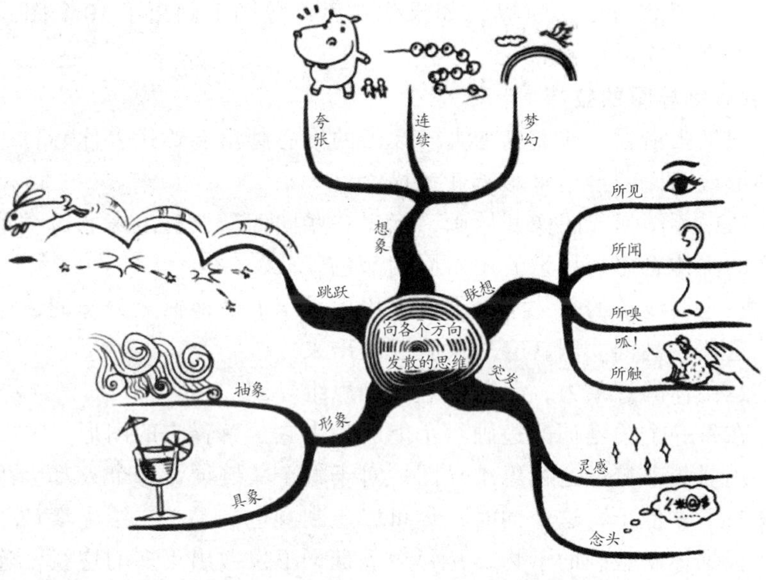

图12-4　向各个方向发散的思维导图

（2）在白纸的中心用图形或图像表达你的中心思想。一幅图抵得上1 000个词或者更多，图不仅能刺激你的创意性思维，帮助你运用想象力，还能强化记忆。

（3）尽可能多地使用各种颜色。颜色和图一样能让你的大脑兴奋。颜色能够给你的思维导图增添跳跃感和生命力，为你的创造性思维增添巨大的能量。此外，自由地使用颜色绘画本身也非常有趣！

（4）将中心图形或图像和主要分支连接起来，然后把主要分支和二级分支连接起来，再把三级分支和二级分支连接起来，以此类推。

我们的大脑是通过联想来思维的。如果把分支连接起来，你会更容易地理解和记住许多东西。把主要分支连接起来，同时也创建了你思维的基本结构。

其实，这和自然界中大树的形状极为相似。树枝从主干生出，向四面八方发散。假如大树的主干和主要分支或主要分支和更小的分支以及分支末梢之间有断裂，那么它就会出现问题！

（5）让思维导图的分支自然弯曲，不要画成一条直线。曲线永远是美的，你的大脑会对直线感到厌烦。美丽的曲线和分支，就像大树的枝杈一样更能吸引你的眼球。

（6）在每条线上使用一个关键词。关键词是表达核心意思的字或词，可以是名词或动词。关键字应该是具体的、有意义的，这样才有助于回忆。

单个的词语使思维导图更具有力量和灵活性。每个关键词就像大树的主要枝丫，然后繁殖出更多与它自己相关的、互相联系的一系列次级枝丫。

当你使用单个关键词时，每一个词都更加自由，因此也更有助于新想法的产生，而短语和句子不容易激发出这种火花。

（7）自始至终使用图形或图像。思维导图上的每一个图，就像中心图形或图像一样，可以胜过千言万语。所以，如果你在思维导图上画出了10个图，那么就相当于记了数万字的笔记！

3）绘制思维导图的技巧

第一，把纸张横放，使宽度变大。在纸的中心画出能够代表你心目中的主体形象的中心图形或图像，再用水彩笔任意描绘。

第二，从中心图形或图像开始画，标出一些向四周放射出来的粗线条。每一条线都代表你的主体思想，尽量使用不同的颜色区分。

第三，在主要线条的每一个分支上，用大号字清楚地标上关键词，当你想到这个概念时，这些关键词立刻就会从大脑里跳出来。

第四，运用你的想象力，不断改进你的思维导图。

第五，在每一个关键词旁边画一个能够代表它、解释它的图形。

第六，用联想来扩展这幅思维导图。对于每个关键词，每个人都会想到更多的词。比如你写下“橙子”这个词时，你可以想到颜色、果汁、维生素C，等等。

第七，根据你联想到的事物，从每个关键词上发散出更多的连线。连线的数量根据你的想象可以有无数个。

现在，让我们来绘制一幅“如何维护保养大脑”的思维导图（参考图12-5）。按以下步骤进行：

首先，准备一张白纸（最好横放），在白纸的中心画出主题，主题可以用关键词和图（比如画上大脑的图形）来表示。

其次，使用多种颜色表示不同的分支（比如用绿色表示营养部分，红色表示激励部分）。

最后，连接中心图像和主要分支，然后连接主要分支和二级分支，接着连接二级分支和三级分支，以此类推（比如“营养”是主要分支，“维生素”“蛋白质”等是二级分支，“维生素A”“B族维生素”“卵磷脂”等是三级分支）。

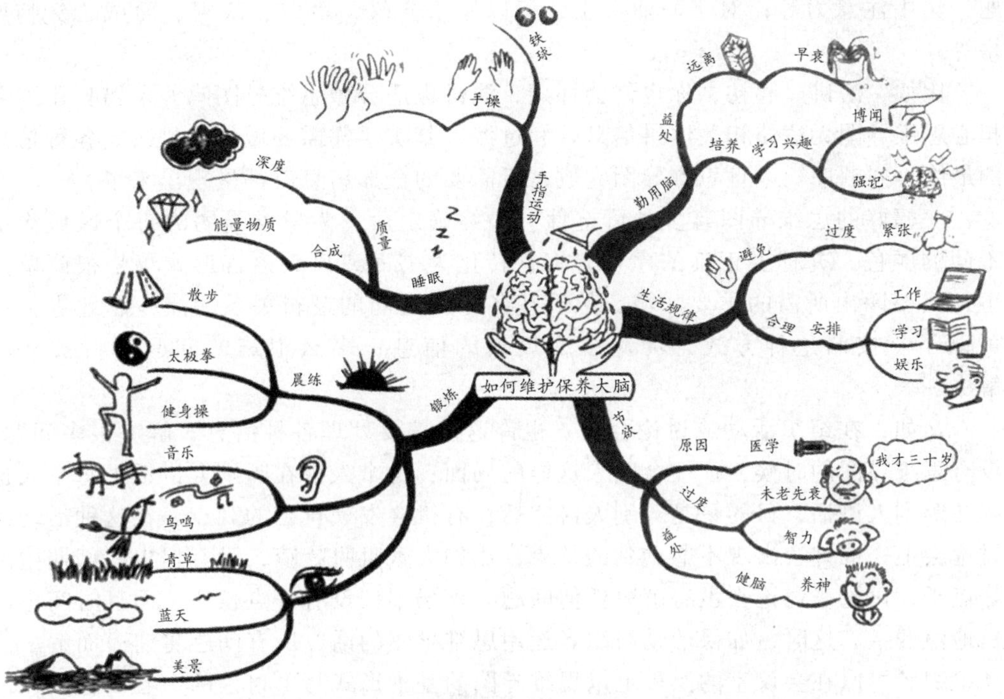

图12-5　如何维护保养大脑

需要注意的是，用曲线连接，每条线上注明一个关键词（比如“滋润”“创造力”等），多使用一些图形。

按照这几个步骤，这张思维导图你画好了吗？

（执笔：魏旻宏）

12.3　思维导图让大脑更好地处理信息

大脑是思维的机器，思维导图是思维的外部表现，它总是从一个中心点开始向四周发散，其中的每个关键词或者每幅图都能成为一个子中心或者联想及发散源，以一种无穷无尽的分支链的形式再从中心向四周发散，或者归于一个共同的中心。

联想及发散性思维是一种自然和几乎自动的思维方式，人类所有的思维都是以这种方式发挥作用的。一个会联想及发散性思维的大脑应该以一种联想及发散性的形式来表达自我，它会反映自身的思维过程和模式，给我们更多更大的帮助。

让大脑更好更快地处理各种信息，正是思维导图的优势所在。思维导图可以让大脑处理起信息更简单有效。

从思维导图的特点及作用来看，它可以用于工作、学习和生活中的任何一个领域，有助于提高效率，增强思考的有效性和准确性，以及提升注意力和工作乐趣。比如，对于个人，可以用于计划、项目管理、沟通、组织、分析解决问题等；对于学习者，可以用于记忆、做笔记、写报告、写论文、做演讲、复习考试、思考问题、集中注意力等；对于职业人士，可以用于会议、培训、谈判、面试、头脑风暴等。

比如，演讲。起初，你也许会怀疑，演讲也适合做思维导图吗？没错！用不着担心思维导图无法使相关演讲信息顺利过渡，其实，你需要做的只是决定各种信息的最终排列顺序。一旦思维导图完成，所需要的全部信息就都呈现出来了。

一幅好的思维导图有多种可选性。最终确定后，为思维导图的每个区域涂上不同的颜色，并标上正确的序号，将它转化为书面或口头语言形式将是很简单的事，只要圈出所需的主要区域，然后按各分支之间的逻辑关系一点一点地进行就可以了。按照这种方式，无论多么烦琐的信息，多么艰难的问题都将被一一解决。

又如，在组织活动或讨论会时。也许这次需要处理各种信息，解决很多问题。没有思维导图的时候，往往会陷入这样的局面：每个人都在听别人讲话，每个人也都在等别人讲话，目的只是等别人讲完后，有机会发表自己的观点。在这种活动或讨论会上，或许会出现不愿看到的结果，比如大家叽叽喳喳，没有提出我们期望的好点子，讨论来讨论去没有解决任何问题，现场不仅没有一点秩序，而且时间也白白地浪费了。这时，如果活动组织者运用思维导图的话，所有问题将迎刃而解。活动组织者可以在会议室的黑板上以思维导图的基本形式写下讨论的中心议题及几个副主题，让与会者事先了解会议的内容，使他们有备而来。组织者还可以在每个人陈述完他的看法之后，要求他以关键词的形式总结一下，并指出在这个思维导图上他的观点从何而来，与主题有何关联等。

这种使用思维导图方式的好处显而易见：（1）可以准确地记录每个人的发言内容；（2）保证信息的全面；（3）各种观点都可以得到充分的展现；（4）大家容易围绕主题发言和展开讨论，不会跑题；（5）活动结束后，每个人都可记录下思维导图，不会马上忘记。

拓展阅读
12-1

思维导图用于创客课堂

这正是思维导图在处理大量信息面前的好处，在讨论会上，可以吸引每个人积极地参与讨论，而不是仅仅关心最后的结论。

利用思维导图这种形式可以全面加强事物之间的内在联系，强化人们的记忆，使信息井然有序，为我所用。

在处理复杂信息时，思维导图是思维相互关系的外在“写照”，它能使大脑更清楚地“明确自我”，因而更能全面地提高思维技能，提高解决问题的效率。

（执笔：魏旻宏）

本章小结

本章介绍了思维导图创意法的概貌、作用和意义，较详细地讲述了绘制思维导图的方法，并将思维导图创意法与联想、想象及发散性创意方法结合起来，使学习者做到学而新再温故。

思考与练习

（1）思维导图的原理是什么？

（2）思维导图创意法与头脑风暴法有什么区别？

（3）你能将联想创意与想象创意中的许多方法和结果绘制成思维导图吗？

实操项目

以“怎样才能学习好‘创意思维法’”为题，绘制一张思维导图。先在小组内讲解，评选出优秀的思维导图，参加大组或班级的评选。把班级优胜者的思维导图连同优胜者写的设计说明，发到班级微信群中，成为班级共享的学习成果，为学生们以后进行创意活动提供参考。

第13章

卡片图形创意法

学习目标

通过本章的学习，明确使用卡片、目录列表、图形等方法和工具自身的特点与优势，较好地完成创意的任务；懂得创意思维要依靠各种资料、方式、工具，并养成在创意实践中自觉地利用各种资源的习惯。

引例

一亿大妈和万亿广场舞市场

如今，中老年人的广场舞逐渐受到资本市场的关注。2018年8月1日，舞动时代完成数千万级新一轮融资；7月25日，糖豆广场舞宣布完成500万美元A轮融资：在此之前的7月6日，广场舞视频平台99广场舞也拿到了500万美元的融资。

大福广场舞创始人方惠在2015年10月发布了《中国广场舞行业研究报告》，估计2015年全国的广场舞人数为8 000万人到1亿之间。到2021年，大约有1.3亿人参加到广场舞锻炼当中。不过，这1亿多广场舞大妈，绝不是“人傻钱多速来”的群体。

作为最早一批广场舞领域的创业者，“糖豆”原本是一家生活门户网站，后来干脆只做广场舞视频，教大妈们如何跳舞和如何建设舞队，如今在广场舞网站中排名第一。

刘应龙的“舞动时代”成立后，前期主推杨艺等明星老师的独家新舞视频和线上舞蹈视频比赛，快速获取十多万粉丝。据刘应龙介绍，短短数月舞动时代营业额就突破了千万元人民币。其中，中老年旅游业务和广场舞衍生品占三分之二。

广场舞最火爆的区域其实不是一二线城市，而是广大的四五线城市和农村，在那里娱乐活动单一，公园广场分布广泛，为广场舞的蓬勃发展提供了土壤。从广场舞的兴趣点切入，也许是迅速扩展农村互联网的极佳路径。

随着舞步越来越熟练、动作越来越标准，参加各种演出、比赛是舞队发展的必经之路。于是，就有了广场舞演出服的巨大市场，也有了各类广场舞比赛，台上台下的众多参与者和观众聚集了人气。

演出服、音响、看戏机这三种和广场舞相关的产品，在淘宝上的月销售额超过2 500万元，而线下销售额保守估计至少是线上销售额的10倍，这样算下来，仅这三种产品一年就有20亿元的市场规模。

重庆江北，57岁的崔小萍带着小区舞蹈队欢快地跳着《小苹果》，一家旅行社正在旁边做宣传："跳舞看雪送人参，10日游1 999元。"她鼓动五六个舞友一起交钱报了名。这次旅游活动的组织者是东北一家药企，据说，一周就能发一次团，每次成团五六十号人，能卖出20多万元的人参产品。

这家东北药企的动作很快引起重庆本地某药企的注意，后者针锋相对推出"8元游黑山谷"活动。崔小萍顿生悔意，软磨硬泡拿到退款，转身就带着整个舞蹈队参加了"8元游黑山谷"活动，还买了10多盒保健口服液回来。

"中国大妈"们的人际相处模式，决定着她们的"强社群"属性。除了怕老、寂寞，这代人还有着独特的"集体行动病"。

全球调研巨头凯度（Kandar）发布的《中国社交媒体影响报告》指出，在中国，社交媒体的使用率不断增加，社交媒体的使用正在从大城市里的年轻人群扩张到更小的城市、更多年龄组别的人群。其中，55岁及以上的消费者群体的社交媒体使用率增长4.7%，增幅接近一倍。他们对于社交媒体的追逐比想象中更加热情。

广场舞行业的火爆融资，让人们觉醒："中国大妈"这个群体对于文娱消费的需求还远未被挖掘充分。下一阶段的问题便是：谁能为"中国大妈们的孤独"找到解药？

资料来源　何思妤. 1亿大妈 万亿市场 "广场舞概念"大有可为［J］. 看天下，2016(27).

思考：

（1）这份富有创意的市场预测报告，用充足的市场调查数据，回顾过去，预测未来，对我们学习创意有什么启示？

（2）在这份市场预测报告中用了哪些搜集和分析数据的方法？

（3）对比以上获数据的方法，我们还能用哪些方法、使用什么工具和手段获取创意的资料？

13.1　卡片创技法

中国创意事业（产业）最早的开拓者之一舒明武曾以卡片形式列出如"黄帝诞辰5 000年"这样的创意征文题目。"广告征文是花钱最少却有可能获得最大的广告宣传效果的手法之一。一切取决于一个好的题目，只有题目好，参与者才多，关注者也才多。在这方面，创意思维是大有可为的。只要我们展开想象力的雁翼鹰翅，就会发现天空是何等的辽阔高远了。"舒明武说。

关于未来领域的征文，一直是我们的薄弱环节。

《中国的下一个5 000年》，以公元2000年为起始时间，以公元7000年为终止时间，展开超级大想象、大幻想，以此来震撼、检阅一下现代中国人的想象力、幻想力并追索一下它的极限。

《当中国足球队杀入世界杯四强》，罗西啊，唐厚才啊，只要那时他们还活在世上，你能写出他们那时的狂喜心情吗？

……

其他的值得一征的题目还有《中国载人航天飞行纪实》《中国空间站游记》《月球上的中国工厂》《首登火星的中华儿女》《全球经济大战的五大战役》《中国大陆百亿富翁排行榜》……

相对应的是历史方面的征文，这方面也是有很多蛮荒之地待开垦。

《啊！20世纪》，不在于长短，不在于体裁，而在于有感而发，真实动人，使人热泪盈眶。

《梦回汉唐》，身处21世纪的中国人，时时需要从祖先最辉煌的业绩中获得强大的精神原动力，这类征文理应得到多方喝彩。

《瓦特给我的启示》，这是唤起中国工人创造力的系列文稿之一。我们需要自己的大量的瓦特式人物。

《读梁启超的〈少年中国说〉有感》，这是中国近代史教育中的特殊一笔，重读梁先生的这篇文章，是会给人许多富有朝气的联想和感慨的。

还有《再读（共产党宣言）》《晨读李清照的〈夏日绝句〉》《西方文艺复兴时期巨人颂》《古希腊哲学在今天的价值》……

问题类征文一直很受欢迎，尤其是意料之外情理之中的问题征文，如——

《你最欣赏、最讨厌的一句广告词》

《一个没有电视节目的夜晚，是多么的……》

《中国特色与中国商品》

《真能活上1万年，你觉得是痛苦还是幸福》

《人和机器人，最终谁是地球上的统治者》

……

所有的创意征文都是醉翁之意不在酒，其目的是产生轰动效应，吸引更多的人关注和参与，树立美好的新形象。

上面介绍的是舒明武使用卡片创技法的例证。

这份创意思维的结果体现了以下几个特点：

第一，综合性。这份创意思维的结果在比较、分类的基础上，对信息、设想进行综合而实现创新。例如，对中国的今天与过去、将来做比较，提出《中国的下一个5 000年》等新题目；对中国与外国做比较，提出《瓦特给我的启示》等新题目；将人与机器人比较，提出《人和机器人，最终谁是地球上的统治者》的新题目。这些题目范围广泛、思路开阔，很有创见。

第二，透视性。我们从这些思维题目里可以看到创意思维者的心理、知识、胆量、意志。舒明武先生思维敏捷，选题精当，博学多才，大胆创新，敢于在现实面前提出引人思索的深沉的历史问题和人类今后命运的问题，为创意人做出了榜样。

把思维中产生的创意随时用卡片记录下来再进行深入思考，让这些卡片为创造新的点子和主意、产生新的想法和设想服务，这真是一种极好的创意思维方法。

那么，卡片创技法到底是一种什么方法，其特点、形式、程序又是怎样的呢？

卡片创技法是一种通过集体讨论或个人调查收集资料、信息和设想，借助于卡片整理，发现信息或设想之间的逻辑关系，形成规律性认识和系统方案的方法，由日本川喜田二郎于1964年发明。该法受耶鲁大学采用的“跨学科卡片分类利用系统”的启发而创立，属卡片整理创造技法的一种，既可单人运用，也可集体进行。

其特点是：第一，在比较、分类的基础上综合、创新。比较和分类是前提，目的是通过对信息、设想的综合实现创新。第二，充分发挥操作者的心理因素，如认知、情感、意志等，求得崭新的综合创新形式。第三，将大脑的内存转为外显，既能减轻大脑思维和记忆的负担，又能直观、方便、灵活地发现其内在联系。

卡片创技法因应用的场合和环节不同，有三种形式：

第一种叫狭义卡片创技法，仅用于整理材料阶段。

第二种叫广义卡片创技法，不仅用于整理材料，还用于获得材料的过程。

第三种叫累积卡片创技法，对于复杂问题在解题过程中的各个环节上都能运用。

狭义卡片创技法的操作程序是：

第一，准备。主持人1名，与会者5至7人，并准备好黑板、纸、笔和卡片。

第二，搜集有关议题的信息或设想。宣布议题后，按头脑风暴法进行，以获得30至50条信息或设想为止，并依次写到黑板上。

第三，制作卡片。将收集到的信息或设想缩成50至60字，写到卡片上，每人写一套，这些卡片称为“基础卡片”。

第四，分成小组。与会者按自己的思路各自进行卡片分组，即按内容的相似点归成不同组，并给各组一个合乎卡片内容的标题，写在一张空白卡片上，称为“小组标题卡”。不能归类的卡片，每张自成一组。

第五，并成中组。将每个人所写的小组标题卡片和自成一组的卡片都放在一起，让与会者共同讨论。将内容相似的小组卡片归在一起，再给一个适当标题，写在另一张空白卡片上，做成“中组卡片”。不能归类的卡片自成一组。

第六，归成大组。再把中组标题卡片和自成一组的卡片都放在一起，进一步把内容相近的归成大组，给一个适当标题，写成“大组卡片”。不能归类的自成一组。

第七，将所有已分类的卡片，以其隶属关系，按适当的空间位置贴到预先准备好的大纸上，并把有联系的卡片用线条连接起来。这实际上已形成综合方案或系统认识的图解。

第八，按照图解的逻辑关系形成文字，便形成一个创意构思或新方案。分组编排中若发现不了有力的联系，应重新分组和排列，直到找到联系为止。将各组卡片贴到大纸上时，各组间的空间位置关系应清楚地反映组间逻辑联系，以便形成综合方案或系统认识。

广义卡片创技法和累积卡片创技法的操作程序，基本与上述相同，其区别仅是卡片的具体内容不同而已。

个人卡片创技法是由一个人广泛收集信息和设想，然后借助卡片加以归纳整理，形成个人方案。个人卡片创技法的思路必然较集体的狭窄，其方案质量也会受影响。

（执笔：王多明）

13.2 设想卡片法

机遇只给有准备的头脑，创意人可以用多种方法做好准备，设想卡片法就是一种。设想卡片的大小一般为5厘米×10厘米，用于记录平时收集到的各种有用信息，一条信息记在一张卡片上，当创意任务降临时，摆出相关卡片，在阅读这些卡片时大脑在联想和想象中会产生新想法。

这种方法在使用时，可以记录这些内容：第一，突然涌现的想法。第二，在会话、读书、观察、倾听中所产生的设想和注意到的要点。第三，图书、报刊、人名。第四，地址、电话号码。第五，具有二择一性质的目标，被记述或证实的信息。第六，规定时间内应做的工作。第七，从闲谈中得到的信息。第八，从头脑风暴法等创造性技法中产生的设想。第九，有关行动计划的基本设想。第十，使数据系统化的各种形式。第十一，从“大脑闪念”中产生的设想。第十二，用于分析问题的各种课题。第十三，发现问题存在的场所，收集的来源或技法。第十四，数据的种类。第十五，实验、验证、证实所归纳的内容的记录方法。第十六，关于实施计划和系统的设想。第十七，意想不到的偶然事件。第十八，新的警句。

设计卡片的内容无所不包，以上内容当然没有穷举，因为设想卡片法可以记录一切现时有用或将来有用的信息。

在使用卡片记录信息的时代还没有智能手机。现在已经进入了智能手机的时代，现代人可以随时用手机记录下任何信息、查找资料。但是，正如21世纪仍在使用最原始的实物广告和叫卖广告一样，设想卡片法在21世纪仍然是有价值的。

设想卡片法的最大优点有三个：

第一是使信息标准化，主要包括内容、时间、地点、出处等。

第二是能尽量多地收集零星信息。

第三是便于了解各种信息间的关系，进行归纳、整理，产生新的方法和设想。

此法对于开发新商品、新技术和发现新理论、新方法很有用处。

舒明武先生曾经采用设想卡片法储备可作商店、商场、公司、企业、商品等的名字的语言，下面我们选录部分附上，看看一位善于创意者是怎样记录下自己的设想的。

开发公司——苍山、沧海、桑田、飞瀑、长剑、龙鳞、侠女、雕弓、横天、江东弟子、蜀山剑侠、千秋梦……

实业公司——青云、巨石、大泽、云汉、气吞万里……

商贸公司——雁声、天河浪、滚滚来……

商店、精品店——甘雨、飞花、一片月、一丝柳、春带雨、扑鼻香、波心月、梦中芳香……

商场、商城——群芳怨、真国色：一江秋水、二月春风、春江花月夜……

酒吧、酒廊、咖啡厅——渔笛、幽梦、竹露、细草、又逢君、一笛春、梨花雨、脉脉情、月西厢、梦里人、杯中月、夜深沉、雨霏霏、花中语……

茶坊、茶馆——愁滋味、忆少年、清风明月、白石清泉……

为新开发的商品取个好名字，仅以矿泉水为例：

夸赞型：可意、初恋、一味凉、冷若冰、佳冰……

叠音型：恋恋、依依、呱呱、甜丝丝、乐悠悠、深深深……

反思型：沙漠、上甘岭、戈壁之吻……

诗意型：小夜曲、野花、雪中情、原乡、夜来香、玉洁冰清……

奇异型：淡如水、忘情水、水矿泉、侏罗纪、深山里的来客……

一张张卡片上为设计而留下的资料，这时形成了一个个生机盎然的“名”。现在有了智能手机，随时随地都可以把想到的记在手机里——吃饭、乘车、走在路上、躺在床上、接电话时忽然想到的，在办公室看资料、听见同事议论、逛街逛商店突然发现的……使用手机查资料时便可“踏破铁鞋无觅处，得来全不费工夫”。

养成随时随地搜集、保存资料的好习惯，是一位合格创意人的品格，在面对新的创意任务时，创意人可以根据需要打开大脑的知识储存，也可以将设想的卡片摆出来，还可以刷手机。

（执笔：王泽苑）

13.3　检核目录法

检核目录法又称为稽核问题表法、核对表法、查表法，它根据需要解决的问题或想要发明创造的对象，列出一系列有关的提纲式的问题，形成一个检核目录（或称检核表），然后一个一个仔细地加以核对和讨论，从而挖掘出许多解决问题的新设想、新方法。这种方法具有化虚为实、分解细致、揭示性强、锤炼度深，以及对思维领域的开拓面广、新设想诱发率高、开发量大等优点，几乎适用于任何类型、任何场合的创造性活动，在广告策划创意时，在图形设计时，都能发挥作用。

检核目录法的作用：一是有助于人们在发明创造活动中提出问题；二是有助于人们在发明创造活动中形成新概念；三是有助于人们在发明创造活动中产生新设想。创造工程学认为，发现新问题是创造的起点。

检核表多种多样，各有特色，总的来说有三类：一是针对某种特定需要制定的检核目录表；二是各种场合都普遍适用的检核目录表；三是发现分析表格法，其中最著名的是奥斯本检核表法和七步法。

发现分析表格法是一种发现问题、分析问题的思维方法，由英国作家基普林提出："我有六个忠实的仆人，我所知的一切都是他们所教，他们的名字是：何事、何地、何时、何故、何人、如何。"这"六何"在英文中是what、where、when、why、who、how，其首字母是5个W、1个H，故称5W1H法。

5W1H法应用到系统分析中较为有效。5W1H可以转化为目的、地点、时间、人员、方法和理由。对某一问题或事物的分析可从六个方面三个层次进行查考（见表13-1）。

表13-1 **5W1H分析**

项目	第一次提问	第二次提问	第三次提问
目的	是什么？	为什么要确定这个？	目的是否已经明确？
地点	在何处做？	为什么在这里做？	有无其他更合适的地点？
时间	在何时做？	为什么在这时做？	有无其他更合适的时间？
人员	由谁做？	为什么由此人做？	有无更合适的人选？
方法	怎样做？	为什么要这样做？	有无更合适的方法？
理由	是哪些？	为什么是这些？	有无更合适的理由？

在表13-1中，三次提问可以使问题分析更加深入，同时在大胆发问中可以萌发创造性思维。三个层次也可以改变，如采用古希腊哲学家亚里士多德常用的三种提问：类似型提问——这像什么？相关型提问——这和什么有关？比较型提问——这和其他有什么不同？

提问的项目不限于5W1H所限定的六项，可随问题的复杂程度与需求和性质而定。5W1H法适用于任何有问题存在的领域。应用的关键是要树立问题意识，学会拿起问题这个武器，深知"问到底"与"每事问"的价值。

奥斯本检核表法应用范围广，容易学会，深受人们的欢迎！它从以下9个方面来进行检核：

第一，目前这样的商品，经过发明创造，有没有其他的用途？稍作变动后，还有其他什么用途？例如，某研究所的工程师将宇宙飞船上的再循环水系统这套复杂的尖端设备的技术原理引进到农业技术领域，变成循环自流灌溉，又稍作变动，研制出一种简单而经济的地面污水净化循环系统。

第二，目前这样的商品，经过发明创造，能否借用其他的方案？有没有在其他地方见过类似的商品、发明可资借鉴和利用？例如，在化工仪表的设计中，人们把微处理机技术的设计巧妙地吸收过来，把两者结合成一个新的技术整体，实现了化工仪表的"智能"化，极大地提高了测量的速度、精度和可靠性。

第三，目前这样的商品，经过发明创造，能不能改变一下？在形状、颜色、音响、味道、式样、运动以及事物的意义、制造方法等方面进行适当更改，以便产生新的效果？例如，1898年，亨利·丁根将滚柱轴承改成圆球状，发明了滚珠轴承，大大地提高了效率。又如，太阳能自行车、香味布鞋、老年保健鞋、超声波灭鼠等，都是这种思维的成果。

第四，目前这样的商品，经过发明创造，能不能增加一点？在强度、长度、次数、价值、成分、功能、工艺等方面扩大、增加一些什么东西，以拓宽使用范围、延长使用寿命？例如，在普通自行车上增加几个简单装置，就可使自行车有多种功能：挡风遮雨，成为婴儿车、购物车、旅游车等。在普通牙膏中加入不同成分的香料或药物，就可以制成适合不同年龄不同爱好消费者的芳香牙膏，以及具有不同功效的药物牙膏。

第五，目前这样的商品，经过发明创造，能不能减少一点？在材料、体积、部件、结构等方面是否可以缩减、省略、降低、减薄、改轻、分割、小型化等？现在有些商品和发明根据需要逐步向小型化和微型化发展。例如，最初的电子计算机结构复杂，体积庞大，现在愈来愈小巧、轻便了。这样可以节省材料、方便携带，便于维修。

第六，目前这样的商品，经过发明创造，有无代用品？能不能用别的元件、材料、工艺、动力、符号、声响、操作方法等来替代？例如，金刚石是一种很贵重的工业原料和装饰品，需要量很大，而在自然界中藏量有限，于是人们研制出“六面顶”机器生产了人造金刚石，它的形态和性能几乎和天然的一样；当裘皮衣服在市场上供不应求时，有人研制出了人造裘皮，几乎使有数十年经验的老师傅也辨认不出真假。

第七，目前这样的商品，经过发明创造，在型号、顺序、布局、程序等方面能否变换一下？例如，某种饮料的包装设计至少涉及4种独立因素：包装材料（如玻璃、塑料、防水纸等）；包装形状（如小口瓶、圆球状、方块状、圆柱状、葫芦形等）；装量大小（如1.5千克、1千克、0.5千克等）；包装颜色（如白、黑、绿、黄、红、橙等）。将上面每个因素的各种状态重新变换，就可能取得过去没有用过的新方案。

第八，目前这样的商品，经过发明创造，能不能倒过来用？能否上下颠倒、正反颠倒，里外颠倒，目标手段颠倒等？例如，坦克原来是在陆地上走的，能否在水里走？这种设想提出来后没过几年就设计出了水陆两用坦克，使用气垫底盘的两栖坦克。火箭是向空中发射的，如果要了解地底下的情况，可将火箭改向地下发射，一种探地火箭就被发明出来了。

第九，目前这样的商品，经过发明创造，能不能组合在一起？能否装配组合、部件组合、目的组合、材料组合、方案组合等？例如，现在人们常用的钢笔，实际上是过去蘸水笔和墨水瓶的组合。

基于以上9个方面，我们重现奥斯本检核目录表，见表13-2。

表13-2　　奥斯本检核目录表

序号	检核内容	备注
1	寻找新用途：稍作改动，还能有什么新用途	由表及里
2	寻找新方案：有什么新方案可以借鉴	由此及彼
3	变化形式能不能产生另一种新东西	变形式
4	用加法进行改进设计	扩大
5	用减法进行改进设计	紧缩
6	寻找替代品、替代元件、替代材料	替代
7	寻找型号、程序、布局的新组合	内部新组合
8	将物品倒过来用，会产生什么效果	倒置
9	将几种物品组合后，能给人们带来什么新的功用	功能组合

以上9个方面可以帮助人们突破传统的思维定式，从各个方面去设想、探求。表上的9个方面并没有穷尽人们可以产生新设想的全部可能，在实际使用中可以根据自己需要解决的问题，或强调（突出）某些方面，或增加（减少）另外的内容，丰富、改造奥斯本检核目录表，也可建立自己的检核表。

除奥斯本检核表外，还有几种检核表，其中5W2H检核表也很通行。这是一种用5个以w开头和2个以h开头的英语单词为代表的思维方法，即what（是什么），why（为什么），where（何处），who（何人，谁），when（何时），how（怎么样），how much（何等程度），它从7个方面来进行设问，故又称为七步法。具体设问见表13-3。

表13-3　　5W2H的具体设问

1	创造和发明的对象是什么（what）
2	为什么要进行创造和发明（why）
3	创造和发明从何处着手（where）
4	谁来承担这项创造和发明（who）
5	什么时间能够完成（when）
6	怎样实施（how）
7	能够达到怎样的水平（how much）

这种检核表的特点简单明了，能帮助我们紧紧抓住思考问题时的要点，因此它的应用范围很广，在进行科技发明、技术革新，以及日常工作和生活中改进方法时都用得上。

还有一种由斯坦福大学的乔治·波利亚制成的检核表。它的特点是在大量的提问和思考过程中，通过观察、组合来训练思维的流畅性、变通性和独创性。它的思维过程如下：

第一，透彻理解：在目前的状况下，还有哪些地方搞不懂？有何怀疑？根据是什么？状态是什么？能否满足其要求？确定不懂的问题的条件是否充足？或是充分有余，还是互相矛盾？

第二，制订计划：以前是否遇到过类似问题？或是否遇到过形异实同或形同实异的问题？是否知道与此相关联的其他问题？能否由此想起更普遍更具体的问题？能否借鉴、参考、解决以上这些问题的答案、方法？所有的论据和条件是否都充分利用了？再从头至尾想一遍，是否有遗漏的地方？

第三，计划实施：是否清楚地知道各个步骤准确无误？每个环节之间是否协调好了？问题有何变化、是否出现了新情况？目前的想法、计划是否已体现了全部的创造意图？能否证明其正确性？

第四，检查验证：能否检验其过程？能否导出不同结论？能否检验其结果？每个步骤、环节的效果如何？总的效果如何？

除了上述几种检核表外，还有行停检核表、阿诺德检核表等，它们从不同角度指导人们如何系统地思考、解决问题，如何有效地改进工作，进行创造发明。正确而恰当地运用这些检核表，能收到很好的效果。

那么，如何正确运用检核表呢？在时间上，可以将定期检核和遇事临时检核相结合。定期检核是不管情况如何，经过一段时间就要系统地按检核表检查一番，以利于商品的更新换代，促使工厂、企业、单位的不断进步；临时检核是在遇到问题、困难时，有针对性地系统检核，它可以帮助寻找新的出路。

在人员上，可以将一个人检核与多人集体检核相结合。个别检核，可以充分挖掘个人的智力潜能，使商品、方案、发明具有鲜明的个性和独创性；而多人集体检核，一般以3~8人为宜，在相互商讨、启发甚至辩驳中，产生更合理、更全面、更可行的新设想，利用集体智慧获得最佳效益。

在方法上，一是要从头至尾一条一条地去进行检核，不要有遗漏；二是结合目前的实际情况，展开尽可能多的联想，先不要问合理与否、可能与否；三是反复检核，不要检核过一遍后就丢开，可以三番五次地按目录进行思考，以产生尽可能多的新设想；四是要结合运用观察法、实验法和其他思维方法。

（执笔：王多明）

13.4　图解思考法

13.4.1　什么是图解思考法

图解思考法是一种富有创造性的、有效的整理思路的方法，是一种“用眼睛看”的思考工具，通过插画、图形、表格、关键词等把很多枯燥的信息高度组织起来，遵循简单、基本、自然的原则，帮助我们有效地分析和理解问题，寻求解决问题的方案。

我们平时表达自己的想法，除了用语言就是用文字，你有没有想过用图画来表达自己的想法呢？人类在发明文字之前就是用图画来交流信息的，甚至汉字本身就是从“图画”慢慢发展而来的。从某种意义上说，图画天然就是人类表达思想的有效工具，它有助于我们进行思考和交流。

世界著名的心理学家、教育学家东尼·博赞在研究大脑的力量和潜能的时候，惊奇地发现达·芬奇在笔记本中使用了大量的图像、图表、插画和符号来捕捉闪现在大脑中的创造性想法。这种思考方法正是使他在艺术、哲学、工程、生物等领域获得成功的原因。他的笔记本的核心部分就是图像语言，而文字相对来说处于次要地位。东尼·博赞称赞达·芬奇的笔记本是世界上最有价值的资料之一。在此基础上，东尼·博赞于20世纪60年代发明了思维导图，这种思考法一经公布很快风靡全球。

生物学家达尔文也善于用图解的方式来思考问题。在提出进化论的过程中，他需要尽可能广泛地收集每一个物种的信息，并对物种之间的关系进行分析，此外他还要解释各种纷繁复杂的自然现象。为了完成这项艰巨的任务，他设计了一种像分叉的树枝一样的思维导图笔记形式。他发现这是一种非常有效的收集和整理数据的方法，他用了15个月的时间绘制出一幅树状思维导图之后，提出了进化论的主要观点。

这是一种富有创造性的、有效的整理思路的方法，可以通过这种方法把大脑中的信息提取出来，并用图画的方式表达出来。运用这种方法，可以把很多枯燥的信息高度组织起来，遵循简单、基本、自然的原则，使其变成彩色的、容易记忆的图。

东尼·博赞说：“电脑、汽车等都有很厚的说明书，而人的大脑这部全世界最有深度和力量的机器却没有说明书。”可以说，图解思考法与我们的大脑的工作原理一样。也许你会认为大脑的工作太复杂了，其实它的基本工作原理很简单，就是想象和联想。不信你可以试试看，当你看到“汽车”这两个字的时候，你的大脑里出现了什么？肯定不是打印出来的两个字——汽车。你的大脑中呈现出的可能是行驶在公路上的汽车，或者陈列在汽车销售部门的样车，进而你会联想到奔驰、宝马等汽车品牌，或者驾驶汽车兜风时的感觉。总之，接触到某一思考对象时，你的大脑中就会出现与该问题相关的三维立体画面，这个画面在一瞬间就产生了。

但是，当大脑进行无意识的想象和联想的时候，它的工作效率会比较低。也许你有过这样的经历：在写工作总结或者策划方案的时候，冥思苦想很长时间也写不出几行字，因为你的思路很乱，理不清条理，一时找不到自己需要的信息。想象一下，你到一座图书馆去借书，但是图书馆里的书杂乱无章，管理员不客气地对你说：“你要找的书就在这一堆里，自己找吧。”这是不是很让人头疼？事实上，很多人的大脑就像一座杂乱无章的图书馆，虽然存储了很多信息，但是那些信息处于无序的状态。图解思考法能够使我们大脑中的信息变得井然有序，使大脑具有出色的存储系统和信息检索功能。

图解思考法就是把大脑中充满图像的思考过程显示在纸上，使已知的信息一目了然，使信息之间的关系条理分明。你的思路可以围绕思考对象向各个方向发散。

用图解思考法画一张思维导图，类似于绘制一张城市地图，思考对象即城市中心，从城市中心引发出的主干道代表由思考对象引发的主要想法，二级街道代表次一级的想法。如果你对某一点特别感兴趣，还可以用特殊的图像表示。当你围绕某一思考对象绘制出一张全景图之后，你就从大脑中提取了大量信息，你可以明确地看出实现某一目标的途径，从而制订出富有创造性的解决问题的方案。

13.4.2　图解的类型有哪些

图解思考法经过不断发展和完善，衍生出了很多不同的类型。根据需要，在面临不同问题的时候可以使用不同类型的图解。这里我们介绍几种常用的图解类型。

1）思维导图

思维导图即东尼·博赞最初发明的图解方法，适用于对某一问题的各方面进行理解和记忆。这种图解法从在一张纸的中心绘制要解决的问题开始，然后从中心引出一些主要枝杈，再从主要枝杈引出一些细节问题。你可以用这种办法把一本书的内容囊括到一张纸上，或者把一周的家务安排或一生的职业规划都表现在一张纸上。（本书第12章有详细介绍）

2）逻辑型图解

逻辑型图解有助于统揽全局，全面地、彻底地解决问题。任何问题都不止一种解决办法，当你面对一个问题的时候要问问自己都有哪些办法可以达到同一个目的。比如，当我们考虑增加利润的方法的时候，就会想到增加销售额和降低成本两条思路，是不是还有其他的选择呢？在绘制图解的时候，我们有必要在这两者之外加上第三条分支：其他收益。

站在思考对象的角度寻找解决问题的方法时，我们要问自己："应该怎样做？"相反，站在解决方法的角度时，我们要问自己："为什么要这样做？"这样就系统地把思考对象和关键词之间的关系连接起来了，不至于迷失方向，还可以避免出现重复和遗漏现象。

逻辑型图解有两种基本形式：一种是逻辑树；另一种是金字塔。逻辑树是从左到右推导解决问题的办法；金字塔是将事实向上积累，推导出结论的结构图。此外，还可以运用算式来定义关键词之间的关系。

当你把解决问题的方法以逻辑树的方式陈列出来之后，还要对各种方法的优先顺序进行排列，把最有效的方法放在第一位。

3）矩阵型图解

此种方法分为参数型矩阵、箱型矩阵、情报型矩阵和检查型矩阵四种。

（1）参数型矩阵。

数学上有用变量和坐标轴描绘的图形，参数型矩阵就是借助变量与数轴的一种图解模式。横轴和纵轴分别代表一定的参数，并把平面分为4个象限，在4个象限中填充相关要素来展现某种状态或发展趋势。

（2）箱型矩阵。

箱型矩阵也是在横轴和纵轴上有一定的参数，它的特点是按照参数的大小和高低对4个象限进行分类。例如，波士顿矩阵（BCG Matrix），通过市场增长率和市场占有率两个维度，把产品或业务分为4个象限：明星业务、问题业务、现金牛业务、瘦狗业务。

（3）情报型矩阵。

这是适用于整理信息的典型的图解类型，简单地说，也就是分项列举的表格。具体画法是，先画出四方形的外框，然后在最上行和最左列填上相关的项目名称，在其余的表格中填写文字信息。课程表就是一个很好的例子。

（4）检查型矩阵。

检查型矩阵也是常见的表格形式，用符号代替文字信息，适用于做标记的图解，比如用Y（N）或者√（×）代表对（错），用●代表已有的或已做的，用○代表没有的或者未做的。

4）过程型图解

过程型图解有过程图和流程图两种。

（1）过程图。

过程图适用于展现作业过程，几乎所有工作都需要经过好几道工序才能完成，过程图就是把作业过程的宏观构架展现出来。

通过绘制过程图，我们可以检查工作程序中的不足之处并进行改进。比如在产品营销过程中，市场调查这个环节非常重要，但是往往不能引起足够的重视。运用过程图，还可以把每一个环节继续展开，显示出细节化的业务过程。

（2）流程图。

过程图表现的是过程的整体概要，流程图则侧重于细节的分析，适用于复杂的作业过程。流程图能够体现出多个部门之间的联系，因而也适用于横跨多个部门的业务。

5）图表型图解

Excel软件的应用使数据整理变得非常方便，按照一定的顺序排列的数据可以帮助我们轻松地看出事物的发展趋势，从而快速掌握整体概要，做出相应的对策。例如，对某产品销售额进行升序排列之后，哪几个月销售额较大便一目了然，我们可以从中找到一些规律以提高销量。

除了这种常见的图表之外，还有饼图、柱形图、折线图、圆环图、雷达图、气泡图等多种形式，这些图表可以增强视觉效果，更加直观、形象地表现数据之间的关系。

此外，还有SWOT型图解，适用于分析目前所处的形势；透视型图解，适用于焦点定位；模式型图解，适用于程式化的运作模式等。

（执笔：王泽苑）

13.5 地图创意法

地图是按照一定法则，有选择地以二维或多维形式与手段在平面或球面上表示地球（或其他星球）若干现象的图形或图像，它具有严格的数学基础、符号系统、文字注记，用地图概括原则，科学地反映出自然和社会经济现象的分布特征及相互关系。

随着科技的进步，地图的概念不断发展变化，如将地图看成反映自然和社会现象的形象、符号模型，地图是“空间信息的载体”“空间信息的传递通道”等。传统地图的载体多为纸张，随着科技的发展，出现了电子地图等多种载体。

现阶段地图的定义是：以一定的数学法则（即模式化）、符号化、抽象化反映客观实际的形象符号模型或图形数学模型。

地图与思维连在一起，其含义就大不相同了。《人民日报》2016年11月25日刊登的文章《城市管理可以多些“地图思维”》说，城市管理如何体现城市温度、释放善意，是现代治理的重要课题。文章说，在宁波北仑，一幅“橘子地图”提供了不一样的方案。为了方便橘农售卖、游客选购，北仑城管手绘了标有售卖点的地图。除了“橘子地图”，湛江赤坎的“蔬菜地图”之所以耗费了不少行政成本，甚至在执法过程中出现冲突、伤害事件，恰是因为堵多疏少，没有找到管理需求的“痛点”。“地图思维”启示我们，增强公共管理的信息披露，把合情合理的要求与做法予以明示，把不能触碰的底线红线醒目标示，何尝不是一种“管理供给”？

在贵阳市乌当区新场镇保寨村下寨组，村民周厚贵用地图思维的方法，为村里的旅游发展绘了一张图。这张草图被贵州一家传媒公司的设计师绘制成准确的平面布局图，用近15平方米的写真喷绘，粘贴在保寨村被命名为神农银杏王的银杏树下，连同四个“神农银杏王的传奇故事”及十多幅连环漫画，向进村的客人诉说保寨村的过去，展示保寨村建设“神农百花寨”美丽乡村的未来。

侦察兵将军事设施绘在图上，指战员在地图或沙盘上讨论或部署作战方案，设计师将创意画出来，教师将多种解题方法画在黑板上，建筑工人依图纸完成既定任务……这些思维的结果是在传递信息，使受传者知晓和认同。

地图思维是从地图出发的思维，思维的对象和工具是地图，思维的结果是地图所代表的事或物。地图能将创意思维的结果传达给别人，使说不清、道不明的想法，让信息接收者一目了然。地图思维创意法能使思维更直观、清晰、确定，所以被创意者广泛使用。

在新冠肺炎疫情暴发期间，贵州博士俱乐部每日精选十条参考目录，例如：①世界疫情：实时更新|新冠肺炎疫情地图。②中国疫情：实时更新|新冠肺炎疫情地图。③疫情动态：实时更新|新冠肺炎疫情地图……这就是利用地图进行创意思维的例证。

在“地图”与“思维”组成的词组中，还有“思维地图”一词。“思维地图”

是利用图示的方法来表达人们头脑中的概念、思想和理论等，把人脑中隐形的知识显性化、可视化，便于思考、表达和交流。思维地图是一种表达知识的网络图形化技术，知识图由概念网络构成，网络包括节点和连线，节点代表概念，连线代表概念之间的联系。

思维地图也受到了人们的关注，它以直观、形象的方式进行表达和思考，非常接近人的自然思维过程，特别是一些相关软件的开发和应用，更使这种思维方法受到欢迎。思维地图极大地提高了人们的理解和记忆能力，它对于逻辑思维和创造性思维都有巨大帮助。

地图思维法与思维地图法各有不同用法，也各有优势，不能混为一谈，不可以相互排挤。

（执笔：王多明）

13.6 图文并茂法

将文字转化成图片和将图片转化成文字这两种表现方法是广告创作者必须具备的功夫。在海报中，我们经常看到图文结合，突出立体感与虚实感的设计。在平面广告作品中运用图文并茂思维最为恰当。

图文并茂法是将图片与文字紧密结合或者将文字转化成图片、将图片浓缩成文字来表达诉求主题的一种创意思维方法。

一幅平面广告如果只靠图形来传达信息，传达的只是单一维度或者不易解读的信息，除非具有极强的视觉化冲击力，如果添加文字进去，则可以起到双向沟通的作用。文字与图片相结合才能够更加突出它的在媒体上的作用。

Women's Aid是一个致力于消除家庭暴力和性暴力的慈善机构，它与英国WCRS广告公司联合制作了一幅反对家庭暴力的公益广告。广告牌的画面中心是一位脸部有明显伤痕与淤血的女人面庞，画面上方有三行大写的英文单词“LOOK AT ME”“IF YOU CAN SEE”“DOMESDIC VIOLENCE”（看看我，如果你能看到家庭暴力）。该广告牌运用了脸部识别技术，只要路过这个广告牌的行人对这个满脸是伤的女人多看一眼，她脸上的伤就能好得快一点，随着看这个广告牌的人越来越多，她的伤疤就会逐渐痊愈。这则公益广告旨在提醒人们不要对身边的家庭暴力问题视而不见，也许只要你多一分关注，家暴问题就能早日得到解决。[①]

当然，图文并茂法也可用在其他媒体上。比如，电视广告中，一些动态的文字从画面上腾跃而出，飘在半空中形成一幅有意思的图片；蓝天上的飞机留下长长的喷雾组成一行文字。在平面或电视广告中传达的有趣事物，唤起受众的共鸣，与其亲身经历相结合时，受众就会觉得趣味无穷。在创意思维中，这是一个文字转化为图形，图形又转化为表达思想的文字的过程。在广告创作中，这种思维具有指导作

① 老现. 反对性侵、家暴，那些直抵人心的公益广告［EB/OL］.［2023-09-12］. https://mp.weixin.qq.com/s?__biz=MzA3MDE4MTgwOA==&mid=2701266240&idx=1&sn=b9fb27aa4288efea219d300a967ad99c&chksm=ba361b9f8d4192891d5a0f736535f1b16011c736b8394a208c5f6ca71886caae48937672eee6&scene=27.

用，所能带来的是通过虚实结合产生的互动感。在新媒体快速发展、技术不断更新的信息时代，我们采用这种思维方法可以发现更多的新鲜事物。

如图13-1、图13-2所示，图文并茂法形象、生动地将广告活动的原则诠释得极其清楚，胜过几百字的叙述。

图13-1　广告活动的原则

图13-2　对不同的受众要采用不同的诉求

广告文案写作大师们的作品，总是图文并茂的（如图13-3所示），它们酣畅淋漓地表达了创作者的意愿。这些传世之作值得我们细细体会和效仿。

图13-3　奥格威设计的广告版面

（执笔：温尚幸、雷浩然）

13.7　善用物件法

三国时期，曹操要部下建一座花园，一批技艺超群的工匠很快就将花园建好了。曹操视察后不置可否，拿来笔墨在门上写下一个“活”字，便拂袖而去。工匠们百思不得其解，于是只好请杨修帮助破译曹公之意。杨修看了门上的“活”字后，思索片刻便告诉工匠们，曹公之意是嫌园门太阔了，工匠们立即进行了改造。最后，曹公非常满意。这里我们要说的是，为什么杨修能得出这一答案呢？其实很简单，因为他能把曹公所写的“活”字与周围事物联系起来考虑：“活”与“门”字组合成“阔”字，言下之意便是要工匠们对公园门进行改造。

曹操善于用物件表达自己的思想，把自己的观点放在一个特定的环境中，与周围事物组合成一个完整的意愿传达给众人，这是一个绝妙的创意，而杨修抓住了这个创意的闪光点。

再如曹冲称象这个为大家所熟知的历史故事。曹冲利用石头代替大象，解决了无法直接称出大象体重的问题。这一绝佳创意同样是善于运用一事物代替他事物而得到的。

由上面两则小故事，我们可以看到，善用物件法能使人摆脱困境，产生出许多绝妙的解决难题的点子。

那么，什么是善用物件法呢？所谓善用物件法，就是将所获得的资料或所要传达的想法、态度等同周围环境及事物相互组合或相互替代转换，从而产生或传达某种创造性信息的思维方式。这些具有创造性的信息用在广告设计、图形设计、建筑设计、机械设计中，都能求方法、解难题。可见，善用物件法这种思维方式对获得或者表现创意而言是一种非常实用的方法。

国外一家啤酒店的老板深知广告的作用，在销售广告上下了很大功夫。他针对店里啤酒的质量、服务态度以及优惠的价格作了大量的宣传广告。同时，在店门口贴上了醒目的广告语："我店有与众不同、清醇芳香的生啤酒，一杯五元，请品尝。"这则广告语强调了啤酒品质、口感和礼貌经营，酒店老板非常得意，只等顾客蜂拥上门。然而，老板的苦心并没有得到期待的结果，啤酒店依然门庭冷落。老板抓耳挠腮，眼看顾客纷纷到别的店喝酒，急得似热锅上的蚂蚁。一次偶然的机会，老板遇到了一个曾到他的啤酒店喝酒后来又到别的店喝酒的顾客，老板小心地询问："难道是我的服务不周或是我的啤酒质量不好吗？最近你可没来我的店喝酒了！"顾客笑着说："不是，他们将啤酒桶放在门外卖酒，我只想尝尝这些酒有什么特别的地方。"顾客的一句话使老板茅塞顿开，他回去后马上将一只巨大的啤酒桶搬到店门外，同时在酒桶上贴上一张告示："不准偷看！"并将原来贴在店门口的广告语搬到酒桶上（如图13-4所示）。路过的行人纷纷对这只巨大的酒桶和这张奇怪的告示投来好奇的目光，想趁人不注意"偷看"酒桶的"秘密"。从此，这家啤酒店生意火爆，经久不衰，老板对自己的"杰作"非常满意。

图13-4　诱发好奇心，更能吸引人

为什么同一则广告语，换一个地方就会产生如此之大的影响呢？这实质上是啤酒店老板巧妙地运用了善用物件的思维方法。这则广告的成功之处在于，啤酒店老板借用酒桶这一封闭性的道具将悬念摆在受众面前，使受众驻足揣摩，接着用"不准偷看"这句阻止性语言，将受众的好奇心调动到最高点。当受众得知酒桶内的秘密时，会心地一笑。悬念解开，趣味性自然而然地贯穿到了广告行为之中，起到了很好的促销作用。这则广告将广告的特征发挥得淋漓尽致，机智、幽默，我们不得不承认这是一次绝妙的创意。

善用物件法在产生或表现创意方面具有以下优点：

首先，善用物件的思维方式能拓宽人们的思维界限。当然，这里所说的"物"不单纯指动物、植物等客观物体，在广告策划创意活动中，这个物的概念极广，可以是一次活动、一项政策或一种行为等。善用物件法往往通过对物的巧用，避开受众常有的思维方向，寻求一种独特的表达途径。这样做的结果必然是使受众在恍然大悟之后，不自觉地接受你的观点或你所传达的信息。

其次，善用物件法会使受众觉得亲切、熟悉，从而对所要传达的信息产生亲和感，自觉地去理解、接受。人们往往对身边的事物、环境产生一种莫名的亲切感，因为他们熟悉这些事物、环境。利用这一点，我们可以把资料、信息充分地与这些事物、环境结合起来产生或表现创意，从而使受众理解并接受。受众是否理解创意，对于能否有效传达信息、观点起决定性作用，因而我们的创意及其表现方式必须贴近生活，使受众充分理解，才能获得良好的效果。

例如“神奇牌”止咳露的一则电视广告借用了一只闹钟。当闹钟鸣响时，创意人大胆运用了三维动画，夸张地扭曲鸣响的闹钟，仿佛一位咳嗽的病人。这时一只手准确按下了闹钟的开关，以此比喻所要宣传的品牌。同时，出现画外音：“任何时候，只要把握问题的关键……”闹钟在生活中随处可见，贴近每一位观众的生活，在看完这则广告后，观众必然会不自觉地对其产生好感，其广告目的也就在无形之中达到了。

在广告创作中运用善用物件法时，必须注意的是：

首先，善用物件要有极强的关联性，并非信手拈来“乱用”，它必须符合广告主题的要求。在把观点或信息、商品或服务与周围事物、环境相联系的同时，必须找出它们之间内在的、本质的联系，而不是生拉活扯地把它们牵扯在一起。假如“神奇牌”止咳露不用闹钟，而是随意借用一种会发声的物体，如手机等，必然会使人看后感觉文不对题。因此，联系的过程要顺理成章。

其次，善用物件要形象生动。只有形象生动的创意，才能吸引各阶层的受众。我们不能把创意强加在受众身上。只有良好的创意及其适当的表现手法，才能使受众欣然接受。这样，无形中便使受众对广告所宣传的观点或信息、产品或服务留下了深刻良好的印象。这一优点主要表现在广告活动中。

例如，“佳洁士”牙膏广告成功地运用了善用物件法。该广告借用了一只贝壳，向观众演示了一个小小的试验。他们在贝壳的一面涂上“佳洁士”牙膏，而另一面则保持原状。将贝壳浸泡一段时间后，涂上“佳洁士”牙膏的一面仍保持贝壳的坚固，而另一面已软化。广告通过一个有趣的试验，使观众对“佳洁士”出色的护牙洁齿功能一目了然，同时也在观众心目中留下了深刻印象。这便是善用物件法的魅力所在。

（执笔：周刚）

13.8 数据出彩法

唯物辩证法告诉我们，一定的数量能反映一定的质量，质量的改变是从数量的改变开始的。我们在进行创意思维时，绝对不能弃数量于不顾，只有充分掌握可供思考的数据，思维的结果才会正确。毛泽东的《论持久战》中有各种数据的分析，诸葛亮的《隆中对》是数据思维的结果。《孙子兵法》以“计”为篇首，杜牧注释说“计，算也”。上海华与华营销咨询有限公司董事长华杉说：“孙子的‘计’，是计算实力对比。”通过计算定胜负，有胜的可能才打，这叫胜算。没有胜算，那就不要兴师动众。

多年前，有一个叫鞠肖南的商人在云南临沧考察，一个朋友给他带了一样东西：晒干的树叶子。鞠肖南泡水一喝，顿觉神清气爽，就像自己走进了大森林，闻到整片树林的清香。朋友告诉他，这是从原始森林古茶树上摘下来的叶子，没有经过任何加工，直接晒干而成。鞠肖南喝过很多种茶，还是第一次喝这种没经过加工的茶树叶。令他意外的是，这种让他感觉新奇的野生茶树叶，临沧各市场却没人愿意收购。鞠肖南一问才知道，野生茶树在山林中是零星分布的，不仅采摘困难，而且没有经过人工移植和筛选，有的叶子味道清甜，有的却很苦涩。在当地人眼里，这种野生茶就是不值钱的树叶子。在接下来的两年时间里，鞠肖南阅读茶叶书籍，请教茶叶专家，品尝各种类型的茶叶。研究久了，他发现，那种茶树的生长地临沧山区年平均气温17°C，气候温和，光照充足，非常适宜茶树生长。经过进一步考察，鞠肖南知道，临沧山区在海拔1 750米到2 800米之间还留有不少上千年的野生茶树。不过，奇怪的是，知道茶树的所在地之后，鞠肖南不是雇工人采摘茶叶，而是给工人们布置一项特别的任务：清点大山里有多少棵野生茶树。员工们十分不解：光查数量有什么用？茫茫林海，要查清楚一种树的数量极为困难。况且，野生茶树有二十多个品种，只有一种树叶不苦涩。这种茶树生长分散，有时几十亩地才能找到一棵。鞠肖南不怕麻烦，整整两年，他和员工爬过上千座大山，终于查清古茶树的数量——一万多棵。得到这个数据之后，鞠肖南马上行动，开发茶叶。考虑到这种茶叶本身清甜，鞠肖南就免去各种加工程序，只把鲜茶叶放在竹架子上四五天，晾干水分，再拿到室外晒上两个小时，促其成形。这样制作出来的茶叶，散发的是纯天然的气息。一万多棵茶树一年只产一吨茶叶，数量不多，鞠肖南就采用品鉴会的方式来销售。这种茶是纯天然的，大受消费者欢迎。鞠肖南的茶叶一斤过万元，短短一个多月时间，销售额就超过一百万元。接下来，茶叶的量更是节节攀升。直到这时，鞠肖南才向员工们解释当初为何要让他们去查茶树的数量：“所谓‘买翡翠看坑口，喝茶看山头’。光知道哪座山头有好茶树还不行，我们还得知道茶树的具体数量，它决定了成败。如果茶树凤毛麟角，我们即使开发出茶叶，也无法供应市场；如果茶树数量巨大，别的商家就会参与竞争。一万棵茶树，数量不多不少，我们开发一年可以产出一吨茶叶，利润有了，同行又无法竞争，所以是最佳的数量。”①

有了充分准确的数据，分析问题，做出决策，就有依据了。

运用数据思维要注意：一是数据来源可靠、准确；二是从数据的现象中看出本

---

① 宝谷．先数树再开发茶叶［N］．中国花卉报，2015-04-20（4）．

拓展阅读
13-1
种橙子没那么简单

质；三是运算时方法科学；四是观照大数据，不要囿于小范围的数据；五是随时注目对象数据的变化，要掌握和运用最新数据。

（执笔：王泽苑）

本章小结

通过本章的学习，学习者掌握了设想卡片、检核目录、善用物件等8种卡片图形创意方法，最主要的收获应该是在日常学习、工作和生活中养成时时处处注意收集信息的习惯，待到关键时刻能在大脑的知识储存中取出信息，让它们派上用场。

思考与练习

（1）在卡片运用中，你是否感觉到时过境迁？你有什么好办法将传统的方法和现代的方法结合起来，使二者各施其能为我们的创意服务？

（2）在善用物件法中，你能举出多少种物件能为我们的创意服务？

（3）你在读图的时候产生过创意吗？你把这种想法用卡片或手机记录下来了吗？

实操项目

以小组为单位，将本教材第7至13章中所有的创意思维方法，运用检核目录法列出来。各组相互交流，制成一张完整的、简洁的、使人一目了然的表格。

主要参考文献

［1］博赞 T，博赞 B．思维导图：全新修订版［M］．亚太记忆运动理事会，译．北京：中国广播电视出版社，2022．

［2］博赞．思维导图：进阶版［M］．世界思维导图理事会编委会，译．北京：化学工业出版社，2019．

［3］王多明．策划原理与实务［M］．大连：东北财经大学出版社，2018．

［4］曹明香，王多明．图解广告学［M］．大连：东北财经大学出版社，2016．

［5］博赞 T，博赞 B．思维导图［M］．卜熠婷，译．北京：化学工业出版社，2015．

［6］白虹．思维风暴［M］．北京：中国华侨出版社，2014．

［7］辜鸿铭．中国人的精神［M］．李晨曦，译．南京：译林出版社，2012．

［8］丁敏翔．人生创意课大全集［M］．南京：中国华侨出版社，2011．

［9］李猛．思维导图大全集［M］．北京：中国华侨出版社，2010．

［10］宿春礼，王婧．好思路 好方法 好经验［M］．北京：华文出版社，2009．

［11］王多明．创意思维法大观［M］．北京：中国广播电视出版社，2009．

［12］问道，王非．思维风暴［M］．北京：华文出版社，2009．

［13］德波诺．水平思考的力量［M］．周悬崖，译．北京：中信出版社，2009．

［14］王多明，孔炯．中国广告大词典［M］．北京：中国广播电视出版社，2008．

［15］葛饶民．浅谈形象思维与包装设计［M］//黄有柱．视觉艺术教育的思想与方法：襄樊学院美术学院人才培养目标探索．沈阳：辽宁美术出版社，2008．

［16］奥格威．奥格威谈广告［M］．曾昌，译．北京：机械工业出版社，2003．

［17］列宁．列宁全集：第三十三卷［M］．中共中央马克思恩格斯列宁斯大林著作编译局，编译．北京：人民出版社，1985．

［18］毛泽东．毛泽东选集：第五卷［M］．北京：人民出版社，1977．

［19］马克思，恩格斯．马克思恩格斯选集：第四卷［M］．中共中央马克思恩格斯列宁斯大林著作编译局，编译．北京：人民出版社，1972．

［20］马克思，恩格斯．马克思恩格斯选集：第三卷［M］．中共中央马克思恩格斯列宁斯大林著作编译局，编译．北京：人民出版社，1972．

［21］马克思，恩格斯．马克思恩格斯选集：第二卷［M］．中共中央马克思恩格斯列宁斯大林著作编译局，编译．北京：人民出版社，1972．

［22］巴甫洛夫．巴甫洛夫全集：第三卷［M］．赵璧如，等译．北京：人民卫生出版社，1962．

［23］恩格斯．自然辩证法［N］．曹葆华，于光远，谢宁，译．北京：人民出版社，1955．

几种图书中的创意思维法名称列举

《创意思维法大观》（王多明等编著，中国广播电视出版社2008年出版）（104种）

接近联想法 概念联想法 对比联想法 相似联想法 因果联想法 强制联想法
焦点联想法 想象设计法 假说想象法 重组思考法 无中生有法 组合构成法
欲擒故纵法 笑里藏刀法 克弱制胜法 迂回包围法 声东击西法 抛砖引玉法
避实击虚法 先入为主法 借"尸"还魂 定势效应法 借景抒情法 借势造势法
借题发挥法 侧面支撑法 攀龙附凤法 借物巧用法 善用物件法 讨论发现法
情感激荡法 集体创新法 头脑风暴法 原型启发法 趣味引入法 幽默创意法
灵感擒拿法 捕捉灵感法 睡眠思考法 幻想奇思法 直觉创新法 蓦然回首法
发散辐射法 反面思维法 横向发散法 置换位子法 换向思维法 换位思考法
组合换新法 中间填充法 反求工程法 逆向倒行法 外脏内秀法 求异去同法
不同寻常法 随机应变法 人弃我取法 彩云追月法 借风而行法 独特赞美法
众星捧月法 天马行空法 克弱转换法 逻辑推理法 无拘无束法 知错即改法
假说演绎法 歪打正着法 顺序颠倒法 水平思考法 情感迁移法 情感领先法
感情调动法 理性诉求法 远交近攻法 元素增减法 "填空补白" 透镜聚焦法
百川归海法 信息交合法 自立思考法 求同存异法 组合生成法 相似叠加法
全蛋思维法 全面展示法 灵巧出奇法 弃车保帅法 相似类比法 类比相较法
模仿改良法 形象描摹法 欲扬先抑法 悬念制胜法 恐惧诉求法 恐惧提示法
欲盖弥彰法 雉鸡引诱法 诱导启示法 强灌观念法 卡片创技法 设想卡片法
检核目录法 点线面体法

《思维风暴》（白虹编著，北京联合出版公司2014年出版）（66种）

组合发散法 辐射发散法 因果发散法 关系发散法 头脑风暴法 特性发散法

白色思考帽 红色思考帽 黑色思考帽 黄色思考帽 绿色思考帽 蓝色思考帽
水平思维 倒转思维 条件倒转 作用倒转 倒转人物 倒转情景 方式倒转
过程倒转 结果倒转 观点逆向 属性对应 因果逆向 转换思维 正面思考
负面思考 视角转换 价值转换 问题转换 原理转换 材料转换 目标转换
图解思维 自发灵感 诱发灵感 触发灵感 逼发灵感 形象思维 组合想象
补白填充 删繁就简 取代想象 引导想象 妙用联想 相似联想 相关联想
相对联想 飞越联想 直接类比 间接类比 幻想类比 因果类比 仿生类比
综摄类比 卡片排列法 会商卡片法 图解显示法 分析表思考法 改变视点法
变化主体法 返回始点法 符号觅新法 乖僻挂马法 推荐逆思法 从零开始法

《人生创意课大全集》（丁敏翔编著，中国华侨出版社2011年出版）（48种）

进取思维 快乐思维 积极思维 双赢思维 强者思维 老板思维 感恩思维
完美思维 冒险思维 竞合思维 效率思维 危机思维 细节思维 变通思维
团队思维 质疑思维 主动思维 反省思维 准备思维 示弱思维 应变思维
柔性思维 变革思维 学习思维 创新思维 发散思维 网状思维 逆向思维
差异思维 想象思维 联想思维 动态思维 系统思维 优势思维 整合思维
辩证思维 标杆思维 迂回思维 收敛思维 加减思维 简单思维 重点思维
平面思维 立体思维 全局思维 超前思维 同理心思维 无边界思维

《思维风暴》（问道、王非著，华文出版社2009年出版）（22种）

创新思维——想到才能做到	发散思维——一个问题有多种答案
收敛思维——从核心解开问题的症结	加减思维——解决问题的奥妙就在“加减”中
逆向思维——答案可能就在事物的另一面	平面思维——试着从另一扇门进入
纵向思维——从链条的一端开始解决问题	侧向思维——另辟蹊径，跳出原来的圈子
系统思维——人类所掌握的最高级思维模式	类比思维——比较是发现伟大的源泉
联想思维——风马牛有时也相及	简单思维——复杂问题可以简单化
U形思维——两点之间最短距离未必是直线	灵感思维——阿基米德定律就是这样发明的
辩证思维——真理就住在谬误的隔壁	换位思维——站在对方位置，才能更清楚问题关键
逻辑思维——透过现象看本质	形象思维——抽象的东西可以形象化
质疑思维——凡事多问几个为什么	移植思维——他山之石，可以攻玉
博弈思维——根据对方的选择确定自己的最优选择	共赢思维——解决利益冲突难题的大智慧

《思维技巧趣谈》（陈东、蒋星五主编，气象出版社1991年出版）（28种）

科学归纳法 选言排除法 定义思维法 联想思维法 灵感思维法 逆向思维法 移植思维法 克弱转换法 集体智慧法 演绎思维法 归纳思维法 发散思维法 聚合思维法 目标思维法 回溯推理法 检核目录法 信息交合法 迂回思维法 类比思维法 二难推理法 假设思维法 简单枚举法 证伪思维法 形象思维法 组合思维法 置换思维法 模拟思维法 趣味智力测验法

《怎样进行创造性思维》（高桥浩著，科学普及出版社1987年出版）（101种）

1）掌握创造性思维能力的原理

增长智慧的时代／发展创造性思维的能力／产生创造性思维的条件（一）（二）／创造性思维的四阶段论——出思想也需发酵期／反复进行分析和直观——创造性思考／与潜信息交朋友

2）提高创造性思维能力

发现问题的意识是创造性思维的力量源泉／做窍门迷／胸怀具体的志向与目标／推荐U字形方向转换法／唯有自信才是创造性思维的力量源泉／奇事必究，奇人必交

3）培养灵活性

排除固定观念／怀疑和否定的精神／步入新境界／不同素质之人的相乘效果／培养破格思考癖／以“重要的是”“想想看”来接近目的

4）头脑训练与材料组合

天天培养思考习惯／锻炼想象力／提高集中力，抓住一闪念／感受性与“瞪眼寻视”精神／培养迂回思考的习性／做笔记，积累创造性思维的材料／产生主意的信息和不产生主意的信息／从小窍门、小成果入手

5）归根结底要动口动手动脚

多提微不足道的想法／书写活动为人脑添生机／动手动脚地思考问题／来自与他人相商之中／记下偶然发生的事物／挖掘，挖掘，再挖掘／锡兰探宝——忘却也是重要的／碰到难题，分解思考

6）有意识地组合与置换

把已有的要素组合起来／置换要素／反过来试试，顺序变换一下试试／添加思考法——再加一把劲／加大些，缩小些／把清单装入头脑的“兜子”里／从撞击之中／杂乱无章地结合——何谓海报面包法？／强将无关联的事物糅在一起／强制关联法——把圆球与纸箱拼在一起

7）以另外的事物为启示

从其他的物品和方法中获得启示／满载着启示的报章杂志／大自然是丰富的思

想宝库／童话与漫画也是素材／类比思考法／NM-T型思考法——从构造与影像中求启示／等价变换思考法——首先从“确立观点”入手／复合要点法——提取要点

8）运用联想、空想、冥想

梦、空想、联想是思想的宝库／把无稽之谈也调用起来／希望点列举法——愚不可及的希望也不放过／有效地运用联想网／焦点法——从许多入口走向焦点／集体创造性思考法／平凡与奇特想法的有效化／提取被存储的潜意识／催眠型创造性思维法的诱导／冥想型创造性思维法／简单易行的自我催眠法／把自己当作创造性思维的对象

9）分析型与结构型的创造性思维

卡片排列方式／KJ创造性思维法／OCU创造性思维法／TCT创造性思维法／资料系列化后再改变其组合／逐步驱除害虫／ARIZ创造性思维法／制表与绘图／利用分析表的思考法

10）改变视点与观点

改变视点／断然改变主体／返回起点／戈登法——从抽象的动词开始进行创造性思维／SET法——从符号中觅主意／乖僻思考　桂马思考／推荐逆思考／乖僻思考和逆思考的方法／破坏法——从零开始

11）培养保障创造性思维的身体条件

自我松弛法／思考时“手脚沉重”／增强脑部机能的体操（一）（二）／增强脑部机能的穴位疗法／增强脑部机能的各种方法／推荐防止呆痴的坐禅法／利用音乐提高创造性思维能力

12）在日常生活中增强创造性思维能力

各种增强思想集中能力的方法／发现问题的练习（一）——使感觉敏锐／发现问题的练习（二）——瞪眼寻视法／培养创造力的想象力增强法／推荐游戏散步／借助小发明提高创造性思维能力／进取型自我改造法——心灵控制法／小鲨鱼型创造性思维能力增强法／劝君充当知识“小偷”／日日耕作才是最有力的创造性思维法

附录2

提升创意思维的十种方式

约翰·恩格迪沃（John Ingledew）是一位摄影师，也是英国西伦敦大学（University of West London）电影和设计学院的客座教授，他出了一本书，叫作《创意思维指南》(How to Have Great Ideas: A Guide to Creative Thinking)。在这本书里，他介绍了50多种提升创意思维的思路。Fastcodesign网站选出了其中10种，看看都有哪些吧。

1）习惯性地问“我还能做些什么”

我们习惯了生活中见到的一切，习惯了建筑物、材料、技术、系统甚至是沙发垫和水杯。我们天然地认为一切都理所当然。如果你想要与众不同，就要时常问自己，“我还能够做些什么?”这种质疑会帮助你发现新想法。

例如，试着把垃圾转化成金子吧。去翻翻你的垃圾桶，看看哪些东西是有用的。假如给你一张旧报纸，你能拿它做些什么?

2）成为一个职业的“观察家”

创意人才都是观察家。他们通常能发现、收集和利用其他人忽视的东西。要时刻保持对周围世界的好奇心，成为爱管闲事的人。

例如，在日常生活里要注意搜集不同的面孔、字体，哪怕是小动物。观察事物的侧面和背面。留心光影、磨损、衰变、更新、修复、时间、雨雪、数字等信息。

3）学会简化

信息过载也是一件危险的事，要学会定义和区分不同事物的属性。当你想到一件事物，能用十个词，甚至是五个词、三个词来简化它吗?

例如，作家欧内斯特·海明威曾训练自己用六个词写一个故事。试一试，你能在140个字以内讲一个有情节有卖点的故事吗?

4）拥抱荒谬

许多最有趣的想法都是从荒谬中诞生的，如音乐界的弗兰克·扎帕，时尚设计界的伊尔莎·斯奇培尔莉，美术界的达达主义、超现实主义等。

例如，学会用荒谬的内容来迷惑观众，促使他们思考或发笑。

5）借鉴其他领域的成功经验

产品设计师欧文·玛格罗兰设计了世界上第一款可折叠的婴儿车，灵感源于二战中折叠式的起落架战斗机。他借鉴了其他领域的经验，改变了婴儿车领域根深蒂固的设计。如果你发现眼前的系统有很多不足，不妨借鉴一下其他领域的经验。

例如，仔细观察一下影剧院，并把它和你的工作、家庭空间作对比。有哪些部分是可借鉴的？

6）改变位置

改变一些东西的位置，你会对它产生新的看法。

每家的厨房里都有洗洁剂和碗碟，每人的卧室里都有被子和床单，每一家熟食店里都能找到牛肉或猪肉——如果你把它们移动个位置，或许就能制造个“大新闻”。

100年前，艺术家马塞尔·杜尚就意识到了这一点。他把一些东西移动了位置，进而产生了惊人的力量。1917年，他把男式小便池命名为“喷泉”，把它提交给了一场艺术展。这件作品，以及提交这件作品的行为，被认为是20世纪艺术的一个重要里程碑。

例如，你可以试着把家里的摆件都移动个位置，也可以去建材厂买很便宜的东西回来，把它置于家中一个意想不到的地方。

7）试着翻译

俄罗斯画家康定斯基曾试着将古典音乐“翻译”成抽象画，他选择不同的颜色表示音乐引起的不同情绪。他还发明了一种机器，试图将音乐的声音转化为绘画。

例如，请试着为以下词语排版：懒惰的、快乐的、响亮、软。

8）即兴创作

试着在极端情绪下进行创作。想象自己被囚禁、被抛弃时的情绪。幻想自己迷失在大海里，船只倾覆，你滞留在一艘救生艇上，你会做出怎样的作品？

9）了解你自己

俄罗斯作曲家柴可夫斯基说：“如果我们只是等待着创作情绪的到来，我们很容易变得懒惰和冷漠。”你要了解自己，清楚地知道自己在何种情况下最有创作力。举个不恰当的例子，德国诗人弗里德里希·席勒发现他自己偏爱烂苹果的气味，在那种气味下他最文思泉涌。

10）私人化

充分利用你现有的资源和经历吧。挖掘你自己、你的家庭、你的个人史。将创作私人化，只有你真正经历过的东西才是真实的，也是最棒的创作源泉。

资料来源　INGLEDEW J. How to have great ideas: a guide to creative Thinking［M］. London: Laurence King Publishing，2016.